JN201878

8
すうがくの風景
野海 正俊・日比 孝之……[編]

グレブナー基底

日比 孝之 ………[著]

朝倉書店

編 集 者

野海正俊　神戸大学大学院自然科学研究科

日比孝之　大阪大学大学院情報科学研究科

は じ め に

　著者が Gröbner 基底という言葉を耳にしたのは，1987 年 6 月，Berkeley 数学研究所（MSRI）で開催された研究集会「可換代数」においてであったと記憶している．可換代数と代数幾何のための計算代数のソフト "Macaulay" を David Bayer と Michael Stillman が実演していたが，そのプログラムの基礎に Gröbner 基底なる概念が潜んでいると聞いた．著者が Gröbner 基底に触ったのはそれから暫く経った 1995 年，Jürgen Herzog らと共著論文 [2] を執筆した際である．

　Gröbner 基底の一般論を習得するための入門編の教科書は既に幾つか出版されている．たとえば，[1]，[4]，[6] などは名著としての高い評判を得ている．本著はこれらの教科書とは趣を全く異にする．単純なされど魅惑的な素材である有限グラフとか根系に付随する整数点から成る有限集合のトーリックイデアルの '良い' Gröbner 基底を探索することに焦点を置き，組合せ論あるいは可換代数における Gröbner 基底の理論的な有効性を披露するのが本著の狙いである．

　本著の構成は，第 1 章～第 8 章，終章，付録，問の略解，参考文献となっている．その概要をちょっと紹介しよう．

　第 1 章は線型代数，凸多面体，可換環論の準備，第 2 章と第 3 章は Gröbner 基底の一般論の簡潔な要約である．第 4 章～第 7 章は凸多面体の三角形分割の代数的理論における Gröbner 基底の担う役割を，第 8 章は可換環論における Gröbner 基底の理論的な有効性を，それぞれ解説している．

　終章においては，本著の背景などを著者と「老齢の数学者」との二人の会話体の形式で語っている．Gröbner 基底については全くの素人である「老齢の数学者」が本著の草稿の閲読をする破目になり，その準備を兼ねて著者と雑談をしながら Gröbner 基底の俄か勉強をしている——との想定である．語られるキーワードには本文の参照箇所を加えつつ，歴史的背景にも触れながら会話が進展するから適宜参照されたい．

付録 A と B の話題は，本来ならば本文で一節を割いて解説するのが相応しいと思われるものであるけれども，ちゃんと解説しようとすると些か煩雑になったり，準備がちょっと大変だったりなどの理由で，付録として添付するに留めたものである．

　問の略解においては，本文中に掲載した殆どすべての問のヒント，簡単な解説などを記載した．問はいずれも本文を補うための計算問題，証明抜きの命題，諸注意の類などであるが，本文中において問の結果を使うこともしばしばあるから，悪戦苦闘して是が非でも解くことはないけれども，少なくとも飛ばさずに少し考えて貰うことが望ましい．

　参考文献においては，本著を執筆するときに参照した著書，論文のみを掲載し，それらの著者への感謝の気持ちを表示するに留めた．Gröbner 基底の文献は猛烈な速さで膨れており，その全貌を掌握することは難しいが，[7] の文献表などが有益である．昨今ならばインターネットで検索すると，夥しい文献に遭遇する．

　Gröbner 基底の概念は数学の研究にアルゴリズム的方法と技巧を導き，可換代数と代数幾何など純枠数学の諸分野のみならず，組合せ数学，整数計画と符号理論など情報数学の礎に加え，組合せ最適化と統計数学など応用数学の諸分野にも広範な影響を及ぼしている．本著によって Gröbner 基底の魅惑の一面が読者に伝わることを願う．

　2003 年 5 月

日 比 孝 之

目　　次

1. **準　備** ……………………………………………………………… 1
   - §1.1　集合と写像，可換環と体，線型空間 ……………………… 1
   - §1.2　凸錐と凸多面体 ……………………………………………… 7
   - §1.3　可換環とイデアル …………………………………………… 12

2. **多項式環** …………………………………………………………… 19
   - §2.1　Dicksonの補題 ……………………………………………… 19
   - §2.2　Hilbert基底定理 …………………………………………… 21
   - §2.3　単項式順序とイニシャルイデアル ………………………… 23

3. **Gröbner基底** ……………………………………………………… 31
   - §3.1　割り算と余り ………………………………………………… 31
   - §3.2　Buchberger判定法 ………………………………………… 38
   - §3.3　消去法 ………………………………………………………… 44

4. **トーリック環** ……………………………………………………… 48
   - §4.1　トーリックイデアル ………………………………………… 48
   - §4.2　有限グラフとトーリック環 ………………………………… 53
   - §4.3　A型根系のGröbner基底 …………………………………… 62

5. **正規配置と単模被覆** ……………………………………………… 72
   - §5.1　正規配置 ……………………………………………………… 72
   - §5.2　三角形分割と被覆 …………………………………………… 78
   - §5.3　有限グラフの単模被覆 ……………………………………… 85

6. 正則三角形分割 …… **90**
- §6.1 正則三角形分割の概念 …… 90
- §6.2 正則単模三角形分割 …… 95
- §6.3 A型根系の三角形分割 …… 104

7. 単模性と圧搾性 …… **110**
- §7.1 単模配置 …… 110
- §7.2 Lawrence 持ち上げ …… 119
- §7.3 圧搾配置 …… 125

8. Koszul 代数と Gröbner 基底 …… **136**
- §8.1 Koszul 代数 …… 136
- §8.2 二部グラフの Gröbner 基底 …… 147
- §8.3 B型, C型, D型根系の Gröbner 基底 …… 153

終　章 …… **159**

付　録 …… **174**
- A. マトロイド …… 174
- B. 正規化体積 …… 177

問の略解 …… **179**

参考文献 …… **187**

索　引 …… **189**

編集者との対話 …… **192**

1

準　　備

　本著を読破するための予備知識を記号と術語の導入を兼ねて簡潔に集約する．線型代数（線型独立と線型従属，行列と行列式，など）は一般教育の数学における必須科目であるが，読者の便宜を考慮し§1.1 で復習する．凸錐と凸多面体についての基礎概念は§1.2 において準備するが，その際，整数計画における Farkas の補題も紹介する．可換環の基礎知識（多項式環，イデアル，剰余環，準同型写像，有限生成斉次環など）はきちんと習得しておくことが望ましいから，それらについては§1.3 で紙面を割いて解説する．

§1.1　集合と写像，可換環と体，線型空間

a）集合と写像

　集合 A の元（あるいは，要素）が $a, b, \cdots$ であるとき，$A = \{a, b, \cdots\}$ と表す．また，a が A の元であることを $a \in A$ と表し，a は A に属するとも言う．他方，条件「$\cdots$」を満たす x 全体の集合を $\{x ; \cdots\}$ と表す．同様に，A に属する元 x で条件「$\cdots$」を満たすもの全体の集合を $\{x \in A ; \cdots\}$ と表す．

　集合 B が集合 A の部分集合であることを $B \subset A$ と表す．但し，$B \subset A$ は $B = A$ の場合を排除しない．集合 A の部分集合 B があったとき，A における B の補集合，すなわち，A に属するが B には属さない元全体の集合を $A \setminus B$ と表す．

　有限集合 A に属する元の個数を $\sharp(A)$（あるいは，$|A|$）と表す．すると，空集合 $\emptyset$ に属する元の個数は $\sharp(\emptyset) = 0$ である．

　集合 $A_1, A_2, \cdots, A_n$ があったとき，それらの**直積** $A_1 \times A_2 \times \cdots \times A_n$ を $\{(a_1, a_2, \cdots, a_d) ; a_i \in A_i, 1 \leq i \leq n\}$ と定義する．すべての A_i が同一の集合 A であるとき，それら n 個の直積を A^n と表す．

　集合 A から集合 B への**写像** $\varphi : A \to B$ とは，A に属するそれぞれの元 a に B の唯一つの元（$\varphi(a)$ と表す）を対応させる規則である．写像 $\varphi : A \to B$ が**単射**（あるいは，**1対1**）であるとは，$a, a' \in A$, $a \neq a'$ ならば $\varphi(a) \neq \varphi(a')$ であ

るときに言う．他方，写像 $\varphi : A \to B$ が**全射**（あるいは，**上への写像**）であるとは，任意の $b \in B$ について $b = \varphi(a)$ となる $a \in A$ が存在するときに言う．単射であり全射でもある写像を**全単射**（あるいは，**上への 1 対 1**）と言う．

b) 演　算

四則演算とは加法，減法，乗法，除法のことである．加法，減法，乗法，除法の演算の結果 $a + b$, $a - b$, $a \times b$, $a \div b$ を，それぞれ，a と b の和，差，積，商と呼ぶ．有理数の四則演算などは幼少の頃からの，また多項式の加法と乗法などは高校数学における馴染み深い概念である．数学の「演算」というものはこれらを一般化した概念である．(1970 年代，我が国では'数学教育の現代化'が絶叫され，演算の概念が中学数学にも華々しく登場した．けれども，'ゆとりある教育'という美名の下で何時の間にか消滅してしまったようだ．)

抽象的に言うと，集合 R の上の**演算** ☆ とは R に属する 2 個の元 a と b の対 (a, b) に R の唯一つの元 $a ☆ b$ を対応させる規則のことである．（換言すると，直積 $R \times R$ から R への写像を R の上の演算と呼ぶのである．）演算 ☆ を加法と呼ぶならば ☆ は $+$，乗法と呼ぶならば ☆ は $\times$ を使い，$\times$ は省くことが多い．演算 ☆ が可換であるとは $a ☆ b = b ☆ a$ が任意の a と b について成立するときに言う．

他方，集合 R と集合 V があったとき，V における R の**スカラー倍** ★ とは，R の元 a と V の元 x の対 (a, x) に V の唯一つの元 $a ★ b$ を対応させる規則のことである．（換言すると，直積 $R \times V$ から V への写像を V における R のスカラー倍と呼ぶのである．）誤解がなければ，★ も省くことが多い．

c) 可換環と体

加法 $+$ と乗法 $\times$（但し，$\times$ は省く）が定義されている集合 R が以下の条件を満たすとき，R を**可換環**と呼ぶ．

（和の交換法則）　任意の $a, b \in R$ について $a + b = b + a$ である
（和の結合法則）　任意の $a, b, c \in R$ について $(a + b) + c = a + (b + c)$ である
（零元の存在）　　**零元**と呼ばれる特別な元 0 が存在し，任意の $a \in R$ について $a + 0 = 0 + a = a$ が成立する
（負元の存在）　　任意の $a \in R$ について**負元**と呼ばれる特別な元 $-a$ が存在し，$a + (-a) = (-a) + a = 0$ が成立する

（積の交換法則）任意の $a, b \in R$ について $ab = ba$ である
（積の結合法則）任意の $a, b, c \in R$ について $(ab)c = a(bc)$ である
（単位元の存在）**単位元**と呼ばれる特別な元 1 が存在し，任意の $a \in R$ について $1a = a1 = a$ が成立する
（分配法則）　　任意の $a, b, c \in R$ について $a(b + c) = ab + ac$ である
（零環除外）　　$0 \neq 1$ である

たとえば，整数全体の集合 $\mathbf{Z} = \{0, 1, 2, \cdots, -1, -2, \cdots\}$ は普通の加法と乗法で可換環である．奇数を分母に持つ分数全体の集合 $\mathbf{Z}_{(2)} = \{p/(2q+1)\,;\, p, q \in \mathbf{Z}\}$ は普通の加法と乗法で可換環である．

可換環 R の部分集合 S が R の**部分環**であるとは，条件「$a, b \in S$ ならば R における和 $a + (-b)$ と積 ab の両者は S に属し，更に，R の単位元 1 も S に属する」が満たされるときに言う．部分集合 S が R の部分環ならば $1 \in S$ だから $1 + (-1) = 0 \in S$ である．すると，任意の $a \in S$ について $0 + (-a) = -a \in S$ となる．従って，S 自身が R の加法と乗法に関して可換環となる．たとえば，$\mathbf{Z}$ は $\mathbf{Z}_{(2)}$ の部分環である．

可換環 K が次の条件を満たすとき，K を**体**と言う．

（逆元の存在）零元と異なる任意の $a \in K$ について**逆元**と呼ばれる特別な元 a^{-1} が存在し，$aa^{-1} = a^{-1}a = 1$ が成立する

たとえば，実数全体の集合 $\mathbf{R}$ は普通の加法と乗法で体である．有理数全体の集合 $\mathbf{Q}$ も普通の加法と乗法で体である．可換環 $\mathbf{Z}$ は体 $\mathbf{Q}$ の部分環である．

便宜上，$a + (-b)$ を差 $a - b$ と表すことが多い．

d）線型空間

体 K と集合 V があって，V には加法 $x + y$（$x, y \in V$）とともに K のスカラー倍 ax（$a \in K$，$x \in V$）が定義されているとき，V が K 上の**線型空間**であるとは以下の条件が満たされるときに言う．

（和の交換法則）任意の $x, y \in V$ について $x + y = y + x$ である
（和の結合法則）任意の $x, y, z \in V$ について $(x + y) + z = x + (y + z)$ である
（零元の存在）　零元と呼ばれる特別な元 0 が V に存在し，任意の $x \in V$ につ

いて $x+0=0+x=x$ が成立する

(負元の存在) 任意の $x \in V$ について負元と呼ばれる特別な元 $-x$ が V に存在し，$x+(-x)=(-x)+x=0$ が成立する

(スカラー倍の法則) 任意の $a,b \in K$ と任意の $x,y \in V$ について
$$a(bx)=(ab)x,$$
$$a(x+y)=ax+ay,$$
$$(a+b)x=ax+bx$$
$$1x=x \text{ (但し，1 は } K \text{ の単位元)}$$
が成立する．

たとえば，
$$\mathbf{Q}^d = \{(a_1, a_2, \cdots, a_d) \, ; \, a_1, a_2, \cdots, a_d \in \mathbf{Q}\}$$

は有理数体 $\mathbf{Q}$ 上の線型空間である．

体 K 上の線型空間 V の空でない部分集合 W が V の **部分空間** であるとは，条件「任意の $x,y \in W$ と任意の $a \in K$ について $x+y \in W$，$ax \in W$ である」が満たされるときに言う．部分集合 W が部分空間ならば W は空でないから $x \in W$ を一つ選ぶと，$-x=(-1)x \in W$ である．すると，$0=x+(-x) \in W$ となる．従って，W 自身が V の加法とスカラー倍に関して K 上の線型空間となる．

e) 線型独立と線型従属

線型空間 V に属する元から成る (有限または無限) 集合を添字の集合 Λ を使って $\{x_\lambda\}_{\lambda \in \Lambda}$ と表そう．そのような集合 $\{x_\lambda\}_{\lambda \in \Lambda}$ の **線型結合** とは $\sum_{\lambda \in \Lambda} a_\lambda x_\lambda$ (但し，$a_\lambda \in K$ は有限個を除いて 0 である) なる表示を持つ V の元のことである．

線型空間 V に属する元から成る集合 $\{x_\lambda\}_{\lambda \in \Lambda}$ が **線型独立** (な集合) であるとは，条件「$\sum_{\lambda \in \Lambda} a_\lambda x_\lambda = 0$ (但し，$a_\lambda \in K$ は有限個を除いて 0 である) ならば，すべての $\lambda \in \Lambda$ について $a_\lambda = 0$ である」が成立するときに言う．有限個の元から成る集合 $\{x_1, x_2, \cdots, x_s\}$ が線型独立であるとき ({ } を省き) $x_1, x_2, \cdots, x_s$ が線型独立であると言うこともある．(線型独立な元 $x_1, x_2, \cdots, x_s$ とも言う．) 線型独立でないとき **線型従属** であると言う．

f) 基 底

体 K 上の線型空間 V の空でない部分集合 B があったとき，部分集合

$$\langle B \rangle = \left\{ \sum_{x \in B} a_x x \, ; \, a_x \in K \text{ は有限個の } x \in B \text{ を除いて } 0 \text{ である} \right\}$$

は V の部分空間である．部分空間 $\langle B \rangle$ を B が**張る**部分空間と呼ぶ．

線型空間 V の空でない部分集合 B が V の**基底**であるとは，B が線型独立であって，更に，B が V を張るときに言う．すると，線型空間 V の空でない部分集合 B が線型独立であるとき，B を含む V の基底が存在する．他方，線型空間 V の空でない部分集合 B が V を張るとき，B に含まれる V の基底が存在する．

線型空間 V が有限個（n 個とする）の元から成る基底 $\{x_1, x_2, \cdots, x_n\}$（$\{\quad\}$ を省き基底 $x_1, x_2, \cdots, x_n$ と言うこともある）を持つならば，いかなる基底も n 個の元から成る．このとき，V を有限次元の線型空間，n を V の K 上の**次元**と呼び，$\dim_K V = n$ と表す．

抽象的に線型空間を構成するならば，文字の集合 $\{x_\lambda\}_{\lambda \in \Lambda}$ を準備し，形式的な有限和の集合

$$V = \left\{ \sum_{\lambda \in \Lambda} a_\lambda x_\lambda \, ; \, a_\lambda \in K \text{ は有限個の } \lambda \in \Lambda \text{ を除き } 0 \text{ である} \right\}$$

を考え，V において「$\sum_{\lambda \in \Lambda} a_\lambda x_\lambda = \sum_{\lambda \in \Lambda} b_\lambda x_\lambda$ となるのは $a_\lambda = b_\lambda$ が任意の $\lambda \in \Lambda$ について成立するときに限る」と約束し，V における加法と V における K のスカラー倍を

$$\sum_{\lambda \in \Lambda} a_\lambda x_\lambda + \sum_{\lambda \in \Lambda} b_\lambda x_\lambda = \sum_{\lambda \in \Lambda} (a_\lambda + b_\lambda) x_\lambda$$

$$a \sum_{\lambda \in \Lambda} a_\lambda x_\lambda = \sum_{\lambda \in \Lambda} (a a_\lambda) x_\lambda$$

と定義すると，V は K 上の線型空間となる．いわゆる，文字の集合 $\{x_\lambda\}_{\lambda \in \Lambda}$ を基底とする K 上の線型空間である．

g) 直 和

体 K 上の線型空間 V の部分空間 $V_1, V_2, \cdots$ があったとき，V が $V_1, V_2, \cdots$ に**直和分解**されるとは，任意の $x \in V$ が

$$x = x_1 + x_2 + \cdots \quad (x_i \in V_i \text{ は有限個を除き } 0 \text{ である})$$

なる唯一つの表示を持つときに言う．このとき

$$V = V_1 \bigoplus V_2 \bigoplus \cdots$$

と表す．

他方，体 K 上の線型空間 $V_1, V_2, \cdots$ があったとき，数列 $(x_1, x_2, \cdots)$（但し，$x_i \in V_i$ は有限個を除き 0 である）全体の集合を考え，そこにおいて「$(x_1, x_2, \cdots) = (y_1, y_2, \cdots)$ となるのは $x_i = y_i$ が任意の $i = 1, 2, \cdots$ について成立するときに限る」と約束し，その集合に加法とスカラー倍を

$$(x_1, x_2, \cdots) + (y_1, y_2, \cdots) = (x_1 + y_1, x_2 + y_2, \cdots)$$
$$a(x_1, x_2, \cdots) = (ax_1, ax_2, \cdots)$$

と定義すると，K 上の線型空間となる．この線型空間を $V_1, V_2, \cdots$ の**直和**と呼び，$V_1 \bigoplus V_2 \bigoplus \cdots$ と表す．

h）線型写像

体 K 上の線型空間 V から V' への写像 $\varphi : V \to V'$ が**線型写像**であるとは，任意の $x, y \in V$ と任意の $a, b \in K$ について，

$$\varphi(ax + by) = a\varphi(x) + b\varphi(y)$$

が成立するときに言う．

線型写像 $\varphi : V \to V'$ の**核** $\mathrm{Ker}(\varphi)$ と**像** $\mathrm{Im}(\varphi)$ を

$$\mathrm{Ker}(\varphi) = \{x \in V \,;\, \varphi(x) = 0\}$$
$$\mathrm{Im}(\varphi) = \{\varphi(x) \,;\, x \in V\}$$

と定義する．すると，$\mathrm{Ker}(\varphi)$ は V の部分空間，像 $\mathrm{Im}(\varphi)$ は V' の部分空間である．

線型空間 V が有限次元とすると，いわゆる次元公式

$$\dim_K \mathrm{Ker}(\varphi) + \dim_K \mathrm{Im}(\varphi) = \dim_K V$$

が成立する．

線型写像 $\varphi : V \to V'$ が単射となるには，$\mathrm{Ker}(\varphi) = \{0\}$ となることが必要十分である．

i) 行列と行列式

行列と行列式の定義は省く．行列式の計算方法も省く．一般教育の線型代数の講義がどれだけ易しくなろうとも，行列と行列式の計算がちゃんとできることは単位取得のための最低条件であろう．正方行列 A の行列式を $\det(A)$ と表す．正方行列 A の列ベクトル（あるいは，行ベクトル）が線型独立であることと $\det(A) \neq 0$ であることは同値である．整数を成分とする正方行列 A が整数を成分とする逆行列 A^{-1} を持つためには $\det(A) = \pm 1$ となることが必要十分である．

§1.2　凸錐と凸多面体

凸錐，凸多面体と線型不等式系の解集合についての基礎知識を線型計画の名著 [15, 第 2 章] に沿って集約する．線型不等式系の解集合の構造定理（定理 (1.2.2)）と Farkas の補題（定理 (1.2.5)）の証明は省くので，[15, 第 2 章] を参照されたい．線型計画と整数計画の理論をちゃんと習得しようとすると，本格的な教科書 [21] などを読破する必要がある．

a)　凸多面錐

空間 $\mathbf{Q}^d$ の空でない有限部分集合 $X = \{\xi_1, \xi_2, \cdots, \xi_N\}$ があったとき，$\mathbf{Q}^d$ の部分集合 $\mathrm{CONV}(X)$ と $\mathbf{Q}_{\geq 0} X$ を次で定義する．但し，$\mathbf{Q}_{\geq 0}$ は非負有理数全体の集合である．

$$\mathrm{CONV}(X) = \left\{ \sum_{i=1}^{N} r_i \xi_i \,;\, 0 \leq r_i \in \mathbf{Q}, \sum_{i=1}^{N} r_i = 1 \right\}$$

$$\mathbf{Q}_{\geq 0} X = \left\{ \sum_{i=1}^{N} r_i \xi_i \,;\, 0 \leq r_i \in \mathbf{Q} \right\}$$

集合 $\mathrm{CONV}(X)$ は X の**凸閉包**（convex hull），$\mathbf{Q}_{\geq 0} X$ は X が生成する**凸多面錐**（convex cone）と呼ばれる．

b)　凸多面体

空間 $\mathbf{Q}^d$ の空でない部分集合 $\mathcal{P}$ が**凸多面体**（convex polytope）であるとは，$\mathcal{P} = \mathrm{CONV}(X)$ となる有限集合 $X \subset \mathbf{Q}^d$ が存在するときに言う．

凸多面体 $\mathcal{P} \subset \mathbf{Q}^d$ の**頂点**とは，$\mathcal{P}$ に属する点 α であって，性質「$\alpha = (\alpha_1 + \alpha_2)/2$ なる $\mathcal{P}$ の点 α_1 と α_2 は $\alpha_1 = \alpha_2 = \alpha$ なるものに限る」を持つものを言う．

● 凸多面体 $\mathcal{P} \subset \mathbf{Q}^d$ の頂点の個数は有限である．更に，$\mathcal{P}$ の頂点（全体の）集合を V とすると，$\mathcal{P} = \mathrm{CONV}(V)$ である．

［証明］　いま，$\mathcal{P} = \mathrm{CONV}(X)$ となる有限集合 $X \subset \mathbf{Q}^d$ のなかで包含関係で極小なものを一つ選んで $\{\alpha_1, \alpha_2, \cdots, \alpha_s\}$ とする．このとき，$\{\alpha_1, \alpha_2, \cdots, \alpha_s\}$ が $\mathcal{P}$ の頂点全体の集合と一致することを示せばよい．

頂点 α を $\alpha = \sum_{i=1}^{s} r_i \alpha_i$（但し，$0 \leq r_i \in \mathbf{Q}$，$\sum_{i=1}^{s} r_i = 1$）と表し，$0 < r_i < 1$ なる i が存在したと仮定する．（そのような i が存在しないならば $r_i = 1$ となる i が存在するから，$\alpha = \alpha_i$ となる.）すると，$0 < r_j < 1$ なる $j\ (\neq i)$ が存在する．いま，$\varepsilon > 0$ を $r_i, r_j, 1-r_i, 1-r_j$ のいずれよりも小さくなるように選ぶ．このとき，$\alpha' = \alpha - \varepsilon \alpha_i + \varepsilon \alpha_j$，$\alpha'' = \alpha + \varepsilon \alpha_i - \varepsilon \alpha_j$ と置くと，α' と α'' の両者は $\mathcal{P}$ に属し，$\alpha = (\alpha' + \alpha'')/2$ となる．すると，$\alpha' = \alpha''(= \alpha)$ であるから，$\alpha_i = \alpha_j$ となり $i \neq j$ に矛盾する．

他方，たとえば，α_1 が頂点でないとすると，$\alpha_1 = (\sum_{i=1}^{s} r_i \alpha_i + \sum_{i=1}^{s} t_i \alpha_i)/2$（但し，$0 \leq r_i \in \mathbf{Q}$，$\sum_{i=1}^{s} r_i = 1$，$0 \leq t_i \in \mathbf{Q}$，$\sum_{i=1}^{s} t_i = 1$）なる表示が存在し，$\alpha_1 \neq \sum_{i=1}^{s} r_i \alpha_i$，$\alpha_1 \neq \sum_{i=1}^{s} t_i \alpha_i$ である．すると，$r_1 < 1, t_1 < 1$ である．いま，$(2 - r_1 - t_1)\alpha_1 = \sum_{i=2}^{s}(r_i + t_i)\alpha_i$ において，$\sum_{i=2}^{s}(r_i + t_i) = (1 - r_1) + (1 - t_1) > 0$ に注意し，両辺を $2 - r_1 + t_1$ で割ると，$\alpha_1 \in \mathrm{CONV}(\{\alpha_2, \alpha_3, \cdots, \alpha_s\})$ を得る．すると，$\mathcal{P} = \mathrm{CONV}(\{\alpha_2, \alpha_3, \cdots, \alpha_n\})$ となる．ところが，$\{\alpha_1, \alpha_2, \cdots, \alpha_s\}$ の極小性からそのようなことは不可能である．従って，任意の α_i は頂点である．■

c) 凸多面峰

一般に，$\mathbf{Q}^d$ の部分集合 A と B があったとき，$A + B \subset \mathbf{Q}^d$ を

$$A + B = \{a + b\,;\, a \in A, b \in B\}$$

と定義する．

たとえば，$d = 2$ とし，$A = \{(a, 0) \in \mathbf{Q}^2\,;\, 0 \leq a \leq 1\}$，$B = \{(0, b) \in \mathbf{Q}^2\,;\, 0 \leq b \leq 1\}$ とすると，$A + B$ は 4 点 $(0,0)$, $(1,0)$, $(0,1)$, $(1,1)$ を頂点とする正方形である．

空間 $\mathbf{Q}^d$ の空でない部分集合 $\mathcal{D}$ が**凸多面峰**（convex polyhedron）であるとは，$\mathbf{Q}^d$ の有限集合 X と Y を適当に選んで

$$\mathcal{D} = \mathrm{CONV}(X) + \mathbf{Q}_{\geq 0} Y$$

とできるときに言う．

すると，凸多面峰 $\mathcal{D}$ が凸多面体となるためには，$\mathcal{D}$ が $\mathbf{Q}^d$ の有界な部分集合となることが必要十分である．但し，$\mathcal{D}$ が**有界な部分集合**であるとは，$r > 0$ を十分大きく選ぶと，原点を中心とする半径 r の球体 $B_r = \{(x_1, x_2, \cdots, x_d) \in \mathbf{Q}^d ; \sum_{i=1}^d x_i^2 \leq r^2\}$ に $\mathcal{D}$ が含まれるときに言う．

d)　線型不等式系の解集合

有理数 a_{ij}（$1 \leq i \leq N$, $1 \leq j \leq d$）と b_i（$1 \leq i \leq N$）を準備し，線型不等式系

(**1.2.1**)
$$\begin{aligned} a_{11}z_1 + a_{12}z_2 + \cdots + a_{1d}z_d &\leq b_1 \\ a_{21}z_1 + a_{22}z_2 + \cdots + a_{2d}z_d &\leq b_2 \\ &\cdots\cdots\cdots\cdots \\ a_{N1}z_1 + a_{N2}z_2 + \cdots + a_{Nd}z_d &\leq b_N \end{aligned}$$

を考える．線型不等式系（1.2.1）の**解**とは（1.2.1）の N 個の線型不等式のすべてを満たす点 $(z_1, z_2, \cdots, z_d) \in \mathbf{Q}^d$ のことである．線型不等式系（1.2.1）の**係数行列**とは N 行 d 列の行列

$$A = (a_{ij})_{\substack{1 \leq i \leq N \\ 1 \leq j \leq d}}$$

のことである．

(**1.2.2**) **定理**　　(a) 線型不等式系（1.2.1）の解集合 $\mathcal{D}$ が空でないならば，$\mathcal{D}$ は $\mathbf{Q}^d$ の凸多面峰である．

(b) 空間 $\mathbf{Q}^d$ の空でない部分集合 $\mathcal{D}$ が凸多面峰であるならば，一つの線型不等

式系

$$a_{11}z_1 + a_{12}z_2 + \cdots + a_{1d}z_d \leq b_1$$
$$a_{21}z_1 + a_{22}z_2 + \cdots + a_{2d}z_d \leq b_2$$
$$\cdots\cdots\cdots\cdots\cdots$$
$$a_{N1}z_1 + a_{N2}z_2 + \cdots + a_{Nd}z_d \leq b_N$$

(但し,$N < \infty$) が存在して,その解集合が $\mathcal{D}$ に一致する.

(**1.2.3**) **系**　　線型不等式系 (1.2.1) の解集合 $\mathcal{P}$ が空でない有界集合であれば,$\mathcal{P}$ は凸多面体である.更に,$\mathcal{P}$ の任意の頂点は,線型不等式系 (1.2.1) から d 個の不等式を選び,それらの不等号を等号に置き換えることで得られる連立線型方程式

(**1.2.4**)
$$a_{i_1 1}z_1 + a_{i_1 2}z_2 + \cdots + a_{i_1 d}z_d = b_{i_1}$$
$$a_{i_2 1}z_1 + a_{i_2 2}z_2 + \cdots + a_{i_2 d}z_d = b_{i_2}$$
$$\cdots\cdots\cdots\cdots\cdots$$
$$a_{i_d 1}z_1 + a_{i_d 2}z_2 + \cdots + a_{i_d d}z_d = b_{i_d}$$

(但し,$1 \leq i_1 < i_2 < \cdots < i_d \leq N$) の唯一つの解として得られる.

e) **Farkas の補題**

整数計画における双対問題を議論するとき,Farkas の補題と呼ばれる定理が登場する.

(**1.2.5**) **定理 (Farkas の補題)**　　連立線型方程式

$$a_{11}z_1 + a_{12}z_2 + \cdots + a_{1d}z_d = b_1$$
$$a_{21}z_1 + a_{22}z_2 + \cdots + a_{2d}z_d = b_2$$
$$\cdots\cdots\cdots\cdots\cdots$$
$$a_{N1}z_1 + a_{N2}z_2 + \cdots + a_{Nd}z_d = b_N$$

に非負解 $(z_1, z_2, \cdots, z_d) \in \mathbf{Q}_{\geq 0}^d$ が存在するための必要十分条件は，線型不等式系

$$y_1 a_{11} + y_2 a_{21} + \cdots + y_N a_{N1} \geq 0$$
$$y_1 a_{12} + y_2 a_{22} + \cdots + y_N a_{N2} \geq 0$$
$$\cdots\cdots\cdots\cdots\cdots$$
$$y_1 a_{1d} + y_2 a_{2d} + \cdots + y_N a_{Nd} \geq 0$$

の任意の解 $(y_1, y_2, \cdots, y_N) \in \mathbf{Q}^N$ について必ず

$$y_1 b_1 + y_2 b_2 + \cdots + y_N b_N \geq 0$$

となることである．

　問（1.2.6）は Farkas の補題を講義したときの手頃な練習問題である．けれども，問（1.2.6）は補題（2.3.12）の証明において効いてくるから，読者はちゃんと解くことが望ましい．

（**1.2.6**）**問**　　線型不等式系

$$a_{11} z_1 + a_{12} z_2 + \cdots + a_{1d} z_d > 0$$
$$a_{21} z_1 + a_{22} z_2 + \cdots + a_{2d} z_d > 0$$
$$\cdots\cdots\cdots\cdots\cdots$$
$$a_{N1} z_1 + a_{N2} z_2 + \cdots + a_{Nd} z_d > 0$$

に非負解が存在しないならば，線型不等式系

$$y_1 a_{11} + y_2 a_{21} + \cdots + y_N a_{N1} \leq 0$$
$$y_1 a_{12} + y_2 a_{22} + \cdots + y_N a_{N2} \leq 0$$
$$\cdots\cdots\cdots\cdots\cdots$$
$$y_1 a_{1d} + y_2 a_{2d} + \cdots + y_N a_{Nd} \leq 0$$

の非自明な非負解（すなわち，非負解 $(y_1, y_2, \cdots, y_N)$ で $(y_1, y_2, \cdots, y_N) \neq (0, 0, \cdots, 0)$ となるもの）が存在する．これを示せ．

§1.3 可換環とイデアル

可換環の予備知識を本著で必要となる範囲に限って簡潔に集約する．可換環論に不馴れな読者を想定しつつ筆を進めているから，些かなりとも可換環論に馴染みを持つ読者はざっと眺め第2章に進んでもよい．

a) 可換環のイデアル

可換環 R の空でない部分集合 I が

(i) $a, b \in I$ ならば $a+b, a-b \in I$ である

(ii) $r \in R$, $a \in I$ ならば $ra \in I$ である

を満たすとき，I を R の**イデアル**と呼ぶ．

可換環 R に属する元から成る（有限または無限）集合 $\mathcal{F} = \{y_\lambda\}_{\lambda \in \Lambda}$ があったとき

$$\sum_{\text{有限和}} r_\lambda y_\lambda, \quad r_\lambda \in R$$

なる表示を持つ元の全体は R のイデアルである．このイデアルを集合 $\mathcal{F}$ が**生成するイデアル**と呼び $(\mathcal{F})$ と表す．特に，$\mathcal{F}$ が有限集合 $\{y_1, y_2, \cdots, y_s\}$ のときには $(\mathcal{F}) = (\{y_1, y_2, \cdots, y_s\})$ を $(y_1, y_2, \cdots, y_s)$ と略記し，$y_1, y_2, \cdots, y_s$ が生成するイデアルと呼ぶ．

可換環 R の任意のイデアル I について $I = (\mathcal{F})$ となる R の元の集合（I の**生成系**と呼ぶ）$\mathcal{F}$ が選べる．たとえば，$\mathcal{F} = \{y\,;\, y \in I\}$ とすれば $I = (\mathcal{F})$ である．

可換環 R のイデアル I が**有限生成**であるとは I が有限個の元から成る生成系を持つときに言う．

b) 剰余環

可換環 R のイデアル $I\,(\neq R)$ があったとき

$$[r] = r + I \,(= \{r + a \,;\, a \in I\}), \quad r \in R$$

と置く．部分集合 $[r] \subset R$ を I を法とする R の（r を含む）**剰余類**と呼ぶ．すると，$[r] = [s]$ と $r - s \in I$ は同値である．

(**1.3.1**) **補題**　　$[r] \cap [s] \neq \emptyset$ ならば $[r] = [s]$ である.

[証明]　　いま, $t \in [r] \cap [s]$ とすると, $t = r + r' = s + s'$ を満たす $r', s' \in I$ が存在する. 従って, $r - s = s' - r' \in I$ である. すると, $[r] = [s]$ を得る. ∎

次に, $[r] + [s] = \{a + b\,;\, a \in [r], b \in [s]\}$, $[r][s] = \{ab\,;\, a \in [r], b \in [s]\}$ と置くと,

(**1.3.2**) **補題**　　$[r] + [s] = [r + s]$, $[r][s] \subset [rs]$

[証明]　　実際, $I + I\,(= \{a + b\,;\, a, b \in I\}) = I$, $rI\,(= \{ra\,;\, a \in I\}) \subset I$, $I^2\,(= \{ab\,;\, a, b \in I\}) \subset I$ に注意すると, $[r] + [s] = (r + s) + (I + I) = [r + s]$, $[r][s] \subset rs + rI + sI + I^2 \subset rs + I = [rs]$ である. ∎

いま, I を法とする R の**剰余類分割**とは, R の剰余類の集合 $\{T_\lambda\}_{\lambda \in \Lambda}$ であって, 条件

　（i）$\lambda \neq \mu$ ならば $T_\lambda \cap T_\mu \neq \emptyset$

　（ii）$R = \cup_{\lambda \in \Lambda} T_\lambda$

を満たすものを言う. すると, 補題 (1.3.1) から I を法とする R の剰余類分割は唯一つ存在するから, それを R/I と表す. 他方, $T_\lambda, T_\mu \in R/I$ のとき, 補題 (1.3.2) から $T_\lambda + T_\mu = T_\nu$, $T_\lambda T_\mu \subset T_\xi$ となる $\nu, \xi \in \Lambda$ がそれぞれ唯一つ存在することに注意し, R/I における加法 $+_{R/I}$ と乗法 $\cdot_{R/I}$ を $T_\lambda +_{R/I} T_\mu = T_\nu$, $T_\lambda \cdot_{R/I} T_\mu = T_\xi$ と定義する. すると,

(**1.3.3**) **補題**　　集合 R/I は加法 $+_{R/I}$ と乗法 $\cdot_{R/I}$ で可換環となる.

[証明]　　補題 (1.3.2) から $T_\lambda = [r]$, $T_\mu = [s]$ ならば $T_\nu = [r + s]$, $T_\xi = [rs]$ であることに注意すると, R/I は零元 I, 単位元 $1 + I$ を持つ可換環となる. ∎

可換環 R/I を R の I による**剰余環**と呼ぶ.

c)　**可換環の準同型**

可換環 R から可換環 R' への写像

$$\pi : R \to R'$$

が可換環の**準同型写像**であるとは，任意の $y, z \in R$ について

$$\pi(y+z) = \pi(y) + \pi(z)$$
$$\pi(yz) = \pi(y)\pi(z)$$

であって，更に，R の単位元 1_R と R' の単位元 $1_{R'}$ について

$$\pi(1_R) = \pi(1_{R'})$$

であるときに言う．

準同型写像 $\pi : R \to R'$ の**核** $\mathrm{Ker}(\pi)$ ($\subset R$) と**像** $\mathrm{Im}(\pi)$ ($\subset R'$) を

$$\mathrm{Ker}(\pi) = \{f \in R \,;\, \pi(f) = 0\}$$
$$\mathrm{Im}(\pi) = \{\pi(f) \,;\, f \in R\}$$

と定義する．すると，核 $\mathrm{Ker}(\pi)$ は R のイデアルである．像 $\mathrm{Im}(\pi)$ は R' の部分環である．

たとえば，R から剰余環 R/I への写像 π を $\pi(r) = [r]$ $(= r + I)$ と定義すると，π は全射（すなわち，$\mathrm{Im}(\pi) = R/I$），その核は $\mathrm{Ker}(\pi) = I$ である．写像 π を R から R/I への**自然な全射**と呼ぶ．

可換環 R と可換環 R' が**同型**であるとは，全単射な準同型写像 $\pi : R \to R'$ が存在するときに言う．

(**1.3.4**) **命題 (準同型定理)** 可換環 R から R' への準同型写像 $\pi : R \to R'$ があったとき，像 $\mathrm{Im}(\pi)$ と剰余環 $R/\mathrm{Ker}(\pi)$ は同型である．

[証明] 剰余環 $R/\mathrm{Ker}(\pi)$ に属する元 T_λ について，$r, s \in T_\lambda$ ならば $\pi(r) = \pi(s)$ に注意する．実際，$r, s \in T_\lambda$ ならば $r \in s + \mathrm{Ker}(\pi)$ であるから $r = s + s'$ となる $s' \in \mathrm{Ker}(\pi)$ を選ぶと，$\pi(r) = \pi(s + s') = \pi(s) + \pi(s') = \pi(s)$ である．そこで，これらの共通の元 $\pi(r) \in \mathrm{Im}(\pi)$, $r \in T_\lambda$, を $\pi'(T_\lambda)$ と置くと，写像 $\pi' : R/\mathrm{Ker}(\pi) \to \mathrm{Im}(\pi)$ が得られる．剰余環 $R/\mathrm{Ker}(\pi)$ における和 $+_{R/\mathrm{Ker}(\pi)}$ と積 $\cdot_{R/\mathrm{Ker}(\pi)}$ の定義から写像 π' は準同型写像である．いま，任意の $\pi(r) \in \mathrm{Im}(\pi)$（但し，$r \in R$）について $r \in T_\lambda$ となる $T_\lambda \in R/\mathrm{Ker}(\pi)$ を選ぶと $\pi'(T_\lambda) = \pi(r)$ となる．すると，π' は全射である．他方，$\pi'(T_\lambda) = \pi'(T_{\lambda'})$ とし，$r \in T_\lambda$, $r' \in T_{\lambda'}$ を任意に選ぶ．すると，$\pi(r) = \pi(r')$ であるから $r - r' \in \mathrm{Ker}(\pi)$ である．する

と，$r \in r' + \mathrm{Ker}(\pi) = T_{\lambda'}$ であるから $T_\lambda = T_{\lambda'}$ となる．すると，π' は単射である．以上で π' が同型写像であることが示された． ■

d） 単項式と多項式

可換な変数 $x_1, x_2, \cdots, x_n$ を準備する．変数の積

$$x_1{}^{a_1} x_2{}^{a_2} \cdots x_n{}^{a_n}$$

を**単項式**と呼び，その**次数**を

$$a_1 + a_2 + \cdots + a_n$$

と定義する．但し，それぞれの a_i は非負整数である．すると，1 は次数 0 の単項式である．（変数は可換であるから，たとえば，$x_1^2 x_3$，$x_1 x_3 x_1$，$x_3 x_1^2$ はすべて同じ単項式である．）煩雑な記号を避けるため，変数の冪指数を成分とする n 項行ベクトル

$$\mathbf{a} = (a_1, a_2, \cdots, a_n)$$

を使って単項式 $x_1{}^{a_1} x_2{}^{a_2} \cdots x_n{}^{a_n}$ を $\mathbf{x}^{\mathbf{a}}$ と略記することもある．誤解の恐れがないときには無駄を省いて単項式を u，v あるいは w などで表すこともしばしばある．

体 K を固定する．変数 $x_1, x_2, \cdots, x_n$ の単項式の全体を基底に持つ K 上の線型空間を

$$K[\mathbf{x}] = K[x_1, x_2, \cdots, x_n]$$

と表す．体 K の元を係数に持つ変数 $x_1, x_2, \cdots, x_n$ の**多項式**とは線型空間 $K[\mathbf{x}]$ に属する元 $f = f(x_1, x_2, \cdots, x_n)$ のことである．すると，多項式 $f \in K[\mathbf{x}]$ は

$$f = \sum_{\mathbf{a}} c_{\mathbf{a}}^{(f)} \mathbf{x}^{\mathbf{a}}$$

と表示できる．但し，$\mathbf{a}$ は非負整数を成分とする n 項行ベクトルの全体を動く．更に，単項式 $\mathbf{x}^{\mathbf{a}}$ の係数 $c_{\mathbf{a}}^{(f)} \in K$ は有限個の $\mathbf{a}$ を除いて 0 である．単項式 $\mathbf{x}^{\mathbf{a}}$ が多項式 $f = \sum_{\mathbf{a}} c_{\mathbf{a}}^{(f)} \mathbf{x}^{\mathbf{a}}$ に現れるとは，$c_{\mathbf{a}}^{(f)} \neq 0$ であるときに言う．多項式 $f = \sum_{\mathbf{a}} c_{\mathbf{a}}^{(f)} \mathbf{x}^{\mathbf{a}}$ に現れる単項式の次数がすべて d であるとき f を次数 d の**斉次多項式**と呼ぶ．

単項式 $\mathbf{x^a}$ と $\mathbf{x^b}$ の積 $\mathbf{x^a x^b}$ を $\mathbf{x^{a+b}}$ と定義する．但し，$\mathbf{a+b}$ はベクトルの和である．多項式 $f = \sum_{\mathbf{a}} c_{\mathbf{a}}^{(f)} \mathbf{x^a}$ と $g = \sum_{\mathbf{a}} c_{\mathbf{a}}^{(g)} \mathbf{x^a}$ の積 fg を

$$fg = \sum_{\mathbf{a}} \left(\sum_{\mathbf{a'+a''=a}} c_{\mathbf{a'}}^{(f)} c_{\mathbf{a''}}^{(g)} \right) \mathbf{x^a}$$

と定義する．すると，線型空間 $K[\mathbf{x}]$ は可換環になる．可換環 $K[\mathbf{x}]$ を体 K 上の n 変数多項式環と呼ぶ．

多項式環 $K[\mathbf{x}]$ のイデアル I が斉次多項式から成る生成系を持つとき，I を斉次イデアルと呼ぶ．多項式環 $K[\mathbf{x}]$ のイデアル I が単項式から成る生成系を持つとき，I を単項式イデアルと呼ぶ．

定数でない多項式 $f \in K[\mathbf{x}]$ が可約であるとは，定数でない多項式 g と h を使って $f = gh$ と表されるときに言う．定数でない多項式 $f \in K[\mathbf{x}]$ が可約でないとき，f を既約と言う．

e) 多項式環の準同型

可換環 R は体 K を部分環に持つと仮定する．いま，R に属する n 個の元 $\alpha_1, \alpha_2, \cdots, \alpha_n$ を固定し，体 K 上の n 変数多項式環 $K[\mathbf{x}] = K[x_1, x_2, \cdots, x_n]$ から R への写像 $\pi : K[\mathbf{x}] \to R$ を

$$\pi(f) = f(\alpha_1, \alpha_2, \cdots, \alpha_n)$$

と定義する．但し，$f = f(x_1, x_2, \cdots, x_n) \in K[\mathbf{x}]$ である．特に，

$$\pi(x_i) = \alpha_i, \quad 1 \leq i \leq n$$

である．すなわち，写像 $\pi : K[\mathbf{x}] \to R$ は多項式 $f(x_1, x_2, \cdots, x_n)$ のそれぞれの変数 x_i に元 α_i を代入する操作である．写像 $\pi : K[\mathbf{x}] \to R$ は可換環の準同型写像である．その像 $\mathrm{Im}(\pi)$ は R の部分環である．この部分環を

$$K[\alpha_1, \alpha_2, \cdots, \alpha_n]$$

と表し，K 上 $\alpha_1, \alpha_2, \cdots, \alpha_n$ が生成する部分環と呼ぶ．

準同型定理（1.3.4）から可換環 $K[\alpha_1, \alpha_2, \cdots, \alpha_n]$ と剰余環 $K[\mathbf{x}]/\mathrm{Ker}(\pi)$ は同型である．

f) 有限生成斉次環

体 K を含む可換環 R が K 上の線型空間としての直和分解

$$R = R_0 \bigoplus R_1 \bigoplus R_2 \bigoplus \cdots$$

を持ち,次の条件を満たすとき,R を K 上の**有限生成斉次環**と呼ぶ.

(ⅰ) $R_0 = K$

(ⅱ) $R_i R_j \subset R_{i+j}$ が任意の $i, j \geq 0$ について成立する.但し,$R_i R_j = \{ab\,;\, a \in R_i, b \in R_j\}$ である

(ⅲ) R_1 に属する有限個の元から成る集合 $\{y_1, y_2, \cdots, y_n\}$ (R の**生成系**と呼ぶ)を適当に選ぶと,R_i $(i = 1, 2, \cdots)$ は K 上の線型空間として $\{y_1{}^{a_1} y_2{}^{a_2} \cdots y_n{}^{a_n}\,;\, 0 \leq a_i \in \mathbf{Z},\, a_1 + a_2 + \cdots + a_n = i\}$ で張られる

(**1.3.5**)**問** (a) 体 K 上の有限生成斉次環 $R = \bigoplus_{i=0}^{\infty} R_i$ に現れる線型空間 R_i $(i = 1, 2, \cdots)$ は有限次元である.これを示せ.

(b) 体 K 上の有限生成斉次環 $R = \bigoplus_{i=0}^{\infty} R_i$ の(包含関係に関して)極小(な)生成系は線型空間 R_1 の基底である.これを示せ.

体 K 上の有限生成斉次環 $R = \bigoplus_{i=0}^{\infty} R_i$ において,線型空間 R_i に属する元(但し,零元 0 を除く)を次数 i の**斉次元**と呼ぶ.(零元 0 の次数は不定と思う.)他方,線型空間 R_1 の次元を R の**埋め込み次元**と呼ぶ.

(**1.3.6**)**例** 体 K 上の n 変数多項式環 $K[\mathbf{x}] = K[x_1, x_2, \cdots, x_n]$ において,次数 i の単項式の全体を基底とする線型空間を $(K[\mathbf{x}])_i$ とすると,$K[\mathbf{x}] = \bigoplus_{i=0}^{\infty} (K[\mathbf{x}])_i$ である.すると,$K[\mathbf{x}]$ は体 K 上の有限生成斉次環である.

多項式環 $K[\mathbf{x}]$ の斉次イデアル I $(\neq K[\mathbf{x}])$ があったとき,剰余環 $R = K[\mathbf{x}]/I$ は自然に有限生成斉次環の構造を持つことを示そう.まず,$I \neq K[\mathbf{x}]$ であるから $K \cap I = (0)$ である.すると,$a, b \in K$,$a \neq b$ ならば $a + I \neq b + I$ である.従って,K の元 a と $[a] \in R$ を同一視し,R は体 K を含むと思うと R は K 上の線型空間である.さて,$R = \{T_\lambda\}_{\lambda \in \Lambda}$ とするとき,次数 i の斉次多項式を含む T_λ の全体に R の零元 I を加えた集合を R_i と置くと,R_i は R の部分空間である.(特に,$R_0 = K$ である.)このとき,$R = R_0 \bigoplus R_1 \bigoplus R_2 \bigoplus \cdots$ である.[証明:任意の多項式 $g \in K[\mathbf{x}]$ を斉次多項式の和として $g = g_0 + g_1 + g_2 + \cdots$ と表す.

但し, g_i は次数 i の斉次多項式である. このとき

$$g + I = (g_0 + I) +_R (g_1 + I) +_R (g_2 + I) +_R \cdots$$

であって, $g_i + I \in R_i$ である. いま,

$$g + I = (h_0 + I) +_R (h_1 + I) +_R (h_2 + I) +_R \cdots$$

なる別の表示 (但し, h_i は次数 i の斉次多項式) があったとすると

$$(g_0 + g_1 + g_2 + \cdots) - (h_0 + h_1 + \cdots) \in I$$

であるが, I が斉次イデアルであることに注意すると

$$g_i - h_i \in I, \quad i = 0, 1, 2, \cdots$$

が従う. (証明終)] 次に, R における乗法 $\cdot_R$ の定義から $R_i R_j \subset R_{i+j}$ が任意の i, j について成立する. 他方, 変数 x_i が T_{λ_i} に含まれるとすると, $\{T_{\lambda_1}, T_{\lambda_2}, \cdots, T_{\lambda_n}\}$ は R の生成系である. 以上の議論から R は K 上の有限生成斉次環の構造を持つことが判明した.

体 K 上の有限生成斉次環 $R = \bigoplus_{i=0}^{\infty} R_i$ の埋め込み次元を n とし, R の生成系 $\{y_1, y_2, \cdots, y_n\}$ を一つ固定する. このとき, 体 K 上の n 変数多項式環 $K[\mathbf{x}] = K[x_1, x_2, \cdots, x_n]$ から R への準同型写像 $\pi : K[\mathbf{x}] \to R$ を「変数 x_i に y_i を代入する操作」と定義すると, π は全射である. その核を $I \subset K[\mathbf{x}]$ とすると, I は $K[\mathbf{x}]$ の斉次イデアルである. イデアル I を有限生成斉次環 R の**定義イデアル**と呼ぶ. 準同型定理 (1.3.4) から剰余環 $R' = K[\mathbf{x}]/I$ と R は同型であるが, その同型は次数を保つ同型である. 換言すると, 全単射な準同型写像 $\pi' : R' \to R$ で $\pi'(R'_i) = R_i$ ($i = 0, 1, 2, \cdots$) となるものが存在する.

(**1.3.7**) **問** 準同型定理の証明における π' の構成から, 全単射な準同型写像 $\pi' : R' \to R$ で $\pi'(R'_i) = R_i$ ($i = 0, 1, 2, \cdots$) となるものが存在することを導け.

2

多 項 式 環

　体 K 上の n 変数多項式環 $K[\mathbf{x}] = K[x_1, x_2, \cdots, x_n]$ の任意のイデアルが有限生成であるという結果，いわゆる Hilbert 基底定理は可換環論における基礎定理の一つである．拙著 [12] 等では n についての帰納法で Hilbert 基底定理を証明しているが，たとえば [19, §2.6] に掲載されている E. Artin の鮮やかな証明が有名である．本章では Gröbner 基底の概念を導入する伏線となるべく Gordan が 1900 年に得た証明を紹介する．続いて単項式順序の概念を導入し，イニシャルイデアルと Gröbner 基底を定義する．Gröbner 基底の詳細な議論は第 3 章に譲るが，標準単項式に関する Macaulay の定理と重みベクトルの概念については本章で触れる．

§2.1　Dickson の補題

　Dickson の補題を証明する準備として順序集合の概念を導入する．集合 Σ に属する任意の要素 a と b について $a \leq b$ であるか否か（要するに a が b を越えないかそうでないか）が何らかの規則で決められており次の条件「　　」が満たされるとき，$\leq$ を Σ の上の**順序**と言う．

「任意の $a, b, c \in \Sigma$ について
　（反射律）　　$a \leq a$,
　（反対称律）　$a \leq b$, $b \leq a$ ならば $a = b$,
　（推移律）　　$a \leq b$, $b \leq c$ ならば $a \leq c$
が成立する．」

順序を備えた集合 Σ を**順序集合**と言う．慣習として $a \leq b$ かつ $a \neq b$ のとき $a < b$ と表す．すべての $a, b \in \Sigma$ について $a \leq b$ あるいは $b \leq a$ であるとき，順序 $\leq$ を**全順序**と呼ぶ．全順序は**線型順序**とも呼ばれる．全順序を備えた集合を**全順序集合**と呼ぶ．（順序集合について耳慣れぬ読者は拙著 [13, pp. 22–33] を参照されたい．なお，[13] では順序集合を**半順序集合**と呼んでいる．）

多項式環 $K[\mathbf{x}] = K[x_1, x_2, \cdots, x_n]$ に属する単項式から成る空でない任意の集合 M を考える．いま，u と v が M に属するとき，$u \leq v$ を 'u が v を割り切る' と定義する．換言すると，$u = x_1^{a_1} x_2^{a_2} \cdots x_n^{a_n}$, $v = x_1^{b_1} x_2^{b_2} \cdots x_n^{b_n}$（但し，それぞれの a_i, b_j は非負整数）のとき $u \leq v$ とは $a_1 \leq b_1, a_2 \leq b_2, \cdots, a_n \leq b_n$ に他ならない．すると，$\leq$ は M における順序となる．この順序を M における**整除関係による順序**と言う．

（2.1.1）**補題 (Dickson の補題)** 多項式環 $K[\mathbf{x}]$ に属する単項式から成る空でない任意の集合 M を考える．このとき，整除関係による順序 $\leq$ に関する M の極小元は高々有限個しか存在しない．但し，$u \in M$ が順序 $\leq$ に関する M の極小元であるとは，$u' \leq u$, $u' \neq u$ となる $u' \in M$ が存在しないときに言う．

[証明] 変数の個数 n についての帰納法を使う．まず，$n = 1$ のとき極小元は唯一つ存在する．次に，$n > 1$ とし $n - 1$ 変数のときに望む結果が成立すると仮定する．変数 x_n を y と改め多項式環 $K[x_1, x_2, \cdots, x_{n-1}, y]$ を考える．多項式環 $K[x_1, x_2, \cdots, x_{n-1}, y]$ の単項式を $\mathbf{x}^\mathbf{a} y^b = x_1^{a_1} \cdots x_{n-1}^{a_{n-1}} y^b$ と表示する．但し，$a_1, \cdots, a_{n-1}, b$ は非負整数である．いま，多項式環 $B = K[x_1, x_2, \cdots, x_{n-1}]$ に属する単項式 u であって，条件「$uy^b \in M$ となる $b \geq 0$ が存在する」を満たすものの全体から成る集合を N と置く（$N \neq \emptyset$ としてよい）．すると，帰納法の仮定から整除関係による順序に関する N の極小元は高々有限個しか存在しない．そこで，N の極小元を $u_1, u_2, \cdots, u_s$ とする．すると，N の定義からそれぞれの u_i について $u_i y^{b_i} \in M$ となる $b_i \geq 0$ が存在する．いま，$b_1, b_2, \cdots, b_s$ のなかで最大の整数を b と置く．そして，任意の整数 $0 \leq \xi < b$ について N の部分集合 N_ξ を

$$N_\xi = \{u \in N \,;\, uy^\xi \in M\}$$

と定義する．再び，帰納法の仮定で N_ξ の極小元は高々有限個しか存在しないから，N_ξ の極小元を $u_1^{(\xi)}, u_2^{(\xi)}, \cdots, u_{s_\xi}^{(\xi)}$ とする．このとき，M に属する任意の単

項式は次のいずれかの単項式で割り切れる．

$$u_1 y^{b_1}, \cdots, u_s y^{b_s}$$
$$u_1^{(0)}, \cdots, u_{s_0}^{(0)}$$
$$u_1^{(1)} y, \cdots, u_{s_1}^{(1)} y$$
$$\cdots \cdots$$
$$u_1^{(b-1)} y^{b-1}, \cdots, u_{s_{b-1}}^{(b-1)} y^{b-1}$$

実際，任意の単項式 $w = u y^\gamma \in M$, $u \in B$, について $u \in N$ であるから，$\gamma \geq b$ ならば w は $u_1 y^{b_1}, \cdots, u_s y^{b_s}$ のいずれかで割り切れる．他方，$0 \leq \gamma < b$ とすると $u \in N_\gamma$ であるから w は $u_1^{(\gamma)} y^\gamma, \cdots, u_{s_\gamma}^{(\gamma)} y^\gamma$ のいずれかで割り切れる．従って，M の極小元の集合は上記の有限個の単項式の集合に含まれるから，極小元は高々有限個しか存在しない． ■

（2.1.2）系　多項式環 $K[\mathbf{x}] = K[x_1, x_2, \cdots, x_n]$ の任意の単項式イデアルは有限生成である．

[証明]　多項式環 $K[\mathbf{x}]$ の任意の単項式イデアル I に属する単項式全体の集合において，整除関係による順序に関する極小元の全体を $u_1, u_2, \cdots, u_s$ とする．（すると，単項式 $u \in K[\mathbf{x}]$ が I に属するためには u がいずれかの u_i で割り切れることが必要十分である．）単項式イデアル I は I に属する単項式で生成されるから，任意の多項式 $f \in I$ は $f = \sum_{\text{有限和}} f_\lambda u_\lambda$, $f_\lambda \in K[\mathbf{x}]$, $u_\lambda \in M$, と表される．他方，それぞれの u_λ はいずれかの u_i で割り切れるから，任意の多項式 $f \in I$ は $\sum_{i=1}^s f_i u_i$, $f_i \in K[\mathbf{x}]$, と表される．従って，$u_1, u_2, \cdots, u_s$ は I を生成し，I は有限生成である．（単項式イデアル I の単項式から成る生成系はすべての u_i を含む．従って，単項式から成る I の生成系のなかで包含関係で極小なものは $\{u_1, u_2, \cdots, u_s\}$ に限る．） ■

§2.2　Hilbert 基底定理

Gröbner 基底の概念を導入する伏線となるべく Gordan が 1900 年に得た Hilbert 基底定理の証明を紹介する．その着想の本質は「任意のイデアルに関

する議論を（Dicksonの補題を借用することで）単項式イデアルに関する議論に帰着させる」ことである．

（2.2.1）定理 (Hilbert 基底定理)　　多項式環 $K[\mathbf{x}] = K[x_1, x_2, \cdots, x_n]$ の任意のイデアルは有限生成である．

[証明]（Gordan）　　多項式環 $K[\mathbf{x}]$ の単項式全体の集合 $\mathcal{M}$ における**逆辞書式順序**（reverse lexicographic order）$<_{\text{rev}}$ を次で定義する．単項式 $\mathbf{x}^{\mathbf{a}}$ と $\mathbf{x}^{\mathbf{b}}$ について「$\mathbf{x}^{\mathbf{b}}$ の次数は $\mathbf{x}^{\mathbf{a}}$ の次数を越える」であるか，あるいは「$\mathbf{x}^{\mathbf{a}}$ の次数と $\mathbf{x}^{\mathbf{b}}$ の次数が等しく，更に，ベクトルの差 $\mathbf{b} - \mathbf{a}$ においてもっとも右にある 0 でない成分が負」であるとき $\mathbf{x}^{\mathbf{a}} <_{\text{rev}} \mathbf{x}^{\mathbf{b}}$ であると定義する．すると，$<_{\text{rev}}$ は $\mathcal{M}$ における全順序であって，性質

　　（☆）「$u, v \in \mathcal{M}$ で $u <_{\text{rev}} v$ ならば任意の $w \in \mathcal{M}$ について $uw <_{\text{rev}} vw$ である」

を有する．（特に，$x_n <_{\text{rev}} x_{n-1} <_{\text{rev}} \cdots <_{\text{rev}} x_1$ である．）

多項式環 $K[\mathbf{x}]$ の任意の多項式 $f (\neq 0)$ について，f に現れる単項式のなかで $<_{\text{rev}}$ に関して最大のものを f の $<_{\text{rev}}$ に関する**イニシャル単項式**（initial monomial）と呼び $\text{in}_{<_{\text{rev}}}(f)$ と表す．次に，多項式環 $K[\mathbf{x}]$ の任意のイデアル $I (\neq 0)$ について，I に属するすべての多項式のイニシャル単項式の集合が生成する $K[\mathbf{x}]$ の単項式イデアルを I の $<_{\text{rev}}$ に関する**イニシャルイデアル**（initial ideal）と呼び $\text{in}_{<_{\text{rev}}}(I)$ と表す．すなわち

$$\text{in}_{<_{\text{rev}}}(I) = (\{\text{in}_{<_{\text{rev}}}(f) \, ; \, 0 \neq f \in I\})$$

である．Dicksonの補題 (2.1.1) から $\text{in}_{<_{\text{rev}}}(I)$ は有限生成である．いま，$\text{in}_{<_{\text{rev}}}(I)$ が有限個の単項式 $u_1, u_2, \cdots, u_s$ で生成されるとする．それぞれの単項式 u_i について $u_i = \text{in}_{<_{\text{rev}}}(g_i)$ となる $g_i \in I$ を選ぶ．すると，

$$\text{in}_{<_{\text{rev}}}(I) = (\text{in}_{<_{\text{rev}}}(g_1), \text{in}_{<_{\text{rev}}}(g_2), \cdots, \text{in}_{<_{\text{rev}}}(g_s))$$

である．

以下，$I = (g_1, g_2, \cdots, g_s)$ を示す．任意の $0 \neq f \in I$ について $\text{in}_{<_{\text{rev}}}(f) \in \text{in}_{<_{\text{rev}}}(I)$ だから $\text{in}_{<_{\text{rev}}}(f) = wu_i$ となる単項式 w と $1 \leq i \leq s$ が存在する．この

とき，$<_{\mathrm{rev}}$ の性質（☆）から $\mathrm{in}_{<_{\mathrm{rev}}}(f)(= w\, \mathrm{in}_{<_{\mathrm{rev}}}(g_i)) = \mathrm{in}_{<_{\mathrm{rev}}}(wg_i)$ である．いま，g_i における $u_i = \mathrm{in}_{<_{\mathrm{rev}}}(g_i)$ の係数を c_i，f における $\mathrm{in}_{<_{\mathrm{rev}}}(f)$ の係数を c とし $f^{(1)} = c_i f - c w g_i \in I$ と置く．このとき，$f^{(1)} = 0$ ならば $f = (c/c_i) w g_i \in (g_1, g_2, \cdots, g_s)$ である．他方，$f^{(1)} \neq 0$ ならば $\mathrm{in}_{<_{\mathrm{rev}}}(f^{(1)}) <_{\mathrm{rev}} \mathrm{in}_{<_{\mathrm{rev}}}(f)$ である．次に，$f^{(1)} \neq 0$ のとき，f に施した操作を $f^{(1)}$ に施し $f^{(2)} \in I$ が得られたとする．このとき，$f^{(2)} = 0$ ならば $f^{(1)}$ は $(g_1, g_2, \cdots, g_s)$ に属し，$f \in (g_1, g_2, \cdots, g_s)$ である．他方，$f^{(2)} \neq 0$ ならば $\mathrm{in}_{<_{\mathrm{rev}}}(f^{(2)}) <_{\mathrm{rev}} \mathrm{in}_{<_{\mathrm{rev}}}(f^{(1)})$ である．一般に，$f^{(k-1)} \neq 0$ のとき，f に施した操作を $f^{(k-1)}$ に施し $f^{(k)} \in I$ が得られたとする．このとき，$f^{(k)} = 0$ ならば $f^{(k-1)}, f^{(k-2)}, \cdots, f^{(1)}$ はすべて $(g_1, g_2, \cdots, g_s)$ に属し，$f \in (g_1, g_2, \cdots, g_s)$ が従う．他方，$f^{(k)} \neq 0$ ならば $\mathrm{in}_{<_{\mathrm{rev}}}(f^{(k)}) <_{\mathrm{rev}} \mathrm{in}_{<_{\mathrm{rev}}}(f^{(k-1)})$ である．すると，すべての $k \geq 1$ について $f^{(k)} \neq 0$ とすると $<_{\mathrm{rev}}$ についての無限減少列

$$(\mathbf{2.2.2}) \quad \cdots <_{\mathrm{rev}} \mathrm{in}_{<_{\mathrm{rev}}}(f^{(k)}) <_{\mathrm{rev}} \mathrm{in}_{<_{\mathrm{rev}}}(f^{(k-1)}) <_{\mathrm{rev}} \cdots <_{\mathrm{rev}} \mathrm{in}_{<_{\mathrm{rev}}}(f^{(1)}) <_{\mathrm{rev}} \mathrm{in}_{<_{\mathrm{rev}}}(f)$$

が存在する．ところが，$<_{\mathrm{rev}}$ に関して $\mathrm{in}_{<_{\mathrm{rev}}}(f)$ を越えない単項式（の次数は $\mathrm{in}_{<_{\mathrm{rev}}}(f)$ の次数を越えないからそのような単項式）の個数は有限個である．特に，無限減少列（2.2.2）は存在しない．従って，このような操作は有限回で終了し $f^{(q)} = 0$ となる $q \geq 1$ が存在する． ∎

(**2.2.3**) 問　体 K 上の有限生成斉次環 $R = \bigoplus_{i=0}^{\infty} R_i$ の任意のイデアルは有限生成であることを示せ．

§2.3 単項式順序とイニシャルイデアル

一般に，多項式環 $K[\mathbf{x}] = K[x_1, x_2, \cdots, x_n]$ の単項式全体の集合 $\mathcal{M}$ における全順序 $<$ が

　（i）任意の $1 \neq u \in \mathcal{M}$ について $1 < u$ である

　（ii）$u, v \in \mathcal{M}$ で $u < v$ ならば，任意の $w \in \mathcal{M}$ について $uw < vw$ である

を満たすとき，$<$ を $K[\mathbf{x}]$ の**単項式順序**（monomial order）と言う．単項式順序は項順序（term order）とも呼ばれる．Hilbert 基底定理（2.2.1）の証明において導入した逆辞書式順序 $<_{\mathrm{rev}}$ は $K[\mathbf{x}]$ の単項式順序である．

(**2.3.1**) **例 (辞書式順序)**　　単項式 $\mathbf{x}^{\mathbf{a}}$ と $\mathbf{x}^{\mathbf{b}}$ について「$\mathbf{x}^{\mathbf{b}}$ の次数は $\mathbf{x}^{\mathbf{a}}$ の次数を越える」であるか，あるいは「$\mathbf{x}^{\mathbf{a}}$ の次数と $\mathbf{x}^{\mathbf{b}}$ の次数が等しく，更に，ベクトルの差 $\mathbf{b}-\mathbf{a}$ においてもっとも左にある 0 でない成分が正」であるとき $\mathbf{x}^{\mathbf{a}} <_{\mathrm{lex}} \mathbf{x}^{\mathbf{b}}$ であると定義する．すると，$<_{\mathrm{lex}}$ は $K[\mathbf{x}]$ の単項式順序であって，**辞書式順序** (lexicographic order) と呼ばれる．

　定理 (2.2.1) の証明において導入した逆辞書式順序 $<_{\mathrm{rev}}$ と例 (2.3.1) の辞書式順序 $<_{\mathrm{lex}}$ はいずれも変数 $x_1, x_2, \cdots, x_n$ の全順序

$$x_1 > x_2 > \cdots > x_n$$

を導く．この変数の順序に着目すると，単項式 u と v の次数が等しく共通の変数を含まないとき，u または v に現れるもっとも小さい変数を含むほうが逆辞書式順序で小さく，u または v に現れるもっとも大きい変数を含むほうが辞書式順序で大きくなる．逆辞書式順序と辞書式順序の根本的相違は本著の随所で認識できる．

　もっと一般の逆辞書式順序と辞書式順序を考えよう．多項式環 $K[\mathbf{x}]$ の変数 $x_1, x_2, \cdots, x_n$ の全順序

$$x_{i_1} > x_{i_2} > \cdots > x_{i_n}$$

を一つ固定したとき，その全順序が '誘導' する逆辞書式順序 $<_{\mathrm{rev}}$ と辞書式順序 $<_{\mathrm{lex}}$ が定義できる．すなわち，単項式 $u, v \in K[\mathbf{x}]$ について，$u = wu'$, $v = wv'$ とする（但し，u', v', w は $K[\mathbf{x}]$ の単項式，u' と v' は共通の変数を含まない）とき，$u <_{\mathrm{rev}} v$ となるのは「v の次数が u の次数を越える」または「u の次数と v の次数が等しく，u' または v' に現れる（全順序 $<$ に関して）もっとも小さい変数は u' に現れる」が成立するときである．他方，$u <_{\mathrm{lex}} v$ となるのは「v の次数が u の次数を越える」または「u の次数と v の次数が等しく，u' または v' に現れる（全順序 $<$ に関して）もっとも大きい変数は v' に現れる」が成立するときである．（そのような一般の逆辞書式順序 $<_{\mathrm{rev}}$ と辞書式順序 $<_{\mathrm{lex}}$ は第 4 章以降に使う．第 3 章の逆辞書式順序と辞書式順序は本章の $<_{\mathrm{rev}}$ と $<_{\mathrm{lex}}$ をそのまま踏襲する．）

(**2.3.2**) **例**　　変数の個数を $n = 3$ とし，$x_1 = x$, $x_2 = y$, $x_3 = z$ するとき，次数 5 の単項式（21 個ある）を逆辞書式順序と辞書式順序のそれぞれで大きい順に並べると

（逆辞書式順序） x^5, x^4y, x^3y^2, x^2y^3, xy^4, y^5, x^4z, x^3yz, x^2y^2z,
xy^3z, y^4z, x^3z^2, x^2yz^2, xy^2z^2, y^3z^2, x^2z^3, xyz^3, y^2z^3,
xz^4, yz^4, z^5

（辞書式順序） x^5, x^4y, x^4z, x^3y^2, x^3yz, x^3z^2, x^2y^3, x^2y^2z, x^2yz^2,
x^2z^3, xy^4, xy^3z, xy^2z^2, xyz^3, xz^4, y^5, y^4z, y^3z^2,
y^2z^3, yz^4, z^5

である．

(**2.3.3**) **問** 例 (2.3.2) の逆辞書式順序において大きいほうから k 番目の単項式を $x^\alpha y^\beta z^\gamma$ とするとき，辞書式順序において小さいほうから k 番目の単項式は $x^\gamma y^\beta z^\alpha$ となる．この現象を解説せよ．

(**2.3.4**) **例 (純辞書式順序)** 単項式 $\mathbf{x^a}$ と $\mathbf{x^b}$ について「ベクトルの差 $\mathbf{b} - \mathbf{a}$ においてもっとも左にある 0 でない成分が正」であるとき $\mathbf{x^a} <_{\text{purelex}} \mathbf{x^b}$ であると定義する．すると，$<_{\text{purelex}}$ は $K[\mathbf{x}]$ の単項式順序であって，**純辞書式順序**と呼ばれる．

純辞書式順序を模倣して純逆辞書式順序を定義することは不可能である．実際，単項式 $\mathbf{x^a}$ と $\mathbf{x^b}$ について「ベクトルの差 $\mathbf{b} - \mathbf{a}$ においてもっとも右にある 0 でない成分が負」であるとき $\mathbf{x^a} < \mathbf{x^b}$ であると定義すると，任意の単項式 $u \neq 1$ について $u < 1$ である．

イニシャル単項式とイニシャルイデアルの概念は任意の単項式順序 $<$ について考えることができる．繰り返すと，多項式環 $K[\mathbf{x}]$ の任意の多項式 $f\,(\neq 0)$ について，f に現れる単項式のなかで $<$ に関して最大のものを f の $<$ に関する**イニシャル単項式**と呼び $\text{in}_<(f)$ と表す．次に，多項式環 $K[\mathbf{x}]$ の任意のイデアル $I\,(\neq 0)$ について，I に属するすべての多項式のイニシャル単項式の集合が生成する $K[\mathbf{x}]$ の単項式イデアルを I の $<$ に関する**イニシャルイデアル**と呼び $\text{in}_<(I)$ と表す．すなわち

$$\text{in}_<(I) = (\{\text{in}_<(f)\,;\,0 \neq f \in I\})$$

である．

(**2.3.5**) **問** 任意の単項式 $u \in \text{in}_<(I)$ について $u = \text{in}_<(f)$ となる $f \in I$ が

存在することを示せ.

Dickson の補題 (2.1.1) から $\mathrm{in}_<(I)$ は有限生成である. いま, $\mathrm{in}_<(I)$ が有限個の単項式 $u_1, u_2, \cdots, u_s$ で生成されるとする. それぞれの単項式 u_i について $u_i = \mathrm{in}_<(g_i)$ となる $g_i \in I$ を選ぶ. すると,

$$\mathrm{in}_<(I) = (\mathrm{in}_<(g_1), \mathrm{in}_<(g_2), \cdots, \mathrm{in}_<(g_s))$$

である.

ところで, 定理 (2.2.1) の証明では逆辞書式順序を採用したがもちろん辞書式順序を採用しても差し障りはない. もっと一般に, 任意の単項式順序を採用しても無修正でその証明は有効である $\cdots$, と思っては勇み足になる. 証明の最後の部分で $<_\mathrm{rev}$ についての無限減少列 (2.2.2) が存在しないという有限性条件を使っている点に着目しよう. そのような議論が可能であるためには単項式順序 $<$ について

$$\cdots < u_2 < u_1 < u_0$$

なる $<$ についての無限減少列が存在しないという条件が満たされなければならない. 幸いにして,

(**2.3.6**) **命題** 多項式環 $K[\mathbf{x}] = K[x_1, x_2, \cdots, x_n]$ の任意の単項式順序 $<$ を固定する. このとき, $K[\mathbf{x}]$ の単項式全体の集合 $\mathcal{M}$ の空でない任意の部分集合 $\mathcal{N}$ には $<$ に関する最小元が存在する. (但し, $u' \in \mathcal{N}$ が $\mathcal{N}$ の $<$ に関する最小元であるとは, $u' < u$ が任意の $u' \neq u \in \mathcal{N}$ について成立するときに言う.) 特に, 任意の単項式 u について $\cdots < u_2 < u_1 < u_0 = u$ なる無限減少列は存在しない.

[証明] Dickson の補題 (2.1.1) から $\mathcal{M}$ の空でない任意の部分集合 $\mathcal{N}$ には整除関係による極小元は高々有限個しか存在しない. いま, $\mathcal{N}$ の整除関係による極小元を $w_1, w_2, \cdots, w_s$ とし, 単項式順序 $<$ に関して $w_1 < w_2 < \cdots < w_s$ であると仮定する. このとき, w_1 が $\mathcal{N}$ の $<$ に関する最小元であることを示す. 実際, $w \in \mathcal{N}$ とすると $w = v w_i$ となる $v \in \mathcal{M}$ と $1 \leq i \leq s$ が存在するから $v \neq 1$ ならば $1 < v$, すると $w_i = 1 \cdot w_i < v w_i = w$, 従って, $w_1 < w$ を得る. 以上で前半部分が証明された. 後半部分を証明するために, 単項式 u につい

て $\cdots < u_2 < u_1 < u_0 = u$ なる無限減少列が存在すると仮定すると，$\mathcal{M}$ の空でない部分集合 $\{u_0, u_1, u_2, \cdots\}$ には最小元は存在しないことになり矛盾が起きる. ∎

Gröbner 基底についての議論は第 3 章で展開されるが，定義と簡単な性質について触れる.

多項式環 $K[\mathbf{x}] = K[x_1, x_2, \cdots, x_n]$ の単項式順序 $<$ と $K[\mathbf{x}]$ のイデアル $I\ (\neq 0)$ について，I に属する (0 と異なる) 多項式の有限集合 $\mathcal{G} = \{g_1, g_2, \cdots, g_s\}$ が $<$ に関する I の **Gröbner 基底** (Gröbner basis) であるとは $\mathrm{in}_<(I) = (\mathrm{in}_<(g_1), \mathrm{in}_<(g_2), \cdots, \mathrm{in}_<(g_s))$ が成立するときに言う.

Hilbert 基底定理 (2.2.1) の Gordan による証明を Gröbner 基底の範疇で捕らえるならば命題 (2.3.6) の帰結として

(2.3.7) 系 多項式環 $K[\mathbf{x}] = K[x_1, x_2, \cdots, x_n]$ の単項式順序 $<$ と $K[\mathbf{x}]$ のイデアル $I\ (\neq 0)$ について，$\mathcal{G} = \{g_1, g_2, \cdots, g_s\}$ が $<$ に関する I の Gröbner 基底であるならば $\mathcal{G}$ は I の生成系である.

当然のことながら，系 (2.3.7) の逆は成立しない．簡単な例を挙げると

(2.3.8) 例 多項式環 $K[\mathbf{x}] = K[x_1, x_2, \cdots, x_7]$ における辞書式順序 $<_{\mathrm{lex}}$ を考える．いま，$f = x_1 x_4 - x_2 x_3$, $g = x_4 x_7 - x_5 x_6$ とし，$I = (f, g)$ と置く．このとき，$\{f, g\}$ はイデアル I の $<_{\mathrm{lex}}$ に関する Gröbner 基底ではない．実際，$\mathrm{in}_{<_{\mathrm{lex}}}(f) = x_1 x_4$, $\mathrm{in}_{<_{\mathrm{lex}}}(g) = x_4 x_7$ であるが，$h = x_7 f - x_1 g = x_1 x_5 x_6 - x_2 x_3 x_7 \in I$, $\mathrm{in}_{<_{\mathrm{lex}}}(h) = x_1 x_5 x_6 \notin (x_1 x_4, x_4 x_7)$ であるから，$\mathrm{in}_{<_{\mathrm{lex}}}(I)$ は $(x_1 x_4, x_4 x_7)$ に一致しない．従って，$\{f, g\}$ はイデアル I の $<_{\mathrm{lex}}$ に関する Gröbner 基底ではない．例 (3.2.9) と例 (3.2.11) で再考するが，実は，$\{f, g, h\}$ はイデアル I の $<_{\mathrm{lex}}$ に関する Gröbner 基底である．他方，$\{f, g\}$ はイデアル I の逆辞書式順序 $<_{\mathrm{rev}}$ に関する Gröbner 基底である．

Gröbner 基底の概念は以上のように極めて簡明なものであるが，その魅惑と有効性については第 3 章以降で徐々に解説する．イニシャルイデアルに関する Macaulay の定理を紹介し，重みベクトルを導入することで本章を締め括る．(けれども，Macaulay の定理は §4.3 と §6.2 で，重みベクトルは §6.1 で使うのであるから，本章の残りの部分は必要になった段階で読むこととし，直ちに第 3 章

に進んでもよい.)

(2.3.9) 定理 (Macaulay の定理)　多項式環 $K[\mathbf{x}] = K[x_1, x_2, \cdots, x_n]$ の単項式順序 $<$ を固定する. このとき, $K[\mathbf{x}]$ の任意のイデアル I $(\neq (0))$ について $\mathrm{in}_<(I)$ に属さない単項式 (I の $<$ に関する **標準単項式** (standard monomial) と呼ばれる) の全体を $\mathcal{B}$ とすると, $\mathcal{B}^\star = \{[u] ; u \in \mathcal{B}\}$ は剰余環 $K[\mathbf{x}]/I$ の K 上の線型空間としての基底を成す. 但し, $[u]$ は $u \in K[\mathbf{x}]$ を含む I を法とする $K[\mathbf{x}]$ の剰余類である.

[証明]　まず, $\mathcal{B}^\star$ が $K[\mathbf{x}]/I$ において線型独立であることを示す. いま,

$$\sum_{\text{有限和}} c_i u_i \in I, \quad 0 \neq c_i \in K, \, u_i \in \mathcal{B}$$

なる関係式の存在を仮定すると, $f = \sum_{\text{有限和}} c_i u_i$ のイニシャル単項式は $\mathrm{in}_<(I)$ に属す. ところが, f のイニシャル単項式はいずれかの u_i に一致するから $u_i \notin \mathrm{in}_<(I)$ に矛盾する.

次に, $\mathcal{B}^\star$ が張る $K[\mathbf{x}]/I$ の部分空間 $\langle \mathcal{B}^\star \rangle$ を考え, 多項式 $0 \neq f \in K[\mathbf{x}]$ について $\mathrm{in}_<(f)$ に関する帰納法で $[f] \in \langle \mathcal{B}^\star \rangle$ を示す. まず, $\mathrm{in}_<(f) \in \mathcal{B}$ とすると, 帰納法の仮定から $[f - c \cdot \mathrm{in}_<(f)]$ (但し, c は f における $\mathrm{in}_<(f)$ の係数) は $\langle \mathcal{B}^\star \rangle$ に属する. すると, $[f] \in \langle \mathcal{B}^\star \rangle$ である. 他方, $\mathrm{in}_<(f) \notin \mathcal{B}$ とすると, $\mathrm{in}_<(f) \in \mathrm{in}_<(I)$ であるから適当な多項式 $g \in I$ を選んで $\mathrm{in}_<(f) = \mathrm{in}_<(g)$ とできる (問 (2.3.5)). このとき, c' を g における $\mathrm{in}_<(g)$ の係数とすると, 帰納法の仮定から $[c'f - cg]$ は $\langle \mathcal{B}^\star \rangle$ に属する. ところが, $[c'f - cg]$ は $[c'f]$ に一致する. すると, $c' \neq 0$ から $[f] \in \langle \mathcal{B}^\star \rangle$ である.　■

(2.3.10) 問　(a) 多項式環 $K[\mathbf{x}]$ の単項式順序 $<$ を固定する. このとき, $K[\mathbf{x}]$ の (0) と異なるイデアル I と J について, I が J に真に含まれるならば $\mathrm{in}_<(I)$ は $\mathrm{in}_<(J)$ に真に含まれる. これを示せ.

(b) 多項式環 $K[\mathbf{x}]$ の単項式順序 $<$ と $<'$ を考え, $I \neq (0)$ を $K[\mathbf{x}]$ のイデアルとする. このとき, $\mathrm{in}_<(I) \subset \mathrm{in}_{<'}(I)$ ならば $\mathrm{in}_<(I) = \mathrm{in}_{<'}(I)$ である. これを示せ.

非負整数 (を成分とする) ベクトル $\omega = (\omega_1, \omega_2, \cdots, \omega_n) \in \mathbf{Z}^n$ は $(\omega_1, \omega_2, \cdots, \omega_n) \neq (0, 0, \cdots, 0)$ のとき, **重みベクトル** (weight vector) と呼ばれる. いま, 多

項式 $0 \neq f = \sum_{\mathbf{a}} c_{\mathbf{a}}^{(f)} \mathbf{x}^{\mathbf{a}} \in K[\mathbf{x}]$ があったとき，内積 $\langle \omega, \mathbf{a} \rangle$ が最大となる $c_{\mathbf{a}}^{(f)} \mathbf{x}^{\mathbf{a}}$ の和を f の重みベクトル ω に関するイニシャル形式と呼び，$\mathrm{in}_\omega(f)$ と表す．但し，$\mathbf{a} = (a_1, a_2, \cdots, a_n)$ のとき $\langle \omega, \mathbf{a} \rangle = \sum_{i=1}^n \omega_i a_i$ である．更に，$I\, (\neq (0))$ が $K[\mathbf{x}]$ のイデアルのとき，I の ω に関する擬イニシャルイデアル $\mathrm{in}_\omega(I)$ を

$$\mathrm{in}_\omega(I) = (\{\mathrm{in}_\omega(f)\,;\, 0 \neq f \in I\})$$

と定義する．擬イニシャルイデアル $\mathrm{in}_\omega(I)$ は単項式イデアルとは限らない．

他方，$K[\mathbf{x}]$ の単項式順序 $<$ と重みベクトル ω があったとき，$K[\mathbf{x}]$ の単項式 $\mathbf{x}^{\mathbf{a}}$ と $\mathbf{x}^{\mathbf{b}}$ について「$\langle \omega, \mathbf{a} \rangle < \langle \omega, \mathbf{b} \rangle$」であるか，あるいは「$\langle \omega, \mathbf{a} \rangle = \langle \omega, \mathbf{b} \rangle$ 且つ $\mathbf{x}^{\mathbf{a}} < \mathbf{x}^{\mathbf{b}}$」であるとき $\mathbf{x}^{\mathbf{a}} <_\omega \mathbf{x}^{\mathbf{b}}$ であると定義する．すると，$<_\omega$ は $K[\mathbf{x}]$ の単項式順序である．

(**2.3.11**) 問　　多項式環 $K[\mathbf{x}]$ の任意のイデアル $I\, (\neq (0))$ について，$\mathrm{in}_<(\mathrm{in}_\omega(I)) = \mathrm{in}_{<_\omega}(I)$ であることを示せ．

(**2.3.12**) 補題　　多項式環 $K[\mathbf{x}]$ の上の任意の単項式順序 $<$ と任意のイデアル $(0) \neq I \subset K[\mathbf{x}]$ について，$\mathrm{in}_\omega(I) = \mathrm{in}_<(I)$ を満たす重みベクトル ω が存在する．

[証明]　　イデアル I の $<$ に関する Gröbner 基底 $\mathcal{G} = \{g_1, g_2, \cdots, g_s\}$ を取り，g_j に現れる単項式を $\mathbf{x}^{\alpha_{j0}}, \mathbf{x}^{\alpha_{j1}}, \cdots, \mathbf{x}^{\alpha_{jk_j}}$ とする．但し，$\mathbf{x}^{\alpha_{j0}} > \mathbf{x}^{\alpha_{j1}} > \cdots > \mathbf{x}^{\alpha_{jk_j}}$ である．いま，

$$\mathcal{C} = \{\omega = (\omega_1, \omega_2, \cdots, \omega_n)\,;\, 0 \leq \omega_i \in \mathbf{Q}, 1 \leq i \leq n,$$
$$\langle \omega, \alpha_{j0} - \alpha_{j\ell} \rangle > 0, 1 \leq j \leq s, 1 \leq \ell \leq k_j\}$$

と置く．このとき，$\mathcal{C}$ は空集合ではない．実際，$\mathcal{C} = \emptyset$ とすると，問 (1.2.6) から，少なくとも一つの $\nu_{j\ell}$ は非零である非負整数の集合 $\{\nu_{j\ell}\,;\, 1 \leq j \leq s, 1 \leq \ell \leq k_j\}$ が存在して

$$\sum_{j=1}^s \sum_{\ell=1}^{k_j} \nu_{j\ell}(\alpha_{j0} - \alpha_{j\ell})$$

が非正整数（を成分とする）ベクトルとなる．すると，単項式 $\prod_{j=1}^s \prod_{\ell=1}^{k_j} (\mathbf{x}^{\alpha_{j0}})^{\nu_{j\ell}}$ は $\prod_{j=1}^s \prod_{\ell=1}^{k_j} (\mathbf{x}^{\alpha_{j\ell}})^{\nu_{j\ell}}$ を割り切る．従って，$<$ に関して $\prod_{j=1}^s \prod_{\ell=1}^{k_j} (\mathbf{x}^{\alpha_{j0}})^{\nu_{j\ell}}$ は

$\prod_{j=1}^{s}\prod_{\ell=1}^{k_j}(\mathbf{x}^{\alpha_{j\ell}})^{\nu_{j\ell}}$ を越えない.しかし,$\mathbf{x}^{\alpha_{j0}} > \mathbf{x}^{\alpha_{j\ell}}$, $1 \leq j \leq s$, $1 \leq \ell \leq k_j$,であるから

$$\prod_{j=1}^{s}\prod_{\ell=1}^{k_j}(\mathbf{x}^{\alpha_{j0}})^{\nu_{j\ell}} > \prod_{j=1}^{s}\prod_{\ell=1}^{k_j}(\mathbf{x}^{\alpha_{j\ell}})^{\nu_{j\ell}}$$

となり矛盾が導かれる.従って,$\mathcal{C}$ は空集合ではない.

任意の $\omega \in \mathcal{C} \cap \mathbf{Z}$ は $\mathrm{in}_\omega(g_j) = \mathrm{in}_<(g_j)$, $1 \leq j \leq s$, を満たす重みベクトルである.すると,$\mathrm{in}_<(I) \subset \mathrm{in}_\omega(I)$ である.いま,$\mathrm{in}_<(I) \neq \mathrm{in}_\omega(I)$ とすると,$\mathrm{in}_<(\mathrm{in}_<(I)) = \mathrm{in}_<(I)$ は $\mathrm{in}_<(\mathrm{in}_\omega(I)) = \mathrm{in}_{<_\omega}(I)$ に真に含まれる(問 (2.3.10;a))が,問 (2.3.10;b) からそのようなことは不可能である.∎

3

Gröbner 基底

　Gröbner 基底の以呂波 (いろは) を (可能な限り簡潔に) 展開することが本章の役割である. 一変数多項式環における割り算と余りについては周知であるが, その割り算と余りの概念が多変数多項式環においてもちゃんと定義できることを §3.1 で議論する. 一変数多項式環における割り算においては余りは一意的であるが, 多変数多項式環においてはそうはいかない. けれども, Gröbner 基底で割り算をすると余りは一意的である. 次に, §3.2 では, イデアルの生成系が既知なときにその生成系が Gröbner 基底であるか否かを判定する Buchberger 判定法を紹介するとともに, 生成系から出発して Gröbner 基底を探す Buchberger アルゴリズムについても触れる. 他方, いわゆる消去法は Gröbner 基底の理論において真に不可欠な話題であるが, 本著では深入りしないので, §3.3 で消去定理とその簡単な応用をお話しする程度に留める.

§3.1 割り算と余り

　一般論を展開する準備として, 一変数多項式環のときの状況を簡単に復習する. 体 K 上の一変数多項式環 $K[x]$ に属する 0 と異なる一変数多項式

(**3.1.1**) $\qquad g = c_N x^N + c_{N-1} x^{N-1} + \cdots + c_0, \qquad c_N \neq 0$

(但し, $c_N, c_{N-1}, \cdots, c_0 \in K$) の次数を $\deg(g) = N$ と定義する. すると,

● (一変数多項式環 $K[x]$ における割り算アルゴリズム) 　任意の多項式 $f \in K[x]$ と $0 \neq g \in K[x]$ について, f を g で割ることができる. すなわち,

$$f = qg + r$$

となる $q, r \in K[x]$ であって, 性質「$r = 0$ であるか, あるいは $r \neq 0$ ならば $\deg(r) < \deg(g)$」を有する商 q と余り r が一意的に存在する.

　(**3.1.2**) 問　一変数多項式環 $K[x]$ における割り算アルゴリズムを証明せよ.

一変数多項式環 $K[x]$ における割り算アルゴリズムの直接の帰結として

● 一変数多項式環 $K[x]$ の任意のイデアルは単項イデアルである．すなわち，$K[x]$ の任意のイデアル I について，$I = (g)$ となる多項式 $g \in K[x]$ が存在する．

[証明]　いま，$I \neq (0)$ とし，I に属する 0 でない多項式のなかで次数がもっとも小さいものを選び，それを g と置く．すると，任意の $f \in I$ について割り算アルゴリズムから $f = qg + r$ と表すと，$r = f - qg \in I$ である．余り r は $r \neq 0$ ならば $\deg(r) < \deg(g)$ であるから，g の次数の最小性から $r = 0$ である．従って，$f = qg \in (g)$ を得る．すると，$I = (g)$ である． ■

● 一変数多項式環 $K[x]$ の 0 でないイデアル $I = (g)$ と $f \in K[x]$ について，$f \in I$ となるための必要十分条件は，f を g で割った余りが 0 となることである．

　(**3.1.3**) 問　これを示せ．

多項式（3.1.1）がモニックであるとは，$c_N = 1$ であるときに言う．

● 一変数多項式環 $K[x]$ の任意のイデアル I について，$I = (g)$ となるモニックな多項式 $g \in K[x]$ が一意的に存在する．

[証明]　実際，$I = (g) = (h)$ とすると，$h = qg$, $g = q'h$ となる $q, q' \in K[x]$ が存在するから $qq' = 1$ である．すると，$q, q' \in K$ が従う．従って，g と h がモニックな多項式とすると，$x^{\deg(g)}\,(= x^{\deg(h)})$ の係数は g も h も 1 であるから $q = 1$ である． ■

● 一変数多項式環 $K[x]$ のイデアル I と J について，$I = J$ となるためには，$I = (g)$, $J = (h)$ となるモニックな多項式 $g, h \in K[x]$ について $g = h$ となることが必要十分である．

　(**3.1.4**) 問　これを示せ．

一変数多項式環 $K[x]$ に属する有限個の多項式 $f_1, f_2, \cdots, f_s$ があったとき，これらの多項式が生成する $K[x]$ のイデアル $(f_1, f_2, \cdots, f_s)$ は単項イデアルであるから $(f_1, f_2, \cdots, f_s) = (g)$ となる多項式 $g \in K[x]$ が存在する．具体的に g を探す方法がいわゆる **Euclid 互除法**である．

● (Euclid 互除法)　一変数多項式環 $K[x]$ に属する有限個の（0 ではない）多項式 $f_1, f_2, \cdots, f_r$ が与えられ，f_1 はこれらの多項式のなかで次数が最小であると仮定する．このとき，f_i を f_1 で割った余りを r_i とする（$2 \leq i \leq s$）と $(f_1, f_2, \cdots, f_r) = (f_1, r_2, \cdots, r_s)$ である．（すると，$r_i = 0$ ならば r_i を除去し，$r_i \neq 0$ ならば $\deg(r_i) < \deg(f_1) (\leq \deg(f_i))$ であるから，この手続きを有限回繰り返すことによって $(f_1, f_2, \cdots, f_r) = (g)$ となる g に到達する．）

[証明]　多項式 f_i を f_1 で割った商を q_i, 余りを r_i とすると $r_i = f_i - q_i f_1$ であるから，$f_i \in (f_1, r_2, \cdots, r_s)$ であるとともに，$r_i \in (f_1, f_2, \cdots, f_r)$ である．従って，$(f_1, f_2, \cdots, f_r) = (f_1, r_2, \cdots, r_s)$ である． ∎

● 一変数多項式環 $K[x]$ の単項式順序は

(**3.1.5**) $$1 < x < x^2 < x^3 < \cdots$$

に限る．

[証明]　単項式順序 $<$ は $1 < x$ を満たす．すると，両辺に x を掛けて $x < x^2$ である．いま，$x^q < x^{q+1}$ とすると，両辺に x を掛けて $x^{q+1} < x^{q+2}$ である．すると，帰納法を使うと望む結果が従う． ∎

● 一変数多項式環 $K[x]$ の任意のイデアル I について，$I = (g)$ となるモニックな多項式 $g \in K[x]$ を選ぶと，(3.1.5) の単項式順序 $<$ に関して $\text{in}_<(I) = (\text{in}_<(g))$ である．従って，$\{g\}$ は I の $<$ に関する Gröbner 基底である．

(**3.1.6**) 問　これを示せ．

　一変数多項式環 $K[x]$ のイデアル論は以上のように至って単純であるが，その理由は $K[x]$ のイデアルがすべて単項イデアルであること——割り算アルゴリズムの存在——が本質的である．体 K 上の n 変数多項式環 $K[\mathbf{x}] = K[x_1, x_2, \cdots, x_n]$ においては，たとえば，「イデアル $I \subset K[\mathbf{x}]$ と $f \in K[\mathbf{x}]$ について，$f \in I$ であるか否かをどのように判定するか？」あるいは「イデアル $I, J \subset K[\mathbf{x}]$ について，$I = J$ であるか否かをどのように判定するか？」などの根本的な問題を解決することは決して簡単ではない．そのような根本的な問題を解決する手品が Gröbner 基底である．まず，体 K 上の n 変数多項式環における割り算アルゴリズムの存

在から議論しよう．

(**3.1.7**) **定理 (割り算アルゴリズム)**　体 K 上の n 変数多項式環 $K[\mathbf{x}] = K[x_1, x_2, \cdots, x_n]$ における単項式順序 $<$ を固定し，$g_1, g_2, \cdots, g_s$ を 0 と異なる $K[\mathbf{x}]$ の多項式とする．このとき，任意の多項式 $0 \neq f \in K[\mathbf{x}]$ について次の表示（f の $g_1, g_2, \cdots, g_s$ に関する**標準表示**と呼ぶ）が存在する．

$$f = f_1 g_1 + f_2 g_2 + \cdots + f_s g_s + f', \quad f_i, f' \in K[\mathbf{x}]$$

但し，

（i）$f' \neq 0$ のとき，f' に現れる単項式は $\mathrm{in}_<(g_1), \mathrm{in}_<(g_2), \cdots, \mathrm{in}_<(g_s)$ のいずれでも割り切れない．換言すると，f' に現れる任意の単項式は $K[\mathbf{x}]$ の単項式イデアル $(\mathrm{in}_<(g_1), \mathrm{in}_<(g_2), \cdots, \mathrm{in}_<(g_s))$ に属さない（f' を f の $g_1, g_2, \cdots, g_s$ に関する割り算の**余り**と呼ぶ）．

（ii）$f_i g_i \neq 0$ ならば $\mathrm{in}_<(f_i g_i)$ は $<$ に関して $\mathrm{in}_<(f)$ を越えない．

$$\mathrm{in}_<(f_i g_i) \leq \mathrm{in}_<(f)$$

[証明]　単項式イデアル $(\mathrm{in}_<(g_1), \mathrm{in}_<(g_2), \cdots, \mathrm{in}_<(g_s))$ を I で表す．多項式 f に現れるどの単項式も I に属さなければ $f_i = 0 \ (i = 1, 2, \cdots, s)$，$f' = f$ とすれば条件（i）と（ii）が満たされる．そこで，I に属する単項式が f に現れると仮定し，f に現れる単項式で I に属するもののなかで単項式順序 $<$ に関して最大のものを u_0 とし，u_0 は $\mathrm{in}_<(g_{i_0})$ で割り切れるとする．このとき，$w_0 = u_0 / \mathrm{in}_<(g_{i_0})$ と置き，

$$f = c'_0 c_{i_0}^{-1} w_0 g_{i_0} + h_1$$

と式変形を施す．但し，c'_0 は f における u_0 の係数，c_{i_0} は g_{i_0} における $\mathrm{in}_<(g_{i_0})$ の係数である．すると，

$$\mathrm{in}_<(w_0 g_{i_0}) = w_0 \, \mathrm{in}_<(g_{i_0}) = u_0 \leq \mathrm{in}_<(f)$$

である．

次に，I に属する単項式が h_1 に現れると仮定し，h_1 に現れる単項式で I に属するもののなかで単項式順序 $<$ に関して最大のものを u_1 とすると，

$$u_1 < u_0$$

である．（実際，$u_0 < u$ なる単項式 u が h_1 に現れるならば u は既に f に現れているから u は I には属さない．他方，u_0 自身は h_1 には現れないことに注意する．）
いま，u_1 は $\mathrm{in}_<(g_{i_1})$ で割り切れるとし，$w_1 = u_1/\mathrm{in}_<(g_{i_1})$ と置き，

$$f = c'_0 c_{i_0}^{-1} w_0 g_{i_0} + c'_1 c_{i_1}^{-1} w_1 g_{i_1} + h_2$$

と式変形を施す．但し，c'_1 は h_1 における u_1 の係数，c_{i_1} は g_{i_1} における $\mathrm{in}_<(g_{i_1})$ の係数である．このとき，

$$\mathrm{in}_<(w_1 g_{i_1}) \leq \mathrm{in}_<(f)$$

である．

以上の操作を繰り返すと，

$$\cdots < u_2 < u_1 < u_0$$

なる減少列が構成されるから，命題 (2.3.6) は有限回でその操作が終了することを保証する．操作終了段階における表示を

$$f = \sum_{q=0}^{N-1} c'_q c_{i_q}^{-1} w_q g_{i_q} + h_N$$

とすると，$h_N = 0$ であるか，または $h_N \neq 0$ ならば h_N に現れる単項式は I には属さない．他方，任意の q について

$$\mathrm{in}_<(w_q g_{i_q}) \leq \mathrm{in}_<(f)$$

が成立する．従って，$\sum_{q=0}^{N-1} c'_q c_{i_q}^{-1} w_q g_{i_q}$ を $\sum_{i=1}^{s} f_i g_i$ とし，$h_N = f'$ と置けば望む条件（ⅰ）と（ⅱ）を満たす表示を得る． ■

(3.1.8) 例 多項式環 $K[x_1, x_2, x_3]$ における辞書式順序 $<_{\mathrm{lex}}$ を考える．変数の添字を省くために $x = x_1, y = x_2, z = x_3$ と置く．いま，$g_1 = x^2 - z$，$g_2 = xy - 1$ とし，$f = x^3 - x^2 y - x^2 - 1$ の g_1, g_2 に関する割り算の余りを計算する．このとき，

$$\begin{aligned}
f &= x(g_1 + z) - y(g_1 + z) - (g_1 + z) - 1 \\
&= (x - y - 1)g_1 + (xz - yz - z - 1) \\
f &= x(g_1 + z) - x(g_2 + 1) - (g_1 + z) - 1 \\
&= (x - 1)g_1 - x g_2 + (xz - x - z - 1)
\end{aligned}$$

はどちらも f の g_1, g_2 に関する標準表示である．すると，$xz - yz - z - 1$ と $xz - x - z - 1$ はいずれも f の g_1, g_2 に関する割り算の余りである．

一般に，定理 (3.1.7) の割り算アルゴリズムにおいては，標準表示の余りは一意的ではない．ところが，$g_1, g_2, \cdots, g_s$ が Gröbner 基底のときには，驚嘆すべき事実として，標準表示の余りは一意的に決定する．実際，

(3.1.9) 命題　体 K 上の n 変数多項式環 $K[\mathbf{x}]$ のイデアル $I\,(\neq (0))$ の単項式順序 $<$ に関する Gröbner 基底 $\{g_1, g_2, \cdots, g_s\}$ を固定する．このとき，任意の多項式 $f \in K[\mathbf{x}]$ について次の条件を満たす $f' \in K[\mathbf{x}]$ が一意的に存在する．

(i) $f' = 0$ であるか，あるいは，$f' \neq 0$ で f' に現れる任意の単項式は $K[\mathbf{x}]$ の単項式イデアル $(\mathrm{in}_<(g_1), \mathrm{in}_<(g_2), \cdots, \mathrm{in}_<(g_s))$ に属さない．

(ii) $f = g + f'$ となる $g \in I$ が存在する．

特に，割り算アルゴリズムにおいて f の $g_1, g_2, \cdots, g_s$ に関する割り算の余りは f' に一致し，一意的に決定する．

[証明]　Gröbner 基底 $g_1, g_2, \cdots, g_s$ が I の生成系であることに注意すると，望む f' が存在することは割り算アルゴリズムが保証する（$f = 0$ ならば $g = f' = 0$ とすればよい）．一意性を示すために，別の表示 $f = g_1 + f'_1$, $f' \neq f'_1$ が存在すると仮定する．このとき，$f' - f'_1 = g_1 - g \in I$ であるから $\mathrm{in}_<(f' - f'_1) \in \mathrm{in}_<(I) = (\mathrm{in}_<(g_1), \mathrm{in}_<(g_2), \cdots, \mathrm{in}_<(g_s))$ である．ところが，$0 \neq f' - f'_1$ に現れる単項式（特に，$\mathrm{in}_<(f' - f'_1)$）は f' または f'_1 に現れなければならない．すると，$\mathrm{in}_<(f' - f'_1) \in \mathrm{in}_<(I)$ は f' と f'_1 が満たすべき条件に矛盾する．従って，$f' - f'_1 = 0$ である．　∎

(3.1.10) 系　体 K 上の n 変数多項式環 $K[\mathbf{x}]$ のイデアル $I\,(\neq (0))$ の単項式順序 $<$ に関する Gröbner 基底 $g_1, g_2, \cdots, g_s$ を固定する．このとき，$K[\mathbf{x}]$ の多項式 $f\,(\neq 0)$ が I に属するためには f の $g_1, g_2, \cdots, g_s$ に関する割り算の余りが 0 となることが必要十分である．

[証明]　（必要性）イデアル I に属する多項式 f について，$f = f + 0$ は命題 (3.1.9) の (i) と (ii) の条件を満たすから f の $g_1, g_2, \cdots, g_s$ に関する割り算の余りは 0 である．

（十分性）一般に，f の $g_1, g_2, \cdots, g_s$ に関する割り算の余りが 0 であるならば

$f \in (g_1, g_2, \cdots, g_s)$ となる.すると,$\{g_1, g_2, \cdots, g_s\}$ が I の生成系であることから $f \in I$ が従う.∎

体 K 上の n 変数多項式環 $K[\mathbf{x}]$ のイデアル $I\ (\neq (0))$ の Gröbner 基底 $\{g_1, g_2, \cdots, g_s\}$ が**極小**であるとは,条件

(i) g_i における $\mathrm{in}_<(g_i)$ の係数は 1 である ($i = 1, 2, \cdots, s$)

(ii) $\mathrm{in}_<(g_1), \mathrm{in}_<(g_2), \cdots, \mathrm{in}_<(g_s)$ は $\mathrm{in}_<(I)$ の単項式から成る(包含関係で)極小(な)生成系である(換言すると,$i \neq j$ のとき,$\mathrm{in}_<(g_i)$ は $\mathrm{in}_<(g_j)$ で割り切れない)

が成立するときに言う.他方,$\{g_1, g_2, \cdots, g_s\}$ が**被約**(reduced)であるとは,条件

(i) g_i における $\mathrm{in}_<(g_i)$ の係数は 1 である ($i = 1, 2, \cdots, s$)

(ii) $i \neq j$ のとき,g_j に現れる単項式は $\mathrm{in}_<(g_i)$ で割り切れない

が満たされるときに言う.

(**3.1.11**) **命題**　被約 Gröbner 基底は一意的に存在する.

[証明]　イデアル I の極小 Gröbner 基底 $\{g_1, g_2, \cdots, g_s\}$ を任意に選ぶ.最初に,g_1 の $g_2, g_3, \cdots, g_s$ に関する割り算の余りを h_1 とする.このとき,$\mathrm{in}_<(g_1)$ が $\mathrm{in}_<(g_j)$ ($j \neq 1$) で割り切れないことに注意すると,$\mathrm{in}_<(h_1)$ は $\mathrm{in}_<(g_1)$ に一致する.すると,$h_1, g_2, \cdots, g_s$ は I の極小 Gröbner 基底であって,h_1 に現れる任意の単項式は $\mathrm{in}_<(g_j)$ ($2 \leq j \leq s$) で割り切れない.

次に,g_2 の $h_1, g_3, \cdots, g_s$ に関する割り算の余りを h_2 とする.このとき,$\mathrm{in}_<(g_2)$ が $\mathrm{in}_<(h_1)(= \mathrm{in}_<(g_1)), \mathrm{in}_<(g_3), \cdots, \mathrm{in}_<(g_s)$ で割り切れないことに注意すると,$\mathrm{in}_<(h_2)$ は $\mathrm{in}_<(g_2)$ に一致する.すると,$h_1, h_2, g_3, \cdots, g_s$ は I の極小 Gröbner 基底であって,h_1 に現れる任意の単項式は $\mathrm{in}_<(h_2), \mathrm{in}_<(g_3), \cdots, \mathrm{in}_<(g_s)$ で割り切れず,h_2 に現れる任意の単項式は $\mathrm{in}_<(h_1), \mathrm{in}_<(g_3), \cdots, \mathrm{in}_<(g_s)$ で割り切れない.

以上の操作を継続して順次 $h_1, h_2, \cdots, h_s$ を決めると,$\{h_1, h_2, \cdots, h_s\}$ は I の被約 Gröbner 基底となる.

他方,I の被約 Gröbner 基底の一意性を証明するために,$g_1, g_2, \cdots, g_s$ と $g'_1, g'_2, \cdots, g'_t$ がともに I の被約 Gröbner 基底であると仮定する.すると,$\mathrm{in}_<(g_1), \mathrm{in}_<(g_2), \cdots, \mathrm{in}_<(g_s)$ と $\mathrm{in}_<(g'_1), \mathrm{in}_<(g'_2), \cdots, \mathrm{in}_<(g'_t)$ はともに $\mathrm{in}_<(I)$ の極小生

成系である．単項式イデアルの単項式から成る極小生成系は一意的に存在する（系 (2.1.2) の証明の最後の部分を参照）から，$s = t$ であって，適当に添字を付け替えると，$\text{in}_<(g_i) = \text{in}_<(g_i')$ が任意の $1 \leq i \leq s(= t)$ で成立する．(一般に，$g_1, g_2, \cdots, g_s$ と $g_1', g_2', \cdots, g_t'$ の両者が I の（単項式順序 < に関する）極小 Gröbner 基底であると仮定すると，$s = t$ であって，適当に添字を付け替えると，$\text{in}_<(g_i) = \text{in}_<(g_i')$ が任意の $1 \leq i \leq s(= t)$ で成立する．) いま，$g_i - g_i' \neq 0$ とすると，$\text{in}_<(g_i - g_i') < \text{in}_<(g_i)$ である．他方，$\text{in}_<(g_i - g_i')$ は (g_i または g_i' に現れる単項式であるから) いずれの $\text{in}_<(g_j)$ $(j \neq i)$ でも割り切れない．従って，$\text{in}_<(g_i - g_i') \notin \text{in}_<(I)$ である．すると，$g_i - g_i'$ が I に属することに矛盾する．従って，$g_i = g_i'$ がすべての i について成立する． ∎

(3.1.12) 系 体 K 上の n 変数多項式環 $K[\mathbf{x}]$ の単項式順序 < を固定する．このとき，$K[\mathbf{x}]$ の (0) と異なるイデアル I と J について，$I = J$ となるためには，< に関する I の被約 Gröbner 基底と J の被約 Gröbner 基底が一致することが必要十分である．

系 (3.1.10) と系 (3.1.12) は問 (3.1.6) の直後の文節で「　」を付して提起した 2 つの根本的な問題の解答になっている．

§3.2 Buchberger 判定法

体 K 上の n 変数多項式環 $K[\mathbf{x}] = K[x_1, x_2, \cdots, x_n]$ の単項式順序 < を固定する．以下，イニシャル単項式，イニシャルイデアル，Gröbner 基底などはすべて < に関するものを考えることとし，誤解が生じる場合を除き '単項式順序 < に関する' は省略する．

多項式環 $K[\mathbf{x}]$ のイデアル I の Gröbner 基底を「I の生成系が既知」という条件の下で実際に探す手続き（いわゆる Buchberger アルゴリズム）を議論する．

多項式環 $K[\mathbf{x}]$ に属する 0 と異なる多項式 f と g について，$\text{in}_<(f)$ と $\text{in}_<(g)$ の最小公倍単項式を $m(f, g)$ と表す．(すなわち，$\text{in}_<(f) = x_1^{a_1} x_2^{a_2} \cdots x_n^{a_n}$, $\text{in}_<(g) = x_1^{b_1} x_2^{b_2} \cdots x_n^{b_n}$ のとき $c_i = \max\{a_i, b_i\}$ とすると $m(f, g) = x_1^{c_1} x_2^{c_2} \cdots x_n^{c_n}$ である．但し，$\max\{a_i, b_i\}$ は非負整数 a_i と b_i の小さくないほうを表す．) 更に，f における $\text{in}_<(f)$ の係数を c_f，g における $\text{in}_<(g)$ の係数を c_g とする．このと

き，f と g の **S 多項式** $S(f,g)$ を

$$S(f,g) = \frac{m(f,g)}{c_f \mathrm{in}_<(f)} f - \frac{m(f,g)}{c_g \mathrm{in}_<(g)} g$$

と定義する．手短に言うと，$S(f,g)$ は f と g のイニシャル単項式の部分を打ち消し合うように調整した多項式である．

一般に，割り算アルゴリズム（3.1.7）において，$f' = 0$ となる標準表示が存在するとき，f の $g_1, g_2, \cdots, g_s$ に関する**割り算の余りを 0 とすることが可能である**と言うことにする．

（3.2.1）補題 多項式環 $K[\mathbf{x}]$ に属する 0 と異なる多項式 f と g について，$\mathrm{in}_<(f)$ と $\mathrm{in}_<(g)$ が互いに素（すなわち，$\mathrm{in}_<(f)$ と $\mathrm{in}_<(g)$ の最小公倍単項式が $\mathrm{in}_<(f)\mathrm{in}_<(g)$）であるならば，$S(f,g)$ の f,g に関する割り算の余りを 0 とすることが可能である．

［証明］ 煩雑さを避けるために f と g における $\mathrm{in}_<(f)$ と $\mathrm{in}_<(g)$ の係数は 1 であると仮定し，$f = \mathrm{in}_<(f) + f_1$, $g = \mathrm{in}_<(g) + g_1$ と置く．すると，$\mathrm{in}_<(f)$ と $\mathrm{in}_<(g)$ が互いに素であることから

$$\begin{aligned} S(f,g) &= \mathrm{in}_<(g)f - \mathrm{in}_<(f)g \\ &= (g - g_1)f - (f - f_1)g \\ &= f_1 g - g_1 f \end{aligned}$$

を得る．このとき，$f_1 g$ と $g_1 f$ のイニシャル単項式 $\mathrm{in}_<(f_1)\mathrm{in}_<(g)$ と $\mathrm{in}_<(g_1)\mathrm{in}_<(f)$ は一致しない．実際，$\mathrm{in}_<(f_1)\mathrm{in}_<(g) = \mathrm{in}_<(g_1)\mathrm{in}_<(f)$ とすると，$\mathrm{in}_<(f)$ と $\mathrm{in}_<(g)$ が互いに素であることから，$\mathrm{in}_<(f)$ は $\mathrm{in}_<(f_1)$ を割り切るが，$\mathrm{in}_<(f_1) < \mathrm{in}_<(f)$ であるから $\mathrm{in}_<(f)$ が $\mathrm{in}_<(f_1)$ を割り切ることは不可能である．従って，$\mathrm{in}_<(S(f,g))$ は $\mathrm{in}_<(f_1 g)$ と $\mathrm{in}_<(g_1 f)$ の（$<$ に関して）大きいほうに一致する．すると，$S(f,g) = f_1 g - g_1 f$ は $S(f,g)$ の f,g に関する標準表示であるから $S(f,g)$ の f,g に関する割り算の余りを 0 とすることが可能である． ■

（3.2.2）補題 多項式環 $K[\mathbf{x}]$ の単項式 w をイニシャル単項式に持つ多項式 $f_1, f_2, \cdots, f_s$ を考える．いま，線型結合 $\sum_{i=1}^s b_i f_i \,(\neq 0)$, $b_i \in K$, のイニシャル単項式 $\mathrm{in}_<(\sum_{i=1}^s b_i f_i)$ について $\mathrm{in}_<(\sum_{i=1}^s b_i f_i) < w$ を仮定する．このとき，$\sum_{i=1}^s b_i f_i$ は S 多項式 $S(f_j, f_k)$, $1 \leq j, k \leq s$, の線型結合である．

[証明]　多項式 f_i における単項式 $w = \mathrm{in}_<(f_i)$ の係数を $c_i \in K$ とすると，$\sum_{i=1}^{s} b_i c_i = 0$ である．次に，$g_i = (1/c_i)f_i$ と置くと g_i のイニシャル単項式は w でその係数は 1 である．すると，

$$S(f_j, f_k) = g_j - g_k, \quad 1 \leq j, k \leq s$$

である．いま，

$$\begin{aligned}
\sum_{i=1}^{s} b_i f_i &= \sum_{i=1}^{s} b_i c_i g_i \\
&= b_1 c_1 (g_1 - g_2) + (b_1 c_1 + b_2 c_2)(g_2 - g_3) \\
&\quad + (b_1 c_1 + b_2 c_2 + b_3 c_3)(g_3 - g_4) + \cdots \\
&\quad + (b_1 c_1 + \cdots + b_{s-1} c_{s-1})(g_{s-1} - g_s) \\
&\quad + (b_1 c_1 + \cdots + b_s c_s) g_s
\end{aligned}$$

なる式変形を施し $\sum_{i=1}^{s} b_i c_i = 0$ に注意すると

$$\begin{aligned}
\sum_{i=1}^{s} b_i f_i &= b_1 c_1 S(f_1, f_2) + (b_1 c_1 + b_2 c_2) S(f_2, f_3) \\
&\quad + (b_1 c_1 + b_2 c_2 + b_3 c_3) S(f_3, f_4) + \cdots \\
&\quad + (b_1 c_1 + \cdots + b_{s-1} c_{s-1}) S(f_{s-1}, f_s)
\end{aligned}$$

となり $\sum_{i=1}^{s} b_i f_i$ は S 多項式 $S(f_j, f_k)$, $1 \leq j, k \leq s$, の線型結合である．■

体 K 上の n 変数多項式環 $K[\mathbf{x}]$ のイデアル $I\ (\neq (0))$ の Gröbner 基底は I を生成する．反面，I の生成系 $\mathcal{G} = \{g_1, g_2, \cdots, g_s\}$ があったとき，$g_1, g_2, \cdots, g_s$ が I の Gröbner 基底であるか否かを判定することは一般には困難である．けれども，次の判定法はしばしば有効である．

（**3.2.3**）**定理 (Buchberger 判定法)**　　体 K 上の n 変数多項式環 $K[\mathbf{x}]$ のイデアル $I\ (\neq (0))$ の生成系 $\mathcal{G} = \{g_1, g_2, \cdots, g_s\}$ を固定する．このとき，$\mathcal{G}$ が I の Gröbner 基底となるためには次の条件が満たされることが必要十分条件である．

（∗）任意の $i \neq j$ について $S(g_i, g_j)$ の $g_1, g_2, \cdots, g_s$ に関する割り算の余りを 0 とすることが可能である．

3.2　Buchberger 判定法

[証明]　（必要性）　イデアル I の生成系 $\mathcal{G} = \{g_1, g_2, \cdots, g_s\}$ が I の Gröbner 基底であると仮定する．すると，$S(g_i, g_j) \in I$ であるから，系 (3.1.10) から $S(g_i, g_j)$ の $g_1, g_2, \cdots, g_s$ に関する割り算の余りは 0 である．

（十分性）　生成系 $\mathcal{G} = \{g_1, g_2, \cdots, g_s\}$ について条件（＊）を仮定する．イデアル I に属する多項式 $f\,(\neq 0)$ について

$$(3.2.4) \qquad f = \sum_{i=1}^{s} h_i g_i, \quad h_i \in K[\mathbf{x}]$$

なる表示を考え，

$$\delta_{(h_1, h_2, \cdots, h_s)} = \max\{\text{in}_<(h_i g_i)\,;\, h_i g_i \neq 0\}$$

と置く．次に，$f = \sum_{i=1}^{s} h_i g_i$ を満たすように多項式の列 $(h_1, h_2, \cdots, h_s)$ を動かすとき，単項式 δ_f を

$$\delta_f = \min_{(h_1, h_2, \cdots, h_s)} \delta_{(h_1, h_2, \cdots, h_s)}$$

と定義する．すると，$\text{in}_<(f) \leq \delta_f$ である．以下，(3.2.4) 式に付随する単項式 $\delta_{(h_1, h_2, \cdots, h_s)}$ が δ_f に一致するとして議論を進める．

いま，$\text{in}_<(f) = \delta_f$ と仮定すると，$\text{in}_<(f) = \text{in}_<(h_i g_i)$ となる $h_i g_i \neq 0$ が (3.2.4) 式の右辺に現れるから $\text{in}_<(f)$ は $\text{in}_<(g_1), \text{in}_<(g_2), \cdots, \text{in}_<(g_s)$ が生成する単項式イデアルに属する．従って，イデアル I に属する任意の多項式 $f\,(\neq 0)$ について $\text{in}_<(f) = \delta_f$ が証明できれば $\text{in}_<(I) = (\text{in}_<(g_1), \text{in}_<(g_2), \cdots, \text{in}_<(g_s))$ となり $g_1, g_2, \cdots, g_s$ は I の Gröbner 基底である．

そこで，$\text{in}_<(f) < \delta_f$ と仮定し，(3.2.4) 式の右辺を

$$\begin{aligned}
(3.2.5) \quad f &= \sum_{\text{in}_<(h_i g_i) = \delta_f} h_i g_i + \sum_{\text{in}_<(h_i g_i) < \delta_f} h_i g_i \\
&= \sum_{\text{in}_<(h_i g_i) = \delta_f} c_i \text{in}_<(h_i) g_i + \sum_{\text{in}_<(h_i g_i) = \delta_f} (h_i - c_i \text{in}_<(h_i)) g_i \\
&\quad + \sum_{\text{in}_<(h_i g_i) < \delta_f} h_i g_i
\end{aligned}$$

と変形する．但し，$c_i \in K$ は h_i における $\text{in}_<(h_i)$ の係数である．このとき，$\text{in}_<(f) < \delta_f$ に注意すると

$$\text{in}_< \left(\sum_{\text{in}_<(h_i g_i) = \delta_f} c_i \text{in}_<(h_i) g_i \right) < \delta_f$$

が従う．すると，補題 (3.2.2) を $\sum_{\mathrm{in}_<(h_ig_i)=\delta_f} c_i \mathrm{in}_<(h_i)g_i$ に使うと，$\sum_{\mathrm{in}_<(h_ig_i)=\delta_f} c_i \mathrm{in}_<(h_i)g_i$ は S 多項式 $S(\mathrm{in}_<(h_j)g_j, \mathrm{in}_<(h_k)g_k)$ の線型結合である．他方，$\mathrm{in}_<(h_jg_j) = \mathrm{in}_<(h_kg_k) = \delta_f$ に注意すると，$u_{jk} = \delta_f/m(g_j, g_k)$ と置くと

$$S(\mathrm{in}_<(h_j)g_j, \mathrm{in}_<(h_k)g_k) = u_{jk} S(g_j, g_k)$$

である．すると，

$$(3.2.6) \quad \sum_{\mathrm{in}_<(h_ig_i)=\delta_f} c_i \mathrm{in}_<(h_i)g_i = \sum_{j,k} c_{jk} u_{jk} S(g_j, g_k), \quad c_{jk} \in K$$

なる表示が存在し，

$$\mathrm{in}_<(u_{jk}S(g_j, g_k)) < \delta_f$$

である．条件（∗）から

$$(3.2.7) \quad S(g_j, g_k) = \sum_{i=1}^{s} p_i^{jk} g_i, \quad \mathrm{in}_<(p_i^{jk} g_i) \leq \mathrm{in}_<(S(g_j, g_k))$$

なる表示が存在する．但し，$p_i^{jk} \in K[\mathbf{x}]$ である．すると，(3.2.7) 式を (3.2.6) 式に代入すると

$$(3.2.8) \quad \sum_{\mathrm{in}_<(h_ig_i)=\delta_f} c_i \mathrm{in}_<(h_i)g_i = \sum_{j,k} c_{jk} u_{jk} \left(\sum_{i=1}^{s} p_i^{jk} g_i \right)$$

なる表示を得る．いま，(3.2.8) 式の右辺を $\sum_{i=1}^{s} h'_i g_i$ と表すと，

$$\mathrm{in}_<(h'_i g_i) < \delta_f$$

である．すると，(3.2.8) 式を (3.2.5) 式に代入すると

$$f = \sum_{i=1}^{s} h''_i g_i, \quad \mathrm{in}_<(h''_i g_i) < \delta_f$$

なる表示が存在する．そのような表示の存在は δ_f の定義に矛盾する． ∎

補題 (3.2.1) を考慮すると，Buchberger 判定法を使う際には $\mathrm{in}_<(g_i)$ と $\mathrm{in}_<(g_j)$ が互いに素でない $i \neq j$ について $S(g_i, g_j)$ の $g_1, g_2, \cdots, g_s$ に関する割り算の余りを 0 とすることが可能であることを確かめればよい．

3.2 Buchberger 判定法

(3.2.9) 例　多項式環 $K[x_1, x_2, \cdots, x_7]$ における辞書式順序 $<_{\text{lex}}$ と逆辞書式順序 $<_{\text{rev}}$ を考える．いま，$f = x_1 x_4 - x_2 x_3$, $g = x_4 x_7 - x_5 x_6$ とし，$I = (f, g)$ と置く．このとき，$\{f, g\}$ はイデアル I の $<_{\text{rev}}$ に関する Gröbner 基底であるが，$<_{\text{lex}}$ に関する Gröbner 基底ではない．

実際，$\text{in}_{<_{\text{rev}}}(f) = x_2 x_3$ と $\text{in}_{<_{\text{rev}}}(g) = x_5 x_6$ は互いに素であるから，Buchberger 判定法から直ちに $\{f, g\}$ はイデアル I の $<_{\text{rev}}$ に関する Gröbner 基底である．他方，$\text{in}_{<_{\text{lex}}}(f) = x_1 x_4, \text{in}_{<_{\text{lex}}}(g) = x_4 x_7$ であるから $S(f, g) = x_1 x_5 x_6 - x_2 x_3 x_7$ となる．すると，$\text{in}_{<_{\text{lex}}}(S(f, g)) = x_1 x_5 x_6$ は I の $<_{\text{lex}}$ に関するイニシャルイデアル $\text{in}_{<_{\text{lex}}}(I)$ に属するが $x_1 x_5 x_6$ は $x_1 x_4$ および $x_4 x_7$ では割り切れない．従って，$\text{in}_{<_{\text{lex}}}(I)$ は $(x_1 x_4, x_4 x_7)$ に一致せず，$\{f, g\}$ は I の $<_{\text{lex}}$ に関する Gröbner 基底ではない．

多項式環 $K[\mathbf{x}]$ のイデアル I ($\neq (0)$) の生成系 $\{g_1, g_2, \cdots, g_s\}$ を考える．いま，$\{g_1, g_2, \cdots, g_s\}$ が I の Gröbner 基底でないと仮定すると，Buchberger 判定法から $g_1, g_2, \cdots, g_s$ に関する割り算の余りを 0 とすることが不可能な $S(g_i, g_j)$ ($i \neq j$) が存在する．その余り $h_{ij} \in I$ を任意に選ぶと，$\text{in}_<(h_{ij})$ はいずれの $\text{in}_<(g_1), \text{in}_<(g_2), \cdots, \text{in}_<(g_s)$ でも割り切れない．すると，

$$(\text{in}_<(g_1), \cdots, \text{in}_<(g_s)) \subsetneq (\text{in}_<(g_1), \cdots, \text{in}_<(g_s), \text{in}_<(h_{ij}))$$

である．次に，$h_{ij} = g_{s+1}$ と置き，I の生成系 $\{g_1, \cdots, g_s, g_{s+1}\}$ に再び Buchberger 判定法を使う．このとき，$\{g_1, \cdots, g_s, g_{s+1}\}$ が I の Gröbner 基底でないと仮定すると，$g_1, \cdots, g_s, g_{s+1}$ に関する割り算の余りを 0 とすることが不可能な $S(g_k, g_\ell)$ ($k \neq \ell$) が存在する．その余り $h_{k\ell} \in I$ を任意に選ぶ．すると

$$(\text{in}_<(g_1), \cdots, \text{in}_<(g_s), \text{in}_<(g_{s+1}))$$
$$\subsetneq (\text{in}_<(g_1), \cdots, \text{in}_<(g_s), \text{in}_<(g_{s+1}), \text{in}_<(h_{k\ell}))$$

である．このとき，$h_{k\ell} = g_{s+2}$ と置き，Buchberger 判定法を I の生成系 $\{g_1, \cdots, g_s, g_{s+1}, g_{s+2}\}$ に使う．Dickson の補題 (2.1.1) からそのような操作は有限回で終了し，イデアル I の Gröbner 基底が得られる．[証明：そのような操作が有限回で終了しないと仮定すると，単項式イデアルの無限増大列

(3.2.10) $(\text{in}_<(g_1), \cdots, \text{in}_<(g_s)) \subsetneq (\text{in}_<(g_1), \cdots, \text{in}_<(g_s), \text{in}_<(g_{s+1}))$
$\subsetneq \cdots \subsetneq (\text{in}_<(g_1), \cdots, \text{in}_<(g_s), \text{in}_<(g_{s+1}), \cdots, \text{in}_<(g_j)) \subsetneq \cdots$

が構成できる.ところが,Dickson の補題(2.1.1)の証明から単項式の無限集合 $\{\mathrm{in}_<(g_1), \mathrm{in}_<(g_2), \cdots, \mathrm{in}_<(g_s), \mathrm{in}_<(g_{s+1}), \cdots\}$ における整除関係による極小元は高々有限個しか存在しない.それらを $\mathrm{in}_<(g_{i_1}), \mathrm{in}_<(g_{i_2}), \cdots, \mathrm{in}_<(g_{i_q})$(但し,$i_1 < i_2 < \cdots < i_q$)とすると,$j > i_q$ ならば

$$(\mathrm{in}_<(g_1), \mathrm{in}_<(g_2), \cdots, \mathrm{in}_<(g_{i_q}))$$
$$= (\mathrm{in}_<(g_1), \mathrm{in}_<(g_2), \cdots, \mathrm{in}_<(g_{i_q}), \mathrm{in}_<(g_{i_q+1}), \cdots, \mathrm{in}_<(g_j))$$

となる.従って,単項式イデアルの無限増大列(3.2.10)は存在しない.(証明終)]
イデアル I の生成系から Gröbner 基底を探索するこの方法を **Buchberger** アルゴリズムと呼ぶ.

(3.2.11) 例 例 (3.2.9) を継承する.多項式環 $K[x_1, x_2, \cdots, x_7]$ における辞書式順序 $<_{\mathrm{lex}}$ を考え,$f = x_1x_4 - x_2x_3$,$g = x_4x_7 - x_5x_6$ とし,$I = (f, g)$ の $<_{\mathrm{lex}}$ に関する Gröbner 基底を計算する.いま,$S(f, g) = x_1x_5x_6 - x_2x_3x_7$ の f, g に関する割り算の余りとして $S(f, g)$ 自身が選べることに注意して,$h = x_1x_5x_6 - x_2x_3x_7$ と置く.このとき,$\mathrm{in}_{<_{\mathrm{lex}}}(g)$ と $\mathrm{in}_{<_{\mathrm{lex}}}(h)$ は互いに素である.他方,$S(f, h) = x_2x_3(x_4x_7 - x_5x_6)$ の f, g, h に関する割り算の余りは 0 とすることが可能である.従って,Buchberger 判定法から f, g, h が I の $<_{\mathrm{lex}}$ に関する Gröbner 基底である.

(3.2.12) 問 多項式環 $K[x_1, x_2, x_3]$ における純辞書式順序 $<_{\mathrm{purelex}}$ を考える.イデアル $(x_1x_2 + x_3 - x_1x_3, x_1^2 - x_3, 2x_1^3 - x_1^2x_2x_3 - 1)$ の $<_{\mathrm{purelex}}$ に関するイニシャルイデアルを計算し,標準単項式(定理 (2.3.9) 参照)を列挙せよ.

§3.3 消 去 法

体 K 上の n 変数多項式環 $K[\mathbf{x}] = K[x_1, x_2, \cdots, x_n]$ の部分環

$$B = K[x_{i_1}, x_{i_2}, \cdots, x_{i_m}] \quad 1 \leq i_1 < i_2 < \cdots < i_m \leq n$$

を考える.このとき,$K[\mathbf{x}]$ の上の単項式順序 $<$ は自然に B の上の単項式順序 $<_B$ を導く.すなわち,「u と v が B の単項式のとき,$K[\mathbf{x}]$ の単項式として $u < v$ であるとき,且つそのときに限り $u <_B v$ である」と定義すれば,$<_B$ は B の上の

単項式順序である．誤解を招く恐れがない限り，$K[\mathbf{x}]$ の上の単項式順序 $<$ から自然に導かれる B の上の単項式順序 $<_B$ も単に $<$ と表す．

一般に，$K[\mathbf{x}]$ のイデアル $I\,(\neq (0))$ について，$I \cap B$ は B のイデアルである．すると，$\mathcal{G}$ が I の Gröbner 基底であるとき ($I \cap B \neq (0)$ ならば) $\mathcal{G} \cap B$ は $I \cap B$ の Gröbner 基底であるか，という素朴な疑問が浮上する．

(**3.3.1**) **定理** 多項式環 $K[\mathbf{x}]$ の部分環 $B = K[x_{i_1}, x_{i_2}, \cdots, x_{i_m}]$，$1 \leq i_1 < i_2 < \cdots < i_m \leq n$，と $K[\mathbf{x}]$ の上の単項式順序 $<$ を考える．いま，$\mathcal{G}$ を $K[\mathbf{x}]$ のイデアル $I\,(\neq (0))$ の $<$ に関する Gröbner 基底とし，条件

 (♪) $g \in \mathcal{G}$，$\operatorname{in}_<(g) \in B$ ならば $g \in B$ である

を仮定する．このとき，$\mathcal{G} \cap B$ は ($I \cap B \neq (0)$ ならば) $I \cap B$ の $<$ に関する Gröbner 基底である．

[証明] 部分環 B のイデアル $I \cap B$ のイニシャルイデアル $\operatorname{in}_<(I \cap B)$ が $\{\operatorname{in}_<(g)\,;\,g \in \mathcal{G} \cap B\}$ で生成されることが言えればよい．イニシャルイデアル $\operatorname{in}_<(I \cap B)$ に属する任意の単項式 u について，$\operatorname{in}_<(f) = u$ となる多項式 $0 \neq f \in I \cap B$ を選ぶ．すると，$f \in I$ であるから $u \in \operatorname{in}_<(I)$ である．いま，$\mathcal{G}$ は I の Gröbner 基底であるから $\operatorname{in}_<(g)$ が u を割り切るような $g \in \mathcal{G}$ が存在する．単項式 u は変数 $x_{i_1}, x_{i_2}, \cdots, x_{i_m}$ の単項式である．すると，u を割り切る $\operatorname{in}_<(g)$ も変数 $x_{i_1}, x_{i_2}, \cdots, x_{i_m}$ の単項式である．すなわち，$\operatorname{in}_<(g) \in B$ である．すると，条件 (♪) から $g \in B$ が従う．以上で，イニシャルイデアル $\operatorname{in}_<(I \cap B)$ に属する任意の単項式 u について，$\operatorname{in}_<(g)$ が u を割り切るような $g \in \mathcal{G} \cap B$ の存在が判明した．従って，$\operatorname{in}_<(I \cap B)$ は $\{\operatorname{in}_<(g)\,;\,g \in \mathcal{G} \cap B\}$ で生成される． ■

定理 (3.3.1) は**消去定理**（elimination theorem）と呼ばれ，簡単な結果であるけれども，その威力は凄まじい．本著では消去定理には深入りしないので，たとえば，[7, Chapter 2] を参照されたい．

(**3.3.2**) **系** 多項式環 $K[\mathbf{x}]$ における純辞書式順序 $<_{\text{purelex}}$（例 (2.3.4) 参照）と部分環 $B_p = K[x_p, x_{p+1}, \cdots, x_n]$ を考える．このとき，$\mathcal{G}$ が $K[\mathbf{x}]$ のイデアル $I\,(\neq (0))$ の $<_{\text{purelex}}$ に関する Gröbner 基底であれば，$\mathcal{G} \cap B_p$ は ($I \cap B_p \neq (0)$ ならば) $I \cap B_p$ の $<_{\text{purelex}}$ に関する Gröbner 基底である．

[証明] 定理 (3.3.1) の条件 (♪) が満たされることを確かめればよい．多

項式 $g \in \mathcal{G}$ のイニシャル単項式 $\mathrm{in}_<(g)$ が B_p に属するならば $\mathrm{in}_<(g)$ は変数 $x_p, x_{p+1}, \cdots, x_n$ の単項式である.すると,純辞書式順序 $<_{\mathrm{purelex}}$ の定義から,g に現れる任意の単項式は変数 $x_p, x_{p+1}, \cdots, x_n$ の単項式である.従って,$g \in B_p$ を得る. ■

系 (3.3.2) の御利益を実感する端的な例として,イデアルの共通部分を計算する問題を考えよう.一般に,I と J が多項式環 $K[\mathbf{x}]$ のイデアルのとき,その和 $I + J$ と共通部分 $I \cap J$ を

$$I + J = \{ f + h \,;\, f \in I, h \in J \}$$
$$I \cap J = \{ f \in K[\mathbf{x}] \,;\, f \in I, f \in J \}$$

と定義する.すると,$I + J$ と $I \cap J$ は $K[\mathbf{x}]$ のイデアルである.いま,I の生成系 $\{f_1, f_2, \cdots\}$ と J の生成系 $\{h_1, h_2, \cdots\}$ が既知ならば,$I + J$ の生成系は $\{f_1, f_2, \cdots, h_1, h_2, \cdots\}$ であるが,反面,$I \cap J$ の生成系を探すことは至って困難である.Gröbner 基底はその困難な問題を次のように瞬時に解決する.

多項式環 $K[\mathbf{x}]$ に余分な変数 t を添加して得られる $n+1$ 変数多項式環

$$K[t, \mathbf{x}] = K[t, x_1, x_2, \cdots, x_n]$$

を考える.いま,I と J が $K[\mathbf{x}]$ のイデアルのとき,$K[t, \mathbf{x}]$ のイデアル tI と $(1-t)J$ を

$$tI = (\{tf \,;\, f \in I\}), \quad (1-t)J = (\{(1-t)f \,;\, f \in J\})$$

と定義する.

(**3.3.3**) **補題**　　$I \cap J = (tI + (1-t)J) \cap K[\mathbf{x}]$

[証明]　　多項式 $f \in K[\mathbf{x}]$ が $I \cap J$ に属すると仮定する.このとき,$f \in I$ から $tf \in tI$ が従い,$f \in J$ から $(1-t)f \in (1-t)J$ が従う.すると,$f = tf + (1-t)f \in tI + (1-t)J$ である.

次に,多項式 $f(\mathbf{x}) \in K[\mathbf{x}]$ が $tI + (1-t)J$ に属すると仮定すると,

$$f(\mathbf{x}) = t\sum_{i=1}^{p} f_i(\mathbf{x}) h_i(\mathbf{x}, t) + (1-t)\sum_{j=1}^{q} f'_j(\mathbf{x}) h'_j(\mathbf{x}, t)$$

となる $f_i \in I$, $f'_j \in J$ と $h_i, h'_j \in K[t,\mathbf{x}]$ ($1 \leq i \leq p$, $1 \leq j \leq q$) が存在する．いま，$t = 0$ と置くと $f = \sum_{j=1}^{q} f'_j(\mathbf{x})h'_j(\mathbf{x},0) \in J$ が従い，$t = 1$ と置くと $f = \sum_{i=1}^{p} f_i(\mathbf{x})h_i(\mathbf{x},1) \in I$ が従う．すると，$f \in I \cap J$ である． ■

(**3.3.4**) **命題** 多項式環 $K[t,\mathbf{x}] = K[t,x_1,x_2,\cdots,x_n]$ における変数の全順序 $t > x_1 > x_2 > \cdots > x_n$ が誘導する純辞書式順序 $<_{\mathrm{purelex}}$ を考える．いま，$K[\mathbf{x}]$ のイデアル I と J（但し，$I \cap J \neq (0)$ とする）について，$K[t,\mathbf{x}]$ のイデアル $tI + (1-t)J$ の $<_{\mathrm{purelex}}$ に関する Gröbner 基底を $\mathcal{G}$ とするとき，$\mathcal{G}' = \{g \in \mathcal{G} \,;\, g\text{ は変数 }t\text{ を含まない}\}$ は $I \cap J$ の（$K[\mathbf{x}]$ における変数の全順序 $x_1 > x_2 > \cdots > x_n$ が誘導する純辞書式順序に関する）Gröbner 基底である．特に，$\mathcal{G}'$ は $I \cap J$ の生成系である．

[証明] 系（3.3.2）は $\mathcal{G}'$ が $(tI + (1-t)J) \cap K[\mathbf{x}]$ の Gröbner 基底であることを保証する．すると，補題（3.3.3）から $\mathcal{G}'$ は $I \cap J$ の Gröbner 基底である． ■

多項式環 $K[\mathbf{x}]$ のイデアル I の生成系 $\{f_1, f_2, \cdots\}$ とイデアル J の生成系 $\{h_1, h_2, \cdots\}$ が既知ならば，$K[t,\mathbf{x}]$ のイデアル $tI+(1-t)J$ の生成系は $\{tf_1, tf_2, \cdots, (1-t)h_1, (1-t)h_2, \cdots\}$ である．すると，Buchberger アルゴリズムを使うと，$tI + (1-t)J$ の $<_{\mathrm{purelex}}$ に関する Gröbner 基底 $\mathcal{G}$ が計算できる．命題（3.3.4）を使うと，$\mathcal{G}$ に属する多項式で変数 t を含まないもの（そのような多項式が存在しなければ $I \cap J = (0)$ である）をすべて選んでそれらの集合を $\mathcal{G}'$ と置くと，$\mathcal{G}'$ は $I \cap J$ の生成系である．

(**3.3.5**) **問** 一変数多項式環 $K[x]$ のイデアル $I = (x(x-1))$ と $J = (x^3)$ の共通部分を計算せよ．

4
トーリック環

　組合せ論における Gröbner 基底の有効性を披露するために，トーリック環とトーリックイデアルの概念を導入する．体上の有限生成斉次環が（負の冪も許す）単項式から成る生成系を持つとき，トーリック環と呼ばれる．トーリック環の定義イデアルがトーリックイデアルである．本章ではトーリック環とトーリックイデアルの簡単な性質を §4.1 で議論する．続いて，トーリック環の著名な類として，有限グラフから生起するトーリック環を §4.2 で，A 型根系に付随するトーリック環を §4.3 で，それぞれ紹介する．有限グラフから生起するトーリック環のトーリックイデアルは（たとえば，その生成系などの）代数的諸性質を有限グラフの組合せ論の枠組で捕らえることができるから，トーリックイデアルに絡む煩雑な諸概念を理解するための絶好の題材であり，第 5 章以降でも頻繁に登場する．他方，A 型根系に付随するトーリック環のトーリックイデアルを議論する際は，トーリックイデアルの生成系が判明しない状況でその Gröbner 基底を探す一つの有益な技術を紹介する．（多項式環のイデアルの Gröbner 基底を探すときに Buchberger の判定法は有益であるけれども，Buchberger の判定法を使う前提としてそのイデアルの生成系が既知でなければならない．）

§4.1　トーリックイデアル

　空間
$$\mathbf{Q}^d = \{(a_1, a_2, \cdots, a_d)\,;\, a_i \in \mathbf{Q},\, 1 \le i \le d\}$$
に属する**整数点**全体から成る集合
$$\mathbf{Z}^d = \{(a_1, a_2, \cdots, a_d)\,;\, a_i \in \mathbf{Z},\, 1 \le i \le d\}$$
を考える．いま，変数 $t_1, t_2, \cdots, t_d$ を準備し
$$\mathbf{a} = (a_1, a_2, \cdots, a_d) \in \mathbf{Z}^d$$
に負の冪も許す単項式
$$\mathbf{t}^{\mathbf{a}} = t_1{}^{a_1} t_2{}^{a_2} \cdots t_d{}^{a_d}$$

を付随させる．負の冪も許す単項式は **Laurent 単項式**とも呼ばれる．

Laurent 単項式 $\mathbf{x}^{\mathbf{a}}$ と $\mathbf{x}^{\mathbf{b}}$ の積 $\mathbf{x}^{\mathbf{a}}\mathbf{x}^{\mathbf{b}}$ を $\mathbf{x}^{\mathbf{a}+\mathbf{b}}$ と定義する．但し，$\mathbf{a}+\mathbf{b}$ はベクトルの和である．すると，$\mathbf{x}^{\mathbf{a}}\mathbf{x}^{-\mathbf{a}}=1$ である．

体 K を固定する．変数 $t_1,t_2,\cdots,t_d$ の Laurent 単項式の全体を基底に持つ K 上の線型空間を
$$K[\mathbf{t},\mathbf{t}^{-1}] = K[t_1,t_1^{-1},t_2,t_2^{-1},\cdots,t_d,t_d^{-1}]$$
と表す．体 K の元を係数に持つ変数 $t_1,t_2,\cdots,t_d$ の **Laurent 多項式**とは線型空間 $K[\mathbf{t},\mathbf{t}^{-1}]$ に属する元のことである．多項式の積の定義を踏襲し Laurent 多項式の積を定義すると，線型空間 $K[\mathbf{t},\mathbf{t}^{-1}]$ は可換環になる．可換環 $K[\mathbf{t},\mathbf{t}^{-1}]$ を体 K 上の d 変数 **Laurent 多項式環**と呼ぶ．

空間 $\mathbf{Q}^d$ の部分集合 $\mathcal{H}$ が原点を通過しない**超平面**であるとは，有理数の組 $(c_1,c_2,\cdots,c_d)\neq(0,0,\cdots,0)$ を選んで

(4.1.1) $\mathcal{H}=\{(z_1,z_2,\cdots,z_d)\in\mathbf{Q}^d\,;\,c_1z_1+c_2z_2+\cdots+c_dz_d=1\}$

と表されるときに言う．

空間 $\mathbf{Q}^d$ に属する整数点の有限集合

(4.1.2) $\qquad\mathcal{A}=\{\mathbf{a}_1,\mathbf{a}_2,\cdots,\mathbf{a}_n\}\subset\mathbf{Z}^d$

が $\mathbf{Q}^d$ の**配置**（configuration）であるとは，原点を通過しない超平面 $\mathcal{H}\subset\mathbf{Q}^d$ を適当に選んで $\mathcal{A}\subset\mathcal{H}$ とできるときに言う．

(**4.1.3**) **例**　空間 $\mathbf{Q}^d$ における n 位の **Veronese 集合**とは $\mathbf{Z}^d$ の部分集合
$$V_d^{(n)}=\{(a_1,a_2,\cdots,a_d)\in\mathbf{Z}^d\,;\,a_i\geq 0\,(1\leq i\leq d),$$
$$a_1+a_2+\cdots+a_d=n\}$$
のことである．Veronese 集合 $V_d^{(n)}$ は $\mathbf{Q}^d$ の配置である．

体 K 上の d 変数 Laurent 多項式環 $K[\mathbf{t},\mathbf{t}^{-1}]$ を準備する．空間 $\mathbf{Q}^d$ の配置 (4.1.2) について，n 個の単項式 $\mathbf{t}^{\mathbf{a}_i},\,1\leq i\leq n,$ が生成する $K[\mathbf{t},\mathbf{t}^{-1}]$ の部分環を $K[\mathcal{A}]$ と表し，配置 $\mathcal{A}$ に付随する**トーリック環**（toric ring）と呼ぶ．

(4.1.4) $\qquad K[\mathcal{A}]=K[\mathbf{t}^{\mathbf{a}_1},\mathbf{t}^{\mathbf{a}_2},\cdots,\mathbf{t}^{\mathbf{a}_n}]$

(**4.1.5**) **例** 例 (4.1.3) の Veronese 集合 $V_d^{(n)} \subset \mathbf{Z}^d$ のトーリック環 $K[V_d^{(n)}]$ は変数 $t_1, t_2, \cdots, t_d$ の次数 n のすべての単項式が生成する $K[\mathbf{t}, \mathbf{t}^{-1}]$ の部分環である．なお，$K[V_d^{(n)}]$ に属する単項式の冪指数は非負であるから $K[V_d^{(n)}]$ は多項式環 $K[t_1, t_2, \cdots, t_d]$ の部分環である．トーリック環 $K[V_d^{(n)}]$ は $K[t_1, t_2, \cdots, t_d]$ の n 位の **Veronese 部分環** と呼ばれる．

(**4.1.6**) **補題** トーリック環 (4.1.4) はそれぞれの単項式 $\mathbf{t}^{\mathbf{a}_i}$ の次数を 1 とする次数環の構造を持つ．

[証明] 配置 (4.1.2) が超平面 (4.1.1) に含まれるとし $\mathbf{Q}^d$ の原点を通過しない超平面

$$N\mathcal{H} = \{(z_1, z_2, \cdots, z_d) \in \mathbf{Q}^d \,;\, c_1 z_1 + c_2 z_2 + \cdots + c_d z_d = N\}$$

を考える．但し，$N \geq 1$ は整数である．すると，$N \neq N'$ ならば $N\mathcal{H} \cap N'\mathcal{H} = \emptyset$ である．トーリック環 $K[\mathcal{A}]$ に属する (1 と異なる) 単項式 $\mathbf{t}^{\mathbf{a}}$ について，冪指数のベクトル $\mathbf{a} \in \mathbf{Z}^d$ は $\mathcal{A}$ に属する整数点の幾つかの和として表されるから $\mathbf{a} \in N\mathcal{H}$ となる $N \geq 1$ が存在する．そのような $N \geq 1$ は一意的であるから $\mathbf{t}^{\mathbf{a}}$ の次数を N と定義する．トーリック環 $K[\mathcal{A}]$ に属する相異なる単項式の全体は $K[\mathcal{A}]$ の K 上の線型空間としての基底を成す．すると，次数 N の単項式の全体が張る $K[\mathcal{A}]$ の部分空間を $(K[\mathcal{A}])_N$ とし，$(K[\mathcal{A}])_0 = K$ と置くと，$K[\mathcal{A}] = \bigoplus_{N=0}^{\infty} (K[\mathcal{A}])_N$ となる．他方，$\mathbf{a} \in N\mathcal{H}$, $\mathbf{a}' \in N'\mathcal{H}$ ならば $\mathbf{a} + \mathbf{a}' \in (N+N')\mathcal{H}$ であるから $(K[\mathcal{A}])_N (K[\mathcal{A}])_{N'} \subset (K[\mathcal{A}])_{N+N'}$ が従う．すると，$K[\mathcal{A}]$ はそれぞれの単項式 $\mathbf{t}^{\mathbf{a}_i}$ の次数を 1 とする次数環の構造を持つ． ■

体 K 上の n 変数多項式環

$$K[\mathbf{x}] = K[x_1, x_2, \cdots, x_n]$$

を準備し，$K[\mathbf{x}]$ からトーリック環 (4.1.4) への可換環の準同型写像

(**4.1.7**) $\qquad\qquad\qquad \pi : K[\mathbf{x}] \to K[\mathcal{A}]$

を「変数 x_i に $\mathbf{t}^{\mathbf{a}_i}$ を代入する操作」と定義する．その核 $\mathrm{Ker}(\pi)$ を $I_{\mathcal{A}}$ と表しトーリック環 (4.1.4) の (あるいは，配置 (4.1.2) の) **トーリックイデアル** (toric ideal) と呼ぶ．

(4.1.8) $$I_{\mathcal{A}} = \{f \in K[\mathbf{x}] \, ; \, \pi(f) = 0\}$$

トーリックイデアルの簡単な例を挙げよう．

(4.1.9) 例　　空間 $\mathbf{Q}^4$ の配置 $\mathcal{A} = \{\mathbf{a}_1, \mathbf{a}_2, \mathbf{a}_3, \mathbf{a}_4, \mathbf{a}_5, \mathbf{a}_6\}$ を $\mathbf{a}_1 = (1, 1, 0, 0)$, $\mathbf{a}_2 = (1, 0, 1, 0)$, $\mathbf{a}_3 = (0, 1, 1, 0)$, $\mathbf{a}_4 = (1, 0, 0, 1)$, $\mathbf{a}_5 = (0, 1, 0, 1)$, $\mathbf{a}_6 = (0, 0, 1, 1)$ とする．このとき，トーリック環 $K[\mathcal{A}]$ は 6 個の単項式 $t_1 t_2$, $t_1 t_3$, $t_2 t_3$, $t_1 t_4$, $t_2 t_4$, $t_3 t_4$ で生成される 4 変数多項式環 $K[t_1, t_2, t_3, t_4]$ の部分環である．トーリック環 $K[\mathcal{A}]$ のトーリックイデアル $I_{\mathcal{A}}$ は二項式 $x_1 x_6 - x_3 x_4$, $x_2 x_5 - x_3 x_4$, $x_1 x_6 - x_2 x_5$ で生成される．なお，$I_{\mathcal{A}}$ の（包含関係で）極小（な）生成系としては $\{x_1 x_6 - x_2 x_5, x_2 x_5 - x_3 x_4\}$, $\{x_1 x_6 - x_2 x_5, x_1 x_6 - x_3 x_4\}$, $\{x_1 x_6 - x_3 x_4, x_2 x_5 - x_3 x_4\}$ のいずれを選ぶことも可能である．

多項式環 $K[\mathbf{x}] = K[x_1, x_2, \cdots, x_n]$ にそれぞれの変数 x_i の次数を 1 とする次数環の構造を導入する．すると

(4.1.10) 補題　　写像 (4.1.7) は次数を保つ．すなわち，$K[\mathbf{x}]$ に属する次数 N の斉次元 f の像 $\pi(f)$ は $K[\mathcal{A}]$ の次数 N の斉次元である．

[証明]　　変数 $x_i \in K[\mathbf{x}]$ の次数は 1 であり，その像 $\pi(x_i) = \mathbf{t}^{\mathbf{a}_i}$ は $K[\mathcal{A}]$ の次数 1 の元である．すると，π は多項式環 $K[\mathbf{x}]$ の次数 N の単項式をトーリック環 $K[\mathcal{A}]$ の次数 N の単項式に移す． ■

一般に，斉次多項式 $f \in K[\mathbf{x}]$ に現れる単項式の個数がちょうど 2 個であるとき，f を**二項式**（binomial）と呼ぶ．二項式から成る生成系を持つイデアルを**二項式イデアル**と呼ぶ．二項式イデアルは単項式イデアルに次いで簡単な構造を持つイデアルであるが，その興味の背景には次の事実がある．

(4.1.11) 命題　　トーリック環 (4.1.4) のトーリックイデアル (4.1.8) に属する任意の多項式は $I_{\mathcal{A}}$ に属する二項式の線型結合として表される．特に，$I_{\mathcal{A}}$ は二項式イデアルである．

[証明]　　多項式 $f \in K[\mathbf{x}]$ を $f = \sum_i f_i$（但し，$f_i \in K[\mathbf{x}]$）と表し，
(i) 単項式 u と v が f_i に現れるならば $\pi(u) = \pi(v)$ である
(ii) $i \neq j$ のとき，単項式 u が f_i に現れ，単項式 v が f_j に現れるならば $\pi(u) \neq \pi(v)$ である

が満たされるとする．既に注意したように，トーリック環 (4.1.4) に属する相異なる単項式全体は $K[\mathcal{A}]$ の K 上の線型空間としての基底を成す．すると，$f \in I_\mathcal{A}$ であるためには任意の i について $f_i \in I_\mathcal{A}$ となることが必要十分である．いま，$f_i = \sum_{j=1}^{s_i} c_{ij} u_{ij} \in I_\mathcal{A}$（但し，$0 \neq c_{ij} \in K$，$u_{ij}$ は単項式）とすると，任意の j と k について $\pi(u_{ij}) = \pi(u_{ik})$ であるから $\sum_{j=1}^{s_i} c_{ij} = 0$ である．すると，$c_{i1} = -\sum_{j=2}^{s_i} c_{ij}$ を f_i に代入すると

$$f_i = \sum_{j=2}^{s_i} c_{ij}(u_{ij} - u_{i1})$$

を得る．このとき，$u_{ij} - u_{i1} \in I_\mathcal{A}$ である．他方，u と v が $K[\mathbf{x}]$ の単項式で $\pi(u) = \pi(v)$ であるならば u の次数と v の次数は等しい（補題 (4.1.10)）．すると，$u_{ij} - u_{i1}$ は斉次多項式で $I_\mathcal{A}$ に属する二項式である．従って，$I_\mathcal{A}$ に属する任意の多項式は $I_\mathcal{A}$ に属する二項式の線型結合として表される．∎

二項式イデアルの任意の被約 Gröbner 基底は二項式から成る．イデアルの生成系から Gröbner 基底を探す Buchberger アルゴリズムの有効性を認識する絶好の題材の一つとして，二項式イデアルのこの著しい性質を次に示す．

(4.1.12) 命題 多項式環 $K[\mathbf{x}]$ の二項式イデアル I について，$K[\mathbf{x}]$ の任意の単項式順序 $<$ に関する I の被約 Gröbner 基底は二項式から成る．

[証明] 一般に，f と g を多項式環 $K[\mathbf{x}]$ の二項式とするとき，その S 多項式 $S(f, g)$ は再び二項式である．割り算アルゴリズム (3.1.7) の証明における議論から，二項式の幾つかの二項式に関する割り算の余りは（$\neq 0$ のとき）二項式に選ぶことができる．すると，二項式イデアル I を生成する有限個の二項式から出発し Buchberger アルゴリズムを使うと二項式から成る I の極小 Gröbner 基底 $\mathcal{G} = \{g_1, g_2, \cdots, g_s\}$ が得られる．さて，$g_i = u_i - c_i v_i$（但し，u_i と v_i は単項式，$u_i = \mathrm{in}_<(g_i)$，$0 \neq c_i \in K$）と置くと，Gröbner 基底 $\mathcal{G}$ が被約であるということは $i \neq j$ のとき v_i が u_j で割り切れないということであった．いま，Gröbner 基底 $\mathcal{G}$ が被約でないと仮定し，たとえば v_2 が u_1 で割り切れ，$v_2 = w u_1$（w は単項式）とする．このとき，g_2 の替わりに $g_2' = g_2 + c_2 w g_1 (= u_2 - c_1 c_2 w v_1)$ を採用し $g_2' = u_2 - c_2' v_2'$ と置くと，$\{g_1, g_2', g_3, \cdots, g_s\}$ は二項式から成る I の極小 Gröbner 基底であって，$v_2'(= w v_1) < (w u_1 =) v_2$ である．すると，このような

操作は有限回で終了し，二項式から成る I の被約 Gröbner 基底が得られる．■

（4.1.13）系　トーリック環（4.1.4）のトーリックイデアル（4.1.8）の任意の被約 Gröbner 基底は二項式から成る．

（4.1.14）例　例（4.1.9）の配置 $\mathcal{A}$ を再考する．多項式環 $K[x_1, x_2, x_3, x_4, x_5, x_6]$ の逆辞書式順序および辞書式順序の両者に関して $\{x_1x_6 - x_3x_4, x_2x_5 - x_3x_4\}$ はトーリックイデアル $I_{\mathcal{A}}$ の被約 Gröbner 基底である．

（4.1.15）問　(a) 空間 $\mathbf{Q}^3$ の配置 $\mathcal{A} = \{\mathbf{a}_1, \mathbf{a}_2, \mathbf{a}_3, \mathbf{a}_4\}$ を $\mathbf{a}_1 = (1, 0, 1)$, $\mathbf{a}_2 = (0, 1, 1)$, $\mathbf{a}_3 = (-1, -1, 1)$, $\mathbf{a}_4 = (0, 0, 1)$ とする．このとき，トーリック環 $K[\mathcal{A}]$ のトーリックイデアル $I_{\mathcal{A}}$ の被約 Gröbner 基底を探せ．

(b) 空間 $\mathbf{Q}^4$ の配置 $\mathcal{A} = \{\mathbf{a}_1, \mathbf{a}_2, \mathbf{a}_3, \mathbf{a}_4, \mathbf{a}_5\}$ を $\mathbf{a}_1 = (0, 0, 0, 1)$, $\mathbf{a}_2 = (1, 1, 0, 1)$, $\mathbf{a}_3 = (1, 0, 1, 1)$, $\mathbf{a}_4 = (0, 1, 1, 1)$, $\mathbf{a}_5 = (1, 1, 1, 1)$ とする．このとき，トーリック環 $K[\mathcal{A}]$ のトーリックイデアル $I_{\mathcal{A}}$ の被約 Gröbner 基底を探せ．

§4.2　有限グラフとトーリック環

有限グラフとは有限集合 V と $E \subset \{\{i, j\} ; i, j \in V, i \neq j\}$ の組 $G = (V, E)$ のことである．有限集合 V は G の**頂点集合**，E は G の**辺集合**と呼ばれ，V の元を G の**頂点**，E の元を G の**辺**と呼ぶ．辺 e が頂点 i と j について，$e = \{i, j\}$ のとき，e が i と j を結ぶ，あるいは，i と j が e に属すると言う．

● 有限グラフ G が q 個の頂点 $i_1, i_2, \cdots, i_q$ と q 個の辺 $e_1, e_2, \cdots, e_q$ を持ち，$e_1 = \{i_1, i_2\}, e_2 = \{i_2, i_3\}, \cdots, e_{q-1} = \{i_{q-1}, i_q\}, e_q = \{i_q, i_1\}$ であるとき G を長さ q の**サイクル**と呼ぶ．長さが偶数のサイクルを**偶サイクル**，長さが奇数のサイクルを**奇サイクル**と呼ぶ．

● 有限グラフ $G = (V, E)$ について，V の部分集合 V' と E の部分集合 E' が条件「$e = \{i, j\} \in E'$ ならば $i, j \in V'$」を満たすとき有限グラフ $G' = (V', E')$ を G の**部分グラフ**と呼ぶ．部分グラフ $G' = (V', E')$ が**全域部分グラフ**であるとは，$V = V'$ であるときに言う．他方，部分グラフ $G' = (V', E')$ が条件「$i, j \in V'$, $e = \{i, j\} \in E$ ならば $e \in E'$」を満たすとき，G' を**誘導部分グラフ**と言う．

● 有限グラフ G の辺の列 $\Gamma = (e_{p_1}, e_{p_2}, \cdots, e_{p_q})$ が G の**路**であるとは, $e_{p_k} = \{i_k, i_{k+1}\}$ となる頂点の列 $i_1, i_2, \cdots, i_q, i_{q+1}$ が存在するときに言う. 便宜上, Γ を頂点の列 $(i_1, i_2, \cdots, i_q, i_{q+1})$ (但し, 同一の頂点が繰り返し現れることを許す) と表し, 頂点 i_1 と i_{q+1} を結ぶ G の路と呼ぶ. 整数 $q \geq 1$ を Γ の**長さ**と言う. 特に, $i_1 = i_{q+1}$ のとき, Γ を**閉路**と呼ぶ. 有限グラフ G の部分グラフ C がサイクルのとき, C を G の**サイクル**, あるいは, C を G に現れるサイクルと呼ぶ. 有限グラフ G のサイクルは G の閉路である. 長さが奇数のサイクルを**奇サイクル**, 長さが偶数のサイクルを**偶サイクル**と呼ぶ.

● 有限グラフ G が**連結**であるとは, G の任意の頂点 i と j を結ぶ G の路が存在するときに言う. 有限グラフ $G = (V, E)$ の部分グラフ $G_1 = (V_1, E_1)$ と $G_2 = (V_2, E_2)$ について, $V_1 \cup V_2$ を頂点集合, $E_1 \cup E_2$ を辺集合とする G の部分グラフを $G_1 \cup G_2$ で表し, G_1 と G_2 の**和**と呼ぶ. 有限グラフ G の連結部分グラフ $G_1, G_2, \cdots, G_p$ が G の**連結成分**であるとは, $G = G_1 \cup G_2 \cup \cdots \cup G_p$ であって, 更に, $k \neq \ell$ ならば G_k の頂点と G_ℓ の頂点を結ぶ G の辺が存在しないときに言う. 有限連結グラフ G がサイクルを含まないとき, G を**木**と呼ぶ.

● 有限グラフ G は, その頂点集合 V が $V = V_1 \cup V_2$, $V_1 \cap V_2 = \emptyset$, と分割され, G の任意の辺 e が V_1 に属する頂点と V_2 に属する頂点を結ぶとき, **二部グラフ**と呼ばれる.

(**4.2.1**) **補題** 有限グラフ G が二部グラフであるための必要十分条件は G が奇サイクルを含まないことである.

[証明] (必要性) 有限二部グラフ G のサイクル C を頂点の列 $(i_0, i_1, \cdots, i_{q-1}, i_q)$ と表す. 但し, $i_0 = i_q \in V_1$ とする. このとき, $i_1 \in V_2, i_2 \in V_1, \cdots, i_{2k-1} \in V_2, i_{2k} \in V_1, \cdots$ である. すると, C の長さ q は偶数である.

(十分性) 有限グラフ G の任意の連結成分が二部グラフならば G 自身が二部グラフであることに注意すると, G は連結であると仮定してよい.

いま, G の頂点 i と j を結ぶ長さが偶数の路 Γ_1 と長さが奇数の路 Γ_2 が存在するならば G は奇サイクルを含む. 実際, $\Gamma_1 = (i, i_1, \cdots, i_{2s-1}, j)$, $\Gamma_2 = (i, j_1, \cdots, j_{2t}, j)$ とするとき, Γ_1 と Γ_2 が i と j 以外に頂点を共有しなければ $C = (i, i_1, \cdots, i_{2s-1}, j, j_{2t}, \cdots, j_1, i)$ は G の奇サイクルである. 他方, Γ_1 と Γ_2 が i と

j 以外の頂点 $i_k = j_\ell$ を共有するとき，$\Gamma_1' = (i, i_1, \cdots, i_k)$, $\Gamma_2' = (i, j_1, \cdots, j_\ell)$, $\Gamma_1'' = (i_k, \cdots, i_{2s-1}, j)$, $\Gamma_2'' = (j_\ell, \cdots, j_{2t}, j)$ とすると，路 Γ_1' と Γ_1'' の長さはともに偶数であるかともに奇数であり，路 Γ_2' と Γ_2'' の長さは一方が偶数で他方が奇数である．たとえば，Γ_1' の長さが奇数，Γ_2' の長さが偶数であれば，i と $i_k(= j_\ell)$ を結ぶ長さが奇数の路 Γ_1' と長さが偶数の路 Γ_2' が存在し，Γ_1' の長さは Γ_1 の長さよりも短く，Γ_2' の長さは Γ_2 の長さよりも短い．従って，以上の操作を繰り返すことで G は奇サイクルを含むことが判明する．

次に，G の頂点 i_0 を任意に固定し，i_0 と長さが偶数の路で結ばれる G の頂点の全体を V_1，i_0 と長さが奇数の路で結ばれる G の頂点の全体を V_2 と置く．すると，$V = V_1 \cup V_2, V_1 \cap V_2 = \emptyset$ である．このとき，$i, j \in V_1$ $(i \neq j)$ ならば $\{i, j\}$ は G の辺ではない．仮に，$\{i, j\}$ が G の辺であるならば，i_0 と i を結ぶ長さが偶数の路に辺 $\{i, j\}$ を添付すると i_0 と j を結ぶ長さが奇数の路が得られ，$j \in V_1$ に矛盾する．同様に，$i, j \in V_2$ $(i \neq j)$ ならば $\{i, j\}$ は G の辺ではない．すると，G の任意の辺は V_1 に属する頂点と V_2 に属する頂点を結ぶ． ■

しばらくの間，頂点集合 $\{1, 2, \cdots, d\}$ の上の有限グラフ G で n 個の辺 $e_1, e_2, \cdots, e_n$ を持つものを考える．辺 e が頂点 i と j を結ぶとき，i 番目の座標と j 番目の座標が 1 で他の座標が 0 である $\mathbf{Z}^d$ の点を $\rho(e)$ と置く．すると，$\rho(e)$ は $\mathbf{Q}^d$ の原点を通過しない超平面

$$\{(z_1, z_2, \cdots, z_d) \in \mathbf{Q}^d \, ; \, z_1 + z_2 + \cdots + z_d = 2\}$$

に属する．従って，有限集合 $\{\rho(e_1), \rho(e_2), \cdots, \rho(e_n)\}$ は空間 $\mathbf{Q}^d$ の配置である．この配置を有限グラフ G から生起する配置と呼び $\mathcal{A}_G$ と表す．

$$(4.2.2) \qquad \mathcal{A}_G = \{\rho(e_1), \rho(e_2), \cdots, \rho(e_n)\} \subset \mathbf{Z}^d$$

配置 (4.2.2) のトーリック環 $K[\mathcal{A}_G]$ を簡単に $K[G]$ と，トーリックイデアル $I_{\mathcal{A}_G}$ を簡単に I_G と表す．

配置 (4.2.2) に属する整数点のすべての座標成分は非負であるから $K[G]$ は体 K 上の d 変数多項式環 $K[\mathbf{t}] = K[t_1, t_2, \cdots, t_d]$ の部分環であって，2 次の単項式 $\mathbf{t}^{\rho(e_i)}$, $1 \leq i \leq n$, で生成される．

$$(4.2.3) \qquad K[G] = K[\mathbf{t}^{\rho(e_1)}, \mathbf{t}^{\rho(e_2)}, \ldots, \mathbf{t}^{\rho(e_n)}]$$

他方，体 K 上の n 変数多項式環 $K[\mathbf{x}] = K[x_1, x_2, \cdots, x_n]$ からトーリック環 (4.2.3) への可換環の準同型写像 $\pi : K[\mathbf{x}] \to K[G]$ を「変数 x_i に単項式 $\mathbf{t}^{\rho(e_i)}$ を代入する操作」とすると，トーリックイデアル I_G は π の核

(4.2.4) $\qquad I_G = \{f \in K[\mathbf{x}] \,;\, \pi(f) = 0\}$

である．

(4.2.5) 例　(a) 下図の有限グラフ G を考える ($d = 6$, $n = 7$) と，そのトーリック環 $K[G]$ は 7 個の単項式 $t_1 t_2$, $t_2 t_3$, $t_3 t_4$, $t_4 t_5$, $t_1 t_5$, $t_1 t_3$, $t_1 t_6$ で生成される．そのトーリックイデアル I_G は二項式 $x_3 x_5 - x_4 x_6$ で生成される．

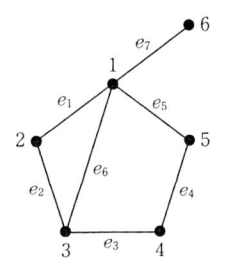

(b) 頂点集合 $\{1, 2, \cdots, d\}$ の上の有限グラフ G が**完全グラフ**であるとは，すべての $1 \leq i < j \leq n$ について $\{i, j\}$ が G の辺になっているときに言う．他方，有限グラフ G の頂点集合 V が $V = V_1 \cup V_2$ と分割されている二部グラフ G で，すべての $i \in V_1$ とすべての $j \in V_2$ について $\{i, j\}$ が G の辺になっているとき，G を**完全二部グラフ**と呼ぶ．頂点集合 $\{1, 2, \cdots, d\}$ の上の完全グラフから生起する配置に付随するトーリック環は $d(d-1)/2$ 個の単項式 $t_i t_j$, $1 \leq i < j \leq d$, で生成される．他方，完全二部グラフ G の頂点集合 V が $V = V_1 \cup V_2$ と分割され，$V_1 = \{1, 2, \cdots, \ell\}$, $V_2 = \{\ell + 1, \ell + 2, \cdots, d\}$ とすると，G から生起する配置に付随するトーリック環は $\ell(d - \ell)$ 個の単項式 $t_i t_j$, $1 \leq i \leq \ell, \ell + 1 \leq j \leq d$, で生成される．

(4.2.6) 例　有限グラフ G の連結成分を $G_1, G_2, \cdots, G_p$ とする．このとき，トーリック環 $K[G_1], K[G_2], \cdots, K[G_p]$ のそれぞれを生成する単項式をすべて持ってくると，それらが $K[G]$ を生成する．他方，トーリックイデアル $I_{G_1}, I_{G_2}, \cdots, I_{G_p}$ のそれぞれを生成する二項式をすべて持ってくると，それらが I_G を生成する．

トーリックイデアル I_G を生成する二項式を G の組合せ論の枠組で捕らえる．いま，$\Gamma = (e_{p_1}, e_{p_2}, \cdots, e_{p_{2q}})$ が G の長さが偶数の閉路のとき，多項式環 $K[\mathbf{x}]$ に属する二項式 f_Γ を

$$f_\Gamma = \prod_{k=1}^{q} x_{p_{2k-1}} - \prod_{k=1}^{q} x_{p_{2k}}$$

と定義する．しばしば，二項式 f_Γ を簡略に

$$f_\Gamma = f_\Gamma^{(+)} - f_\Gamma^{(-)}$$

と表す．但し，

$$f_\Gamma^{(+)} = \prod_{k=1}^{q} x_{p_{2k-1}}, \quad f_\Gamma^{(-)} = \prod_{k=1}^{q} x_{p_{2k}}$$

である．

(**4.2.7**) **例** 長さが偶数の閉路の典型的な例として下図のような長さ 8 の路 $\Gamma = (e_{p_1}, e_{p_2}, e_{p_3}, e_{p_4}, e_{p_5}, e_{p_6}, e_{p_7}, e_{p_4})$ を挙げよう．このとき，Γ に対応する二項式は $f_\Gamma = x_{p_1} x_{p_3} x_{p_5} x_{p_7} - x_{p_2} x_{p_4}^2 x_{p_6}$ である．

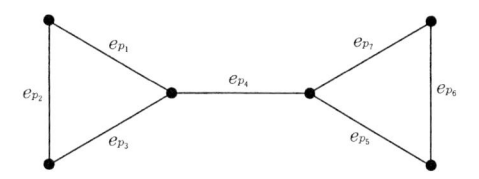

一般に，

$$f_\Gamma \in I_G$$

である．

(**4.2.8**) **命題** 長さが偶数の閉路 Γ に対応する二項式 f_Γ 全体の集合は I_G を生成する．

$$I_G = (\{ f_\Gamma \,;\, \Gamma\text{は } G \text{ の長さが偶数の閉路} \})$$

[証明] トーリックイデアル I_G は I_G に属する二項式から成る生成系を持つ（命題 (4.1.11)）．そこで，I_G に属する任意の二項式 $f = \prod_{k=1}^{q} x_{i_k} - \prod_{k=1}^{q} x_{j_k}$ を選ぶ．但し，任意の k と k' について $i_k \neq j_{k'}$ とする．(命題 (4.1.11) の証明から判るように，トーリックイデアルの生成系として単項式の差となる二項式から成る有限集合を選ぶことができる．) 簡単のため，$\pi(x_{i_1}) = t_1 t_2$ としよう．いま，$f \in I_G$ であるから $\pi(\prod_{k=1}^{q} x_{i_k}) = \pi(\prod_{k=1}^{q} x_{j_k})$ である．すると，$\pi(x_{j_m}) = t_2 t_r$ となる $r \neq 1$ と $1 \leq m \leq q$ が存在する．たとえば，$m = 1$, $r = 3$（すなわち，$\pi(x_{j_1}) = t_2 t_3$）としよう．すると，$\pi(x_{i_\ell}) = t_3 t_s$ となる $s \neq 2$ と $1 < \ell \leq q$ が存在する．たとえば，$\pi(x_{i_2}) = t_3 t_s$ としてよいが，$s = 1$ の可能性は残る．この操作を有限回繰り返すと，$\pi(x_{j_p}) = t_{r'} t_1$ となる $r' \neq 1$ と $1 \leq p \leq q$ が現れる．すると，長さが偶数の閉路 $\Gamma' = (e_{i_1}, e_{j_1}, e_{i_2}, e_{j_2}, \cdots, e_{i_p}, e_{j_p})$ が構成され，$f_{\Gamma'} = \prod_{k=1}^{p} x_{i_k} - \prod_{k=1}^{p} x_{j_k} \in I_G$ である．このとき，$\pi(\prod_{k=1}^{q} x_{i_k}) = \pi(\prod_{k=1}^{q} x_{j_k})$ と $\pi(\prod_{k=1}^{p} x_{i_k}) = \pi(\prod_{k=1}^{p} x_{j_k})$ から $\pi(\prod_{k=p+1}^{q} x_{i_k}) = \pi(\prod_{k=p+1}^{q} x_{j_k})$ が従う．すると，二項式 $\prod_{k=p+1}^{q} x_{i_k} - \prod_{k=p+1}^{q} x_{j_k}$ は I_G に属する．いま，q についての帰納法を使うと，二項式 $g = \prod_{k=p+1}^{q} x_{i_k} - \prod_{k=p+1}^{q} x_{j_k}$ は長さが偶数の閉路に対応する二項式全体の集合が生成するイデアルに属する．すると，

$$f = \prod_{k=p+1}^{q} x_{i_k} \left(\prod_{k=1}^{p} x_{i_k} - \prod_{k=1}^{p} x_{j_k} \right) + \prod_{k=1}^{p} x_{j_k} \left(\prod_{k=p+1}^{q} x_{i_k} - \prod_{k=p+1}^{q} x_{j_k} \right)$$

$$= f_{\Gamma'} \prod_{k=p+1}^{q} x_{i_k} + g \prod_{k=1}^{p} x_{j_k}$$

であるから，f も長さが偶数の閉路に対応する二項式全体の集合が生成するイデアルに属する． ■

すると，有限グラフ G の長さが偶数の閉路をすべて探すことでトーリックイデアル I_G の二項式から成る生成系が求まる．しかし，実際問題として，すべての閉路を持ってくる必要はない．

有限グラフ G の長さが偶数の閉路 $\Gamma = (e_{i_1}, e_{i_2}, \cdots, e_{i_{2q}})$ が**原始的**であるとは，次の条件を満たす長さが偶数の閉路 $\Gamma' = (e_{j_1}, e_{j_2}, \cdots, e_{j_{2p}})$ が G に存在しないときに言う．

(i) $1 \leq p < q$

(ii) $f_{\Gamma'}^{(+)}$ は $f_\Gamma^{(+)}$ を割り切り，$f_{\Gamma'}^{(-)}$ は $f_\Gamma^{(-)}$ を割り切る

(4.2.9) 例 偶サイクルは原始的である．

(4.2.10) 例 次の有限グラフにおいて，長さ 12 の路 $\Gamma = (e_{p_1}, e_{p_2}, \cdots, e_{p_{12}})$ は原始的である．

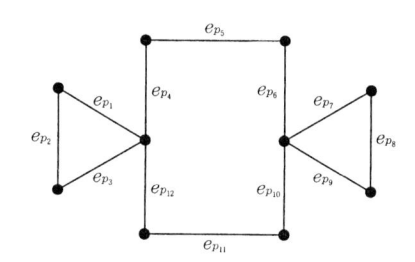

(4.2.11) 命題 長さが偶数の原始的な閉路 Γ に対応する二項式 f_Γ 全体の集合は I_G を生成する．

[証明] 長さが $2q$ の閉路 Γ が原始的でなければ，長さが $< 2q$ の閉路 Γ' を適当に選んで，$f_\Gamma^{(+)}$ は $f_{\Gamma'}^{(+)}$ で割り切れ，$f_\Gamma^{(-)}$ は $f_{\Gamma'}^{(-)}$ で割り切れるようにできる．このとき，二項式 $g = f_\Gamma^{(+)}/f_{\Gamma'}^{(+)} - f_\Gamma^{(-)}/f_{\Gamma'}^{(-)}$ は I_G に属する．すると，$f_\Gamma = g f_{\Gamma'}^{(+)} + f_{\Gamma'} f_\Gamma^{(-)}/f_{\Gamma'}^{(-)}$ に注意し，I_G に属する二項式の次数に関する帰納法を使うと，f_Γ は長さが偶数の原始的な閉路に対応する二項式全体の集合が生成するイデアルに属する． ■

(4.2.12) 例 一般の有限グラフがあったとき，長さが偶数の原始的な閉路をすべて列挙することは困難である．しかし，二部グラフについては比較的簡単で，その原始的な閉路は（偶）サイクルに他ならない．実際，二部グラフの閉路 $\Gamma = (e_{i_1}, e_{i_2}, \cdots, e_{i_{2q}})$（但し，$i_{2k-1} \neq i_{2\ell}$ ($1 \leq k \leq q, 1 \leq \ell \leq q$) を仮定する）がサイクルでなければ，$\Gamma$ は 2 個の閉路 $\Gamma' = (e_{i_1}, e_{i_2}, \cdots, e_{i_j}, e_{i_{k+1}}, e_{i_{k+2}}, \cdots, e_{i_{2q}})$ と $\Gamma'' = (e_{i_{j+1}}, e_{i_{j+2}}, \cdots, e_{i_k})$ に分割される．補題 (4.2.1) の証明の（必要性）の議論から二部グラフは長さが奇数の閉路を含まないことが従う．すると，Γ' と Γ'' はどちらも長さが偶数の閉路である．すると，Γ は原始的ではない．

有限グラフ G のサイクル（長さは偶数でも奇数でもよい）の**弦**とは，そのサイ

クルの頂点 i と j を結ぶ G の辺 $e=\{i,j\}$ であって，そのサイクルの辺ではないもののことを言う．弦を持たないサイクルを**極小サイクル**と呼ぶ．

(4.2.13) 命題 有限グラフ G が二部グラフであれば，極小サイクル C に対応する二項式 f_C 全体の集合は I_G を生成する．

[証明] 命題 (4.2.11) と例 (4.2.12) からサイクル C に対応する二項式 f_C 全体の集合は I_G を生成する．いま，サイクル C が q 個の頂点 $i_1, i_2, \cdots, i_q$ と q 個の辺 $e_{j_1}, e_{j_2}, \cdots, e_{j_q}$ を持ち，$e_{j_1}=\{i_1,i_2\}, e_{j_2}=\{i_2,i_3\}, \cdots, e_{j_{q-1}}=\{i_{q-1},i_q\}, e_{j_q}=\{i_q,i_1\}$ とし，C は弦 $e_j=\{i_1,i_\ell\}$ を持つとする．但し，$3 \leq \ell \leq q-1$ である．有限グラフ G は二部グラフであるから，q 及び ℓ はどちらも偶数である．そこで，$e_{i_1}, e_{i_2}, \cdots, e_{i_{\ell-1}}, e_j$ を辺とする長さ ℓ のサイクルを C'，$e_{i_\ell}, e_{i_{\ell+1}}, \cdots, e_{i_q}, e_j$ を辺とする長さ $q-\ell+2$ のサイクルを C'' とし，対応する二項式

$$f_{C'} = f_{C'}^{(+)} - f_{C'}^{(-)} = x_{i_1}x_{i_3}\cdots x_{i_{\ell-1}} - x_{i_2}x_{i_4}\cdots x_{i_{\ell-2}}x_j,$$
$$f_{C''} = f_{C''}^{(+)} - f_{C''}^{(-)} = x_{i_\ell}x_{i_{\ell+2}}\cdots x_{i_q} - x_{i_{\ell+1}}x_{i_{\ell+3}}\cdots x_{i_{q-1}}x_j$$

を考える．このとき，

$$f_C = f_{C'}^{(+)}(f_{C''}^{(-)}/x_j) - f_{C''}^{(+)}(f_{C'}^{(-)}/x_j)$$
$$= f_{C'}(f_{C''}^{(-)}/x_j) - f_{C''}(f_{C'}^{(-)}/x_j)$$

であるから，q に関する帰納法を使うと，f_C は極小サイクルに対応する二項式全体の集合が生成するイデアルに属する． ∎

例 (4.2.12) において「一般の有限グラフがあったとき，長さが偶数の原始的な閉路をすべて列挙することは困難である」と言ったが，長さが偶数の原始的な閉路の候補を探すことは可能である（命題 (4.2.14)）．他方，長さが偶数の原始的な閉路 $\Gamma_1, \Gamma_2, \cdots, \Gamma_s$ を使って $\{f_{\Gamma_1}, f_{\Gamma_2}, \cdots, f_{\Gamma_s}\}$ が I_G の生成系となるようにするとき，必ず使わなければならない長さが偶数の原始的な閉路を探すことも可能である（命題 (4.2.15)）．

(4.2.14) 命題 有限グラフ G の長さが偶数の原始的な閉路 Γ は下記の (i), (ii), (iii) のいずれかに限る．(けれども，それらがすべて原始的であるとは限ら

ない.)

（ⅰ）偶サイクル

（ⅱ）長さが偶数の閉路 $\Gamma = (C_1, C_2) = (e_{i_1}, e_{i_2}, \cdots, e_{i_{2p-1}}, e_{j_1}, e_{j_2}, \cdots, e_{j_{2q-1}})$（但し，$C_1 = (e_{i_1}, e_{i_2}, \cdots, e_{i_{2p-1}})$ と $C_2 = (e_{j_1}, e_{j_2}, \cdots, e_{j_{2q-1}})$ は唯一つの頂点を共有する奇サイクル，その共有する頂点は $(e_{i_1} \cap e_{i_{2p-1}}) \cap (e_{j_1} \cap e_{j_{2q-1}})$ に属する）

（ⅲ）長さが偶数の閉路 $\Gamma = (C_1, \Gamma_1, C_2, \Gamma_2) = (e_{i_1}, e_{i_2}, \cdots, e_{i_{2p-1}}, e_{k_1}, e_{k_2}, \cdots, e_{k_\ell}, e_{j_1}, e_{j_2}, \cdots, e_{j_{2q-1}}, e_{k_{\ell+1}}, e_{k_{\ell+2}}, \cdots, e_{k_{2\ell'}})$（但し，奇サイクル $C_1 = (e_{i_1}, e_{i_2}, \cdots, e_{i_{2p-1}})$ と奇サイクル $C_2 = (e_{j_1}, e_{j_2}, \cdots, e_{j_{2q-1}})$ は頂点を共有せず，路 $\Gamma_1 = (e_{k_1}, e_{k_2}, \cdots, e_{k_\ell})$ と $\Gamma_2 = (e_{k_{\ell+1}}, e_{k_{\ell+2}}, \cdots, e_{k_{2\ell'}})$ は C_1 の頂点 $e_{i_1} \cap e_{i_{2p-1}}$ と C_2 の頂点 $e_{j_1} \cap e_{j_{2q-1}}$ を結ぶ）

[証明] 長さが偶数の原始的な閉路 Γ がサイクルならばそれは偶サイクルである．いま，Γ はサイクルでないとし $\Gamma = (\Gamma_1, \Gamma_2)$（但し，$\Gamma_1$ と Γ_2 は閉路で頂点 v を共有する）とすると，Γ が原始的であることから Γ_1 と Γ_2 は長さが奇数である．更に，Γ_1 と Γ_2 が v 以外の頂点 w を共有するならば Γ は原始的では有り得ないから，v は Γ_1 と Γ_2 の唯一の共有頂点である．すると，Γ_1 と Γ_2 の両者が奇サイクルならば Γ は（ⅱ）の型である．

他方，Γ_1 がサイクルでないとし，$\Gamma_1 = (\Gamma_3, \Gamma_4, \Gamma_5)$ と表す．但し，Γ_3 は v と v'（v' は Γ_1 の頂点）を結ぶ路，Γ_4 は閉路，Γ_5 は v' と v を結ぶ路である．すると，Γ が原始的であることから $v \neq v'$ である．更に，Γ_4 は長さが奇数であり，v をその頂点として含まない．仮に，Γ_4 がサイクル，Γ_2 もサイクルとすると，Γ は（ⅲ）の型である．そうでなければ以上の操作を繰り返す．すると，Γ が（ⅲ）の型であることが判明する． ■

（**4.2.15**）**命題** 有限グラフ G の長さが偶数の原始的な閉路 Γ が条件「Γ の頂点全体の集合を V' とするとき，V' を頂点集合とする G の誘導部分グラフ G' に含まれる長さが偶数の閉路は Γ に限る」を満たすと仮定する．いま，長さが偶数の原始的な閉路 $\Gamma_1, \Gamma_2, \cdots, \Gamma_s$ を使って $\{f_{\Gamma_1}, f_{\Gamma_2}, \cdots, f_{\Gamma_s}\}$ が I_G の生成系となるようにするとき，$f_\Gamma = f_{\Gamma_i}$ または $f_\Gamma = -f_{\Gamma_i}$ となる $1 \leq i \leq s$ が存在する．

[証明] 二項式 f_Γ は I_G に属するから，適当な Γ_i を選ぶと，$f_{\Gamma_i}^{(+)}$ は $f_\Gamma^{(+)}$ または $f_\Gamma^{(-)}$ を割り切る．このとき，Γ_i のすべての頂点は Γ の頂点集合 V' に属す

る．すると，Γ_i は V' を頂点集合とする G の誘導部分グラフ G' に含まれる長さが偶数の閉路である．従って，Γ_i は Γ に一致する． ■

(**4.2.16**) 問　下図の有限グラフのトーリックイデアルの生成系を探せ．

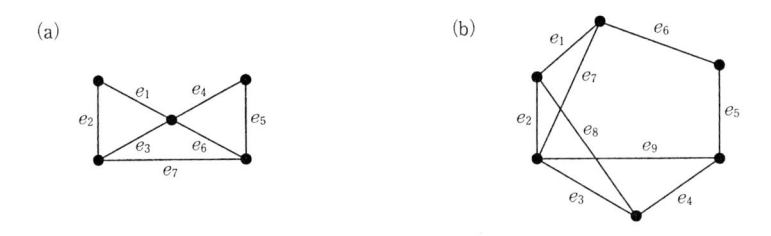

(a)

(b)

§4.3　A 型根系の Gröbner 基底

空間 $\mathbf{Q}^d$ の標準的な単位座標ベクトルを $\mathbf{e}_1, \mathbf{e}_2, \cdots, \mathbf{e}_d$ とする．但し，$d \geq 2$ である．有限集合

(**4.3.1**) $\qquad \{\mathbf{e}_i - \mathbf{e}_j \,;\, 1 \leq i < j \leq d\}$

は表現論でお馴染みの **A** 型根系の正根の全体である．根系（root system）の解説は表現論の権威ある教科書（[14] など）に譲る．以下の議論でも根系についての予備知識は全く必要ではない．しかし，有限集合 (4.3.1) は組合せ論においても代数においても由緒ある研究対象であることはちゃんと認識すべきである．

有限集合 (4.3.1) は $\mathbf{Q}^d$ の配置ではない．実際，有限集合 (4.3.1) を含む $\mathbf{Q}^d$ の超平面は

$$\{(z_1, z_2, \cdots, z_d) \in \mathbf{Q}^d \,;\, z_1 + z_2 + \cdots + z_d = 0\}$$

であるが（残念ながら）この超平面は原点を通過する．有限集合 (4.3.1) を配置に昇進させるための常套手段として，空間 $\mathbf{Q}^{d+1}$ の標準的な単位座標ベクトルを $\mathbf{e}_1, \mathbf{e}_2, \cdots, \mathbf{e}_{d+1}$ とし，有限集合 $\mathbf{A}_{d-1} \subset \mathbf{Q}^{d+1}$ を

(**4.3.2**) $\qquad \mathbf{A}_{d-1} = \{(\mathbf{e}_i - \mathbf{e}_j) + \mathbf{e}_{d+1} \,;\, 1 \leq i < j \leq d\}$

と定義する．すると，有限集合 (4.3.2) に属するすべての点の第 $d+1$ 番目の座標成分は 1 であるから，$\mathbf{A}_{d-1}$ は空間 $\mathbf{Q}^{d+1}$ の配置である．他方，空間 $\mathbf{Q}^{d+1}$ の

配置 $\tilde{\mathbf{A}}_{d-1}$ を

(**4.3.3**) $\qquad\qquad \tilde{\mathbf{A}}_{d-1} = \mathbf{A}_{d-1} \cup \{\mathbf{e}_{d+1}\}$

と定義する．配置 (4.3.3) の組合せ論は [10] で議論されている．

　配置 (4.3.2) と (4.3.3) に付随するトーリックイデアルの Gröbner 基底を具体的に計算することが本節の課題である．一般に，多項式環のイデアル I の Gröbner 基底を探すときに Buchberger の判定法 (3.2.3) は有益であるけれども，Buchberger の判定法を使う前提として I の生成系が既知でなければならない．万能と思える Buchberger の判定法ではあるけれども，I の生成系が判明しない状況ではその威力を発揮することはできないのである．それじゃあ I の生成系が判明しない状況で Gröbner 基底を探すことが可能なのか？　全く一般の状況では望みは薄いかも知れないが，トーリックイデアルを扱う際などは，ときとして，そのようなことが可能なのである．

(**4.3.4**) **補題**　　§4.1 の状況を踏襲し，配置 $\mathcal{A}$，トーリック環 $K[\mathcal{A}]$，多項式環 $K[\mathbf{x}]$，写像 $\pi : K[\mathbf{x}] \to K[\mathcal{A}]$，トーリックイデアル $I_\mathcal{A}$ を議論する．（写像 π は全射であるから問 (1.3.7) の直前の議論から，$K[\mathcal{A}]$ と $K[\mathbf{x}]/I_\mathcal{A}$ は（次数を保つ）同型である．）多項式環の単項式順序 $<$ と $I_\mathcal{A}$ に属する二項式の有限集合 $\mathcal{G} = \{g_1, g_2, \cdots, g_s\}$ を固定し，単項式 $\mathrm{in}_<(g_1), \mathrm{in}_<(g_2), \cdots, \mathrm{in}_<(g_s)$ が生成する $K[\mathbf{x}]$ のイデアルを $\mathrm{in}_<(\mathcal{G})$ とする．このとき，$\mathcal{G}$ が $I_\mathcal{A}$ の $<$ に関する Gröbner 基底となるためには，次の条件（#）が満たされることが必要十分である．

　（#）$K[\mathbf{x}]$ の単項式 u と v について，$u \not\in \mathrm{in}_<(\mathcal{G})$，$v \not\in \mathrm{in}_<(\mathcal{G})$，$u \neq v$ ならば $\pi(u) \neq \pi(v)$ である．

[証明]　　単項式イデアル $\mathrm{in}_<(\mathcal{G})$ に属さない（換言すると，$\mathrm{in}_<(g_1), \mathrm{in}_<(g_2), \cdots, \mathrm{in}_<(g_s)$ のいずれの単項式でも割り切れない）$K[\mathbf{x}]$ の単項式の全体を Σ と置く．

　トーリック環 $K[\mathcal{A}]$ に属する Laurent 単項式の全体は $K[\mathcal{A}]$ の K 上の線型空間としての基底を成す．標準単項式に関する Macaulay の定理 (2.3.9) から，$\mathrm{in}_<(I_\mathcal{A})$ に属さない単項式の全体を $\mathcal{B}$ とすると，$\pi(\mathcal{B}) = \{\pi(u) ; u \in \mathcal{B}\}$ は $K[\mathcal{A}]$ の K 上の線型空間としての基底を成す．換言すると，

　(i) $u, v \in \mathcal{B}$，$u \neq v$ ならば $\pi(u) \neq \pi(v)$，

(ii) $\{\pi(u) ; u \in \mathcal{B}\}$ は $K[\mathcal{A}]$ に属する Laurent 単項式の全体と一致する.

いま，$\mathcal{G}$ が $I_\mathcal{A}$ の $<$ に関する Gröbner 基底（すなわち，$\mathrm{in}_<(\mathcal{G}) = \mathrm{in}_<(I_\mathcal{A})$）であれば $\Sigma = \mathcal{B}$ であるから（i）から（#）が従う．

他方，$\mathrm{in}_<(\mathcal{G}) \subset \mathrm{in}_<(I_\mathcal{A})$（すると，$\mathcal{B} \subset \Sigma$）であるから $\mathcal{G}$ が $I_\mathcal{A}$ の $<$ に関する Gröbner 基底でないと仮定すると，単項式 $w \in \mathrm{in}_<(I_\mathcal{A})$ で $w \not\in \mathrm{in}_<(\mathcal{G})$ であるものが存在する．単項式 w の次数を N とし $\mathcal{B}$ に属する次数 N の単項式の全体を $\mathcal{B}_N$，Σ に属する次数 N の単項式の全体を Σ_N とすると $w \not\in \mathcal{B}_N$，$w \in \Sigma_N$ である．性質（ii）から $\{\pi(u) ; u \in \mathcal{B}_N\}$ は $K[\mathcal{A}]$ に属する次数 N の斉次元である Laurent 単項式の全体である．ところが，Laurent 単項式 $\pi(w)$ も $K[\mathcal{A}]$ に属する次数 N の斉次元である．従って，$\pi(w) = \pi(u)$ となる $u \in \mathcal{B}_N$ が存在する．単項式 w と u の両者は Σ_N に属するから条件（#）は満たされない． ■

補題 (4.3.4) を実際に使って Gröbner 基底を探そうとするときには，$I_\mathcal{A}$ に属する二項式の集合 $\mathcal{G} = \{g_1, g_2, \cdots, g_s\}$ を目の子算（?）で上手く選び，その $\mathcal{G}$ が $I_\mathcal{A}$ の単項式順序 $<$ に関する Gröbner 基底であると信じて（#）を証明することである．著者の経験であるが，この「信じて」というところは大切であって，疑いを持って（#）を証明しようと思ってもちっともできないのである．補題 (4.3.4) が際立って有効なのは，$I_\mathcal{A}$ の Gröbner 基底が次数 2 の二項式から成ることを証明する際である．実際，$I_\mathcal{A}$ に属する次数 2 の二項式をすべて探すことはそれほど困難ではない配置 $\mathcal{A}$ にもしばしば遭遇するが，そのときには $I_\mathcal{A}$ に属する次数 2 の二項式のすべてから成る集合を $\mathcal{G}$ と置いて補題 (4.3.4) を使うのである．しかし，次数 2 の二項式のみを扱うような単純と思われる状況であってすら（補題 (4.3.4) を使った証明が円滑に進むような）単項式順序を慎重に選ぶという厄介な難物は残る．

配置 (4.3.2) と (4.3.3) に付随するトーリックイデアルの Gröbner 基底を補題 (4.3.4) を使って探す．配置 (4.3.2) に付随するトーリックイデアルには次数 2 の二項式と次数 3 の二項式から成る Gröbner 基底が存在する．配置 (4.3.3) に付随するトーリックイデアルには次数 2 の二項式から成る Gröbner 基底が存在する．配置 (4.3.3) のトーリックイデアルの構造は配置 (4.3.2) のトーリックイデアルの構造よりも単純であるので，配置 (4.3.3) のトーリックイデアルの議論から始めよう．

4.3　A 型根系の Gröbner 基底

配置 (4.3.3) のトーリック環 $K[\tilde{\mathbf{A}}_{d-1}]$ は $d+1$ 変数 Laurent 多項式環

$$K[t_1, t_1^{-1}, t_2, t_2^{-1}, \cdots, t_{d+1}, t_{d+1}^{-1}]$$

の部分環であって, $d(d-1)/2$ 個の Laurent 単項式 $t_i t_j^{-1} t_{d+1}$, $1 \leq i < j \leq d$, と単項式 t_{d+1} で生成される.

(**4.3.5**)　　　　　$K[\tilde{\mathbf{A}}_{d-1}] = K[\{t_i t_j^{-1} t_{d+1}\}_{1 \leq i < j \leq d} \cup \{t_{d+1}\}]$

体 K 上の $d(d-1)/2 + 1$ 変数多項式環

(**4.3.6**)　　　　　$K[\mathbf{x}] = K[\{x_{i,j}\}_{1 \leq i < j \leq d} \cup \{x\}]$

を準備し, $K[\mathbf{x}]$ からトーリック環 (4.3.5) への写像

(**4.3.7**)　　　　　$\pi : K[\mathbf{x}] \to K[\tilde{\mathbf{A}}_{d-1}]$

を「変数 $x_{i,j}$ に $t_i t_j^{-1} t_{d+1}$ を代入し, 変数 x に t_{d+1} を代入する操作」と定義する. 写像 (4.3.7) の核がトーリック環 (4.3.5) のトーリックイデアル $I_{\tilde{\mathbf{A}}_{d-1}}$ である.

(**4.3.8**)　　　　　$I_{\tilde{\mathbf{A}}_{d-1}} = \{f \in K[\mathbf{x}] \, ; \, \pi(f) = 0\}$

トーリックイデアル (4.3.8) に属する典型的な二項式として

(**4.3.9**)　　　　　$x_{i,k} x_{j,\ell} - x_{i,\ell} x_{j,k}, \quad 1 \leq i < j < k < \ell \leq d$

(**4.3.10**)　　　　　$x_{i,j} x_{j,k} - x x_{i,k}, \quad 1 \leq i < j < k \leq d$

を挙げよう.

(**4.3.11**) 問　　二項式 (4.3.9) と二項式 (4.3.10) が $I_{\tilde{\mathbf{A}}_{d-1}}$ に属することを示せ.

多項式環 (4.3.6) における変数に次のような全順序 $<$ を導入する.
　(ⅰ) $x < x_{i,j}$, $1 \leq i < j \leq d$,
　(ⅱ) $x_{i,j} < x_{i',j'}$ となるのは「$i < i'$」であるか,
　　　　　あるいは「$i = i'$ かつ $j > j'$」のときである.
(すなわち, (ⅰ) 変数 x が最小の変数であり, (ⅱ) 変数 $x_{i,j}$ と変数 $x_{i',j'}$ については第 1 成分 i と i' が異なれば第 1 成分の大小で $x_{i,j}$ と $x_{i',j'}$ の大小を決め, 第 1

成分が一致するときには第 2 成分 j と j' の大小を逆転させて $x_{i,j}$ と $x_{i',j'}$ の大小を決めるのである．）すると，

$$(\mathbf{4.3.12}) \quad x < x_{1,d} < x_{1,d-1} < \cdots < x_{1,2} < x_{2,d} < x_{2,d-1}$$
$$< \cdots < x_{2,3} < \cdots < x_{d-2,d} < x_{d-2,d-1} < x_{d-1,d}$$

である．

次に，その全順序 $<$ が誘導する $K[\mathbf{x}]$ の逆辞書式順序を $<_{\mathrm{rev}}$ と表す（p.24 参照）．復習すると，単項式 $u, v \in K[\mathbf{x}]$ について w を u と v の最大公約単項式とし $u = wu'$, $v = wv'$ とする（すると，u' と v' は共通の変数を含まない）と $u <_{\mathrm{rev}} v$ となるのは「u の次数が v の次数よりも小さい」または「u の次数と v の次数が等しく，u' または v' に現れる（全順序 $<$ に関して）もっとも小さい変数は u' に現れる」が成立するときである．

(**4.3.13**) **定理**　トーリックイデアル (4.3.8) に属する二項式 (4.3.9) と二項式 (4.3.10) のすべてから成る集合 $\mathcal{G}$ は $I_{\tilde{\mathbf{A}}_{d-1}}$ の逆辞書式順序 $<_{\mathrm{rev}}$ に関する被約な Gröbner 基底である．

[証明]　二項式 (4.3.9) の $<_{\mathrm{rev}}$ に関するイニシャル単項式は $x_{i,k}x_{j,\ell}$ である．二項式 (4.3.10) の $<_{\mathrm{rev}}$ に関するイニシャル単項式は $x_{i,j}x_{j,k}$ である．多項式環 $K[\mathbf{x}]$ の単項式 u と v で $\mathrm{in}_<(\mathcal{G})$ に属さないものを任意に選んで

$$u = x^{\alpha} x_{i_1,j_1} x_{i_2,j_2} \cdots x_{i_q,j_q}$$
$$v = x^{\alpha'} x_{i'_1,j'_1} x_{i'_2,j'_2} \cdots x_{i'_{q'},j'_{q'}}$$

と置く．（単項式の集合 $\mathrm{in}_<(\mathcal{G})$ の定義は補題 (4.3.4) を参照せよ．）但し，

$$x_{i_1,j_1} \leq_{\mathrm{rev}} x_{i_2,j_2} \leq_{\mathrm{rev}} \cdots \leq_{\mathrm{rev}} x_{i_q,j_q}$$
$$x_{i'_1,j'_1} \leq_{\mathrm{rev}} x_{i'_2,j'_2} \leq_{\mathrm{rev}} \cdots \leq_{\mathrm{rev}} x_{i'_{q'},j'_{q'}}$$

とする．すると，

$$i_1 \leq i_2 \leq \cdots \leq i_q, \quad i'_1 \leq i'_2 \leq \cdots \leq i'_{q'}$$

である．他方，単項式 u と v は $x_{i,j}x_{j,k}$, $1 \leq i < j < k \leq n$, のいずれの単項式

でも割り切れないから

$$i_r \neq j_s, \ 1 \leq r, s \leq q$$
$$i'_{r'} \neq j'_{s'}, \ 1 \leq r', s' \leq q'$$

である.以下,$\pi(u) = \pi(v)$ を仮定し,$u = v$ を導く.但し,π は写像 (4.3.7) である.(すると,補題 (4.3.4) から $\mathcal{G}$ は $I_{\tilde{\mathbf{A}}_{d-1}}$ の逆辞書式順序 $<_{\text{rev}}$ に関する Gröbner 基底であることが従う.このとき,Gröbner 基底 $\mathcal{G}$ が被約であることは簡単に確認できる.)

さて,Laurent 単項式 $\pi(u)$ と $\pi(v)$ は

$$\pi(u) = t_{d+1}^{\alpha+q} t_{i_1} t_{i_2} \cdots t_{i_q} t_{j_1}^{-1} t_{j_2}^{-1} \cdots t_{j_q}^{-1}$$
$$\pi(v) = t_{d+1}^{\alpha'+q'} t_{i'_1} t_{i'_2} \cdots t_{i'_{q'}} t_{j'_1}^{-1} t_{j'_2}^{-1} \cdots t_{j'_{q'}}^{-1}$$

と表示される.すると,$\alpha + q = \alpha' + q'$ である.他方,$\pi(u)$ と $\pi(u)$ の表示における正の冪と負の冪の打ち消しは起きない.すると,$q = q'$ である.従って,$\alpha = \alpha'$,$q = q'$ である.以下,$\alpha = \alpha' = 0$ と置く.

すると,Laurent 単項式 $\pi(u)$ に現れる正の冪を持つ変数 t_δ で δ が最大なものは i_q,$\pi(v)$ に現れる正の冪を持つ変数 $t_{\delta'}$ で δ' が最大なものは $i'_{q'}$ である.従って,$i_q = i'_{q'}$ である.残るは $j_q = j'_{q'}$ を示すことである.(実際,$i_q = i'_{q'}$ と $j_q = j'_{q'}$ が判明すれば q に関する帰納法を使うと $u = v$ が得られる.)

いま,$j'_{q'} < j_q$ を仮定しよう.Laurent 単項式 $\pi(u)$ に $t_{j'_{q'}}^{-1}$ が現れるから $j_\xi = j'_{q'}$ を満たす $1 \leq \xi < q$ が存在する.ところが,単項式 u は $x_{i,k} x_{j,\ell}$,$1 \leq i < j < k < \ell \leq d$ のいずれの単項式でも割り切れない.すると,

$$i_\xi = i_q = i'_{q'} < j'_{q'} = j_\xi < j_q$$

である.従って,

$$x_{i_q, j_q} <_{\text{rev}} x_{i_\xi, j_\xi}$$

となり矛盾が導かれる. ■

(4.3.14) 問 定理 (4.3.13) の Gröbner 基底 $\mathcal{G}$ が被約であることを確かめよ.

定理 (4.3.13) の証明は単純明快である．補題 (4.3.4) の御利益が十分に認識できる．しかし，補題 (4.3.4) が首尾良く働いたのは，目の子で簡単に探せる次数 2 の二項式 (4.3.9) と (4.3.10) の集合 $\mathcal{G}$ が偶々（たまたま）$I_{\tilde{\mathbf{A}}_{d-1}}$ の Gröbner 基底であったことに加え，$\mathcal{G}$ が Gröbner 基底となるような単項式順序 $<_{\text{rev}}$ が幸運にも発見できたからである．定理 (4.3.13) は（Gröbner 基底の概念は使ってないけれども，本質的には）[10, Theorem 6.3] で得られている．

配置 (4.3.2) のトーリック環 $K[\mathbf{A}_{d-1}]$ は $d+1$ 変数 Laurent 多項式環

$$K[t_1, t_1^{-1}, t_2, t_2^{-1}, \cdots, t_{d+1}, t_{d+1}^{-1}]$$

の部分環であって，$d(d-1)/2$ 個の Laurent 単項式 $t_i t_j^{-1} t_{d+1}$, $1 \leq i < j \leq d$, で生成される．

(**4.3.15**) $\qquad K[\mathbf{A}_{d-1}] = K[\{t_i t_j^{-1} t_{d+1}\}_{1 \leq i < j \leq d}]$

体 K 上の $d(d-1)/2$ 変数多項式環

(**4.3.16**) $\qquad K[\mathbf{x}] = K[\{x_{i,j}\}_{1 \leq i < j \leq d}]$

を準備し，$K[\mathbf{x}]$ からトーリック環 (4.3.14) への写像

(**4.3.17**) $\qquad \pi : K[\mathbf{x}] \to K[\mathbf{A}_{d-1}]$

を「変数 $x_{i,j}$ に $t_i t_j^{-1} t_{d+1}$ を代入する操作」と定義する．写像 (4.3.17) の核がトーリック環 (4.3.15) のトーリックイデアル $I_{\mathbf{A}_{d-1}}$ である．

(**4.3.18**) $\qquad I_{\mathbf{A}_{d-1}} = \{f \in K[\mathbf{x}]\,;\, \pi(f) = 0\}$

(**4.3.19**) **補題** 次数 2 の二項式

(**4.3.20**) $\qquad x_{i,\ell} x_{j,k} - x_{i,k} x_{j,\ell}, \quad 1 \leq i < j < k < \ell \leq d$

(**4.3.21**) $\qquad x_{i,j} x_{j,k} - x_{i,i+1} x_{i+1,k}, \quad 2 \leq i+1 < j < k \leq d$

とともに，次数 3 の二項式

(**4.3.22**) $\qquad x_{i,j} x_{k,k+1} x_{k+1,\ell} - x_{i,i+1} x_{i+1,j} x_{k,\ell},$
$\qquad\qquad\qquad 2 \leq i+1 < j < k+1 < \ell \leq d$

はトーリックイデアル (4.3.18) に属する.

(**4.3.23**) 問　　補題 (4.3.19) を証明せよ.

多項式環 (4.3.16) における変数に次のような全順序 < を導入する.

(**4.3.24**) 　　$x_{1,d} < x_{1,d-1} < \cdots < x_{1,2} < x_{2,d} < x_{2,d-1} < \cdots$
$$< x_{2,3} < \cdots < x_{d-2,d} < x_{d-2,d-1} < x_{d-1,d}$$

次に, その全順序 < が誘導する $K[\mathbf{x}]$ の辞書式順序を $<_{\mathrm{lex}}$ と表す (p.24 参照). 復習すると, 単項式 $u, v \in K[\mathbf{x}]$ について w を u と v の最大公約元とし $u = wu'$, $v = wv'$ とする (すると, u' と v' は共通の変数を含まない) と $u <_{\mathrm{lex}} v$ となるのは「u の次数が v の次数よりも小さい」または「u の次数と v の次数が等しく, u' または v' に現れる (全順序 < に関して) もっとも大きい変数は v' に現れる」が成立するときである.

(**4.3.25**) 定理　　トーリックイデアル (4.3.18) に属する二項式 (4.3.20), (4.3.21) と (4.3.22) のすべてから成る集合 $\mathcal{G}$ は $I_{\mathbf{A}_{d-1}}$ の辞書式順序 $<_{\mathrm{lex}}$ に関する被約な Gröbner 基底である.

[証明]　　再び, 補題 (4.3.4) がその威力を発揮する. 二項式 (4.3.20) の $<_{\mathrm{lex}}$ に関するイニシャル単項式は $x_{i,\ell} x_{j,k}$ である. 二項式 (4.3.21) の $<_{\mathrm{lex}}$ に関するイニシャル単項式は $x_{i,j} x_{j,k}$ である. 二項式 (4.3.22) の $<_{\mathrm{lex}}$ に関するイニシャル単項式は $x_{i,j} x_{k,k+1} x_{k+1,\ell}$ である. 多項式環 $K[\mathbf{x}]$ の単項式 u と v で $\mathrm{in}_{<_{\mathrm{lex}}}(\mathcal{G})$ に属さないものを任意に選んで

$$u = x_{i_1,j_1} x_{i_2,j_2} \cdots x_{i_q,j_q}$$
$$v = x_{i'_1,j'_1} x_{i'_2,j'_2} \cdots x_{i'_{q'},j'_{q'}}$$

と置く. 但し,

(**4.3.26**)　　$x_{i_1,j_1} \leq_{\mathrm{lex}} x_{i_2,j_2} \leq_{\mathrm{lex}} \cdots \leq_{\mathrm{lex}} x_{i_q,j_q}$
$$x_{i'_1,j'_1} \leq_{\mathrm{lex}} x_{i'_2,j'_2} \leq_{\mathrm{lex}} \cdots \leq_{\mathrm{lex}} x_{i'_{q'},j'_{q'}}$$

とする. すると,

(**4.3.27**)　　$i_1 \leq i_2 \leq \cdots \leq i_q, \quad i'_1 \leq i'_2 \leq \cdots \leq i'_{q'}$

である．以下，$\pi(u) = \pi(v)$ を仮定し，$u = v$ を導く．但し，π は写像 (4.3.17) である．(すると，補題 (4.3.4) から $\mathcal{G}$ は $I_{\mathbf{A}_{d-1}}$ の辞書式順序 $<_{\text{lex}}$ に関する Gröbner 基底であることが従う．このとき，Gröbner 基底 $\mathcal{G}$ が被約であることは簡単に確認できる．) Laurent 単項式 $\pi(u)$ に現れる t_{d+1} の冪は q，$\pi(v)$ に現れる t_{d+1} の冪は q' であるから $q = q'$ である．単項式 u と v に共通の変数が現れることが判明すれば（q に関する帰納法を使うと）$u = v$ が従う．

添字 i で条件「t_i と t_i^{-1} の両者が Laurent 単項式の積

$$\pi(u) = \pi(x_{i_1, j_1})\pi(x_{i_2, j_2}) \cdots \pi(x_{i_q, j_q})$$

に現れる」を満たすものの全体を m_u と置く．すると，$q = q'$，$\pi(u) = \pi(v)$ から（i）$m_u \neq \emptyset$，$m_v \neq \emptyset$ であるか，あるいは（ii）$m_u = m_v = \emptyset$ である．

（i）$m_u \neq \emptyset$，$m_v \neq \emptyset$ とし，m_u に属する最小の添字を p，m_v に属する最小の添字を p' とし，$p \leq p'$ とする．すると，適当な $1 \leq i_s < p < j_r \leq d$ について変数 $x_{i_s, p}$ と x_{p, j_r} が u に現れる．他方，$x_{i,p} x_{p,k} \in \text{in}_{<_{\text{lex}}}(\mathcal{G})$，$2 \leq i + 1 < p < k \leq d$，である．従って，適当な $r > p$ について $x_{p-1, p} x_{p, r}$ は u を割り切る．同様に，$p' \in m_v$ から適当な $r' > p'$ について $x_{p'-1, p'} x_{p', r'}$ は v を割り切る．このとき，変数 $x_{p-1, p}$ が v に現れることを示す．仮に，変数 $x_{p-1, p}$ が v に現れないとすると $p < p'$ である．他方，$\pi(u) = \pi(v)$，$p - 1 \notin m_u$ であるから適当な $s > p$ について変数 $x_{p-1, s}$ は v に現れる．すると，変数 $x_{p'-1, p'}$，$x_{p', r'}$，$x_{p-1, s}$ はいずれも v に現れる．このとき，

$p' < s$ ならば $x_{p-1, s} x_{p'-1, p'} \in \text{in}_{<_{\text{lex}}}(\mathcal{G})$
$p' = s$ ならば $x_{p-1, s} x_{p', r'} \in \text{in}_{<_{\text{lex}}}(\mathcal{G})$
$p' = s + 1$ ならば $x_{p-1, s} x_{p'-1, p'} \in \text{in}_{<_{\text{lex}}}(\mathcal{G})$
$p' > s + 1$ ならば $x_{p-1, s} x_{p'-1, p'} x_{p', r'} \in \text{in}_{<_{\text{lex}}}(\mathcal{G})$

であるから，$v \in \text{in}_{<_{\text{lex}}}(\mathcal{G})$ となり矛盾．従って，変数 $x_{p-1, p}$ は u と v の両者に現れる．

（ii）$m_u = m_v = \emptyset$ とすると，(4.3.27) から $i_q = i'_{q'}$ である．このとき，$j_q = j'_{q'}$ を示す．仮に，$j_q < j'_{q'}$ としよう．Laurent 単項式 $\pi(u)$ に $t_{j'_{q'}}^{-1}$ が現れるから $j_\xi = j'_{q'}$ を満たす $1 \leq \xi < q$ が存在する．このとき，(4.3.26) から $x_{i_\xi, j_\xi} \leq_{\text{lex}} x_{i_q, j_q}$ である．すると，$i_\xi \leq i_q < j_q < j_\xi$ である．いま，$i_\xi < i_q$ と

すると $x_{i_\xi,j_\xi}x_{i_q,j_q} \in \text{in}_{<\text{lex}}(\mathcal{G})$ である．すると，$u \in \text{in}_{<\text{lex}}(\mathcal{G})$ となる．従って，$i_\xi = i_q$ である．このとき，変数 $x_{i'_{q'},j'_{q'}}$ は u と v の両者に現れる． ∎

(4.3.28) 問 定理 (4.3.25) の Gröbner 基底 $\mathcal{G}$ が被約であることを確かめよ．

補題 (4.3.4) の威力は（定理 (4.3.13) と定理 (4.3.25) の証明で納得できるように）驚嘆に値する．補題 (4.3.4) は標準単項式に関する Macaulay の定理 (2.3.9) の言い換えであるから，実際には Macaulay の定理 (2.3.9) が驚嘆に値するのである．他方，定理 (4.3.13) のときの二項式 (4.3.9) と (4.3.10) は兎も角としても，定理 (4.3.25) のときの二項式 (4.3.22) を探すことはなかなか難しい．

(4.3.29) 問 (a) 定理 (4.3.13) の有限集合 $\mathcal{G}$ は変数の全順序

$$x < x_{1,2} < x_{1,3} < \cdots < x_{1,d} < x_{2,3} < x_{2,4} < \cdots < x_{2,d}$$
$$< \cdots < x_{d-2,d-1} < x_{d-2,d} < x_{d-1,d}$$

が誘導する $K[\mathbf{x}]$ の辞書式順序 $<_{\text{lex}}$ に関して $I_{\tilde{\mathbf{A}}_{d-1}}$ の被約な Gröbner 基底であることを示せ．

(b) 定理 (4.3.25) の有限集合 $\mathcal{G}$ は変数の全順序

$$x_{1,2} < x_{1,3} < \cdots < x_{1,d} < x_{2,3} < x_{2,4} < \cdots < x_{2,d}$$
$$< \cdots < x_{d-2,d-1} < x_{d-2,d} < x_{d-1,d}$$

が誘導する $K[\mathbf{x}]$ の逆辞書式順序 $<_{\text{rev}}$ に関して $I_{\mathbf{A}_{d-1}}$ の被約な Gröbner 基底であることを示せ．

5

正規配置と単模被覆

　本章の主題は配置の正規性と単模被覆である．配置の三角形分割の代数的理論については第 6 章で展開するけれども，便宜上，三角形分割の定義と簡単な例については本章で導入する．ちゃんとした解説は可換代数の専門書（[5] など）に委ねるけれども，配置が正規であるとは，その配置のトーリック環がいわゆる整閉整域であることに他ならない．整閉整域となるトーリック環は Cohen-Macaulay 環である（Hochster の定理）から正規な配置の理論は Cohen-Macaulay 環の理論とも深く結び付く．有限グラフから生起する配置（§4.2 参照）が正規となるための条件を，整数計画の古い論文 [9] に従って §5.1 で議論する．次に，§5.2 では配置の三角形分割を定義し，単模三角形分割の概念を導入する．単模三角形分割はトーリック多様体における特異点解消の理論と深く関連する．更に，整数計画問題においても重要な役割を果たす．単模三角形分割の重要な性質の一つとして，単模三角形分割を持つ配置は正規であるという事実が挙げられる．けれども，配置の正規性を保証するだけならば，単模被覆が存在するだけで十分であるから，単模被覆についても本章で紹介する．単模被覆を持たない正規配置も存在するけれども，§5.3 で紹介するように，有限グラフから生起する配置についてはその正規性と単模被覆の存在は同値である．

§5.1　正　規　配　置

　一般に，空間 $\mathbf{Q}^d$ の任意の有限部分集合 $X = \{\xi_1, \xi_2, \cdots, \xi_N\}$ について，$\mathbf{Z}X$，$\mathbf{Z}_{\geq 0} X$ と $\mathbf{Q}_{\geq 0} X$ を次で定義する．但し，$\mathbf{Z}_{\geq 0}$ は非負整数全体の集合，$\mathbf{Q}_{\geq 0}$ は非負有理数全体の集合である．

$$\mathbf{Z}X = \left\{ \sum_{i=1}^{N} q_i \xi_i \, ; \, q_i \in \mathbf{Z} \right\}$$

$$\mathbf{Z}_{\geq 0} X = \left\{ \sum_{i=1}^{N} q_i \xi_i \, ; \, 0 \leq q_i \in \mathbf{Z} \right\}$$

$$\mathbf{Q}_{\geq 0} X = \left\{ \sum_{i=1}^{N} r_i \xi_i \, ; \, 0 \leq r_i \in \mathbf{Q} \right\}$$

空間 $\mathbf{Q}^d$ の配置 $\mathcal{A} = \{\mathbf{a}_1, \mathbf{a}_2, \cdots, \mathbf{a}_n\} \subset \mathbf{Z}^d$ が**正規**（normal）であるとは，条件

$$\mathbf{Z}_{\geq 0}\mathcal{A} = \mathbf{Z}\mathcal{A} \cap \mathbf{Q}_{\geq 0}\mathcal{A}$$

が満たされるときに言う．

　正規配置の威力を披露した整数計画の古い論文 [9] では（§4.2 で議論した）有限グラフ G から生起する配置 $\mathcal{A}_G$ が正規となるための G に関する条件が得られている．その結果を紹介する．

　有限グラフ G の頂点集合を $\{1, 2, \cdots, d\}$，辺集合を $E(G)$ とする．辺 $e \in E(G)$ が頂点 i と j を結ぶとき，$\rho(e) = \mathbf{e}_i + \mathbf{e}_j$ と置く．（但し，$\mathbf{e}_1, \mathbf{e}_2, \cdots, \mathbf{e}_d$ は $\mathbf{Q}^d$ の標準的な単位座標ベクトルである．）空間 $\mathbf{Q}^d$ の配置

$$\mathcal{A}_G = \{\rho(e)\,;\, e \in E(G)\} \subset \mathbf{Z}^d$$

を G から生起する配置と呼んだ．

　有限グラフ G が**奇サイクル条件**を満たすとは G が次の性質を有するときに言う．

　「G に現れる奇サイクル C と奇サイクル C' について（i）C と C' は G の同一の連結成分に属し（ii）C と C' が共通の頂点を持たないならば，C と C' を結ぶ橋（すなわち，C の頂点と C' の頂点を結ぶ G の辺）が存在する」

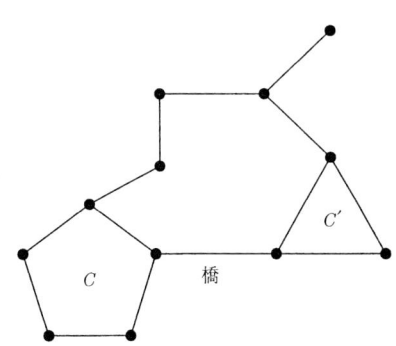

　特に，二部グラフは（奇サイクルを含まないから）奇サイクル条件を満たす．完全グラフも奇サイクル条件を満たす．

　（5.1.1）定理　　有限グラフ G から生起する配置 $\mathcal{A}_G$ が正規となるためには，G が奇サイクル条件を満たすことが必要十分である．

[証明]　（必要性）有限グラフ G の同一の連結成分に属する奇サイクル C と奇サイクル C' が共通の頂点を持たず，C と C' を結ぶ橋も存在しないと仮定し，C の頂点を $1, 2, \cdots, 2k-1$，C' の頂点を $2k, 2k+1, \cdots, 2\ell$ と置く．このとき，

$$\mathbf{a} = \sum_{i=1}^{2\ell} \mathbf{e}_i$$

は $\mathbf{Z}\mathcal{A}_G$ と $\mathbf{Q}_{\geq 0}\mathcal{A}_G$ の両者に属するけれども，$\mathbf{Z}_{\geq 0}\mathcal{A}_G$ には属さない．実際，

$$2\mathbf{a} = \sum_{i=1}^{2k-2}(\mathbf{e}_i + \mathbf{e}_{i+1}) + (\mathbf{e}_1 + \mathbf{e}_{2k-1}) + \sum_{i=2k}^{2\ell-1}(\mathbf{e}_i + \mathbf{e}_{i+1}) + (\mathbf{e}_{2k} + \mathbf{e}_{2\ell})$$

であるから $\mathbf{a} \in \mathbf{Q}_{\geq 0}\mathcal{A}_G$ である．次に，C と C' は同一の連結成分に属する奇サイクルであるから 1 と 2ℓ を結ぶ（路 Γ が存在するが，Γ の長さが偶数ならば 1 と 2ℓ を結ぶ長さが奇数の路 (C, Γ) を考えればよいから 1 と 2ℓ を結ぶ）長さが奇数の路 $(1, i_1, i_2, \cdots, i_{2p}, 2\ell)$ が存在する．このとき，

$$\mathbf{e}_1 + \mathbf{e}_{2\ell} = (\mathbf{e}_1 + \mathbf{e}_{i_1}) - (\mathbf{e}_{i_1} + \mathbf{e}_{i_2}) + (\mathbf{e}_{i_2} + \mathbf{e}_{i_3})$$
$$- \cdots - (\mathbf{e}_{i_{2p-1}} + \mathbf{e}_{i_{2p}}) + (\mathbf{e}_{i_{2p}} + \mathbf{e}_{2\ell})$$

であるから $\mathbf{e}_1 + \mathbf{e}_{2\ell} \in \mathbf{Z}\mathcal{A}_G$ である．すると，

$$\mathbf{a} = (\mathbf{e}_1 + \mathbf{e}_{2\ell}) + \sum_{i=1}^{\ell-1}(\mathbf{e}_{2i} + \mathbf{e}_{2i+1})$$

であるから $\mathbf{a} \in \mathbf{Z}\mathcal{A}_G$ である．他方，C と C' を結ぶ橋が存在しないから，$\mathbf{a}$ が $\mathbf{Z}_{\geq 0}\mathcal{A}_G$ に属することは不可能である．

（十分性）有限グラフ G は奇サイクル条件を満たすと仮定し，G の辺集合を $E = \{\{i,j\} \,;\, \mathbf{e}_i + \mathbf{e}_j \in \mathcal{A}_G\}$ とする．いま，$\mathbf{Z}\mathcal{A}_G \cap \mathbf{Q}_{\geq 0}\mathcal{A}_G$ に属する任意の点 $\mathbf{a} = (a_1, a_2, \cdots, a_d)$ を

(5.1.2) $$\sum_{\{i,j\} \in E} r_{ij}(\mathbf{e}_i + \mathbf{e}_j), \quad 0 \leq r_{ij} \in \mathbf{Q}$$

と表す．以下，整数でない r_{ij} の個数を順次減らす操作を考えることで $\mathbf{a} \in \mathbf{Z}_{\geq 0}\mathcal{A}_G$ を導く．整数でない r_{ij} があったと仮定し，$r_{ij} \notin \mathbf{Z}$ なる $\{i,j\}$ の全体を辺集合とする G の部分グラフを G' と置く．このとき，$\mathbf{a} \in \mathbf{Z}^d$ に注意すると，G' には必ずサイクルが存在することが判る．

5.1 正規配置

（第1段）部分グラフ G' が偶サイクル $C = (i_1, i_2, \cdots, i_{2k}, i_1)$ を含むとき，$r_{i_1 i_2}, r_{i_2 i_3}, \cdots, r_{i_{2k} i_1}$ の小数部分の最小値（> 0）を ε とし，簡単のため，$r_{i_1 i_2}$ の小数部分が ε であるとする．表示 (5.1.2) において $r_{i_j i_{j+1}}$（但し，$i_{2k+1} = i_1$）を $r_{i_j i_{j+1}} + (-1)^j \varepsilon$ に置き換えると，整数でない r_{ij} の個数は少なくとも一つ減少するけれども，表示するベクトルは不変である．

（第2段）部分グラフ G' のサイクルはすべて奇サイクルであるとし，G' に含まれる一つのサイクル C を選ぶ．煩雑な添字を避けるために，$C = (1, 2, \cdots, k, 1)$ とする．但し，$k \geq 3$ は奇数である．いま，$r_{j-1,j} + r_{j,j+1}$ が整数とはならない $1 \leq j \leq k$ があったとする．但し，$r_{0,1} = r_{k,1}$, $r_{k,k+1} = r_{k,1}$ である．簡単のため，$r_{k,1} + r_{1,2} \notin \mathbf{Z}$ とする．このとき，G' の辺 $\{1, j\}$（但し，$j \notin \{1, 2, k\}$）で $r_{1,j} \notin \mathbf{Z}$ となるものが存在する．再度 $\mathbf{a} \in \mathbf{Z}^d$ に注意すると，G' の路 $\Gamma = (1, j, \cdots, j')$ で同一の頂点が繰り返し現れないものと G' のサイクル $C' = (j', j'', \cdots, j''', j')$ が存在する．但し，Γ と C' は j' 以外の頂点を共有しない．部分グラフ G' のサイクルはすべて奇サイクルであるから，C と C' は高々1個の頂点を共有するのみであることに注意する．すると，$1, 2, \cdots, k, 1, j, \cdots, j', j'', \cdots, j''', j', \cdots, j, 1$ なる長さが偶数の閉路（下図参照）を考えると（第1段）と類似の技巧が有効である．

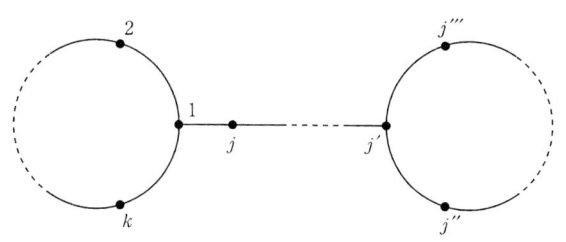

（第3段）部分グラフ G' のサイクルはすべて奇サイクルであるとし，G' に含まれる任意のサイクル $C = (i_1, i_2, \cdots, i_k, i_1)$（但し，$k \geq 3$ は奇数）について，すべての $r_{i_{j-1}, i_j} + r_{i_j, i_{j+1}}$ は整数であるとする．このとき，それぞれの r_{i_{j-1}, i_j} の小数部分は $1/2$ である．すると，(5.1.2) の部分和として得られるベクトル $\sum_{j=1}^{k} r_{i_{j-1}, i_j}(\mathbf{e}_{i_{j-1}} + \mathbf{e}_{i_j})$ の成分の和は奇数である．ところが，$\mathbf{a}$ は $\mathbf{Z}\mathcal{A}_G$ に属するから，G の連結成分 W に属する頂点の集合を $V(W)$ とすると $\sum_{i \in V(W)} a_i$ は偶数である．従って，サイクル C を含む G の連結成分に属する（C と異なる）サイクル $C' = (i'_1, i'_2, \cdots, i'_{k'}, i'_1)$（但し，$k' \geq 3$ は奇数）が存在し，それぞれの

$r_{i'_{j-1},i'_j}$ の小数部分は $1/2$ である. 部分グラフ G' のサイクルはすべて奇サイクルであるから, C と C' が共有する頂点の個数は高々 1 個である. ところが, C と C' が頂点を共有するならば (第 2 段) の状況に帰着するから, C と C' は頂点を共有しないと仮定してよい. このとき, 奇サイクル条件から C と C' には橋が存在する. その橋を $\{i_1, i'_1\}$ とするとき, $i_1, i_2, \cdots, i_k, i_1, i'_1, i'_2, \cdots, i'_{k'}, i'_1, i_1$ なる長さが偶数の閉路 (下図参照) を考えると再び (第 1 段) と類似の技巧 (すなわち, $\varepsilon = \dfrac{1}{2}$ とし, $r_{i_1 i'_1}$ を $r_{i_1 i'_1} + 1$ に置き換える) が有効である.

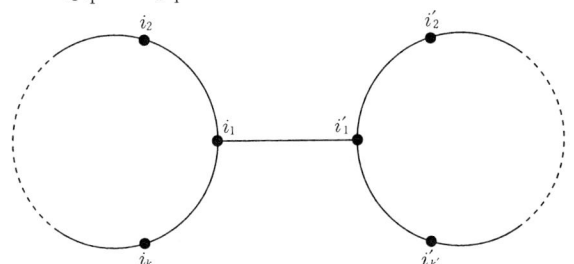

従って, すべての場合に整数でない r_{ij} の個数を順次減らす操作が可能であるから, その操作を繰り返すと $\mathbf{a} \in \mathbf{Z}_{\geq 0} \mathcal{A}_G$ が判明する. ∎

(5.1.3) 問 奇サイクル条件を満たさない有限グラフで頂点の個数が最小となるものを探せ.

定理 (5.1.1) の応用例を挙げる. 有限グラフ G の辺集合 $E(G)$ の部分集合 E' が G の**完全マッチング**であるとは, G の任意の頂点が E' に属する唯一の辺に含まれるときに言う. すると, 有限グラフ G に完全マッチングが存在すれば G の頂点の個数は偶数である. たとえば, 下図の有限グラフ G において $E' = \{e_1, e_2, e_3, e_4, e_5\}$ は G の完全マッチングである.

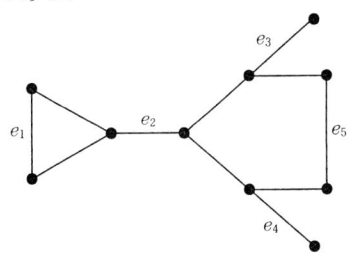

他方, 有限グラフ G が数価 k の**正則グラフ**であるとは, G の任意の頂点がちょうど k 個の辺に含まれるときに言う. たとえば, 有限グラフ

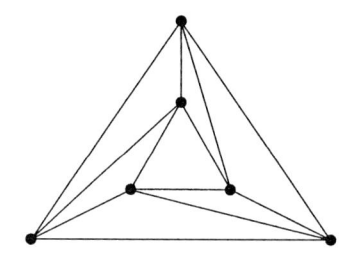

は数価 4 の正則グラフである.

(**5.1.4**) 系 偶数個の頂点を持ち奇サイクル条件を満たす連結な正則グラフには完全マッチングが存在する.

［証明］ 頂点集合 $\{1, 2, \cdots, d\}$ 上の連結な正則グラフ G に完全マッチングが存在するということは，ベクトル $\mathbf{e} = (1, 1, \cdots, 1) \in \mathbf{Z}^d$ が $\mathbf{Z}_{\geq 0} \mathcal{A}_G$ に属することに他ならない．以下，d は偶数とし，G は奇サイクル条件を満たすと仮定する．定理 (5.1.1) は配置 $\mathcal{A}_G$ の正規性を保証する．すると，$\mathbf{e} \in \mathbf{Z}_{\geq 0} \mathcal{A}_G$ を示すためには $\mathbf{e} \in \mathbf{Z} \mathcal{A}_G \cap \mathbf{Q}_{\geq 0} \mathcal{A}_G$ を言えばよい．いま，正則グラフ G の辺集合を $E(G)$，数価を k とすると

$$\mathbf{e} = \sum_{\{i,j\} \in E(G)} (1/k)(\mathbf{e}_i + \mathbf{e}_j)$$

であるから $\mathbf{e} \in \mathbf{Q}_{\geq 0} \mathcal{A}_G$ が従う．次に，$\mathbf{e} \in \mathbf{Z} \mathcal{A}_G$ を示す．正則グラフ G に奇サイクルが存在するか否かで場合を分けて議論する．

一般に，G の頂点 i と j を結ぶ長さが奇数の路が存在するならば $(\mathbf{e}_i + \mathbf{e}_j) \in \mathbf{Z} \mathcal{A}_G$ に注意する．(定理 (5.1.1) の証明における (必要性) の議論を参照せよ.) すると，G に奇サイクルが存在するならば，G の連結性から G の任意の頂点 i と任意の頂点 j（但し，$i \neq j$）を結ぶ長さが奇数の路が存在する．(たとえば，下図の有限

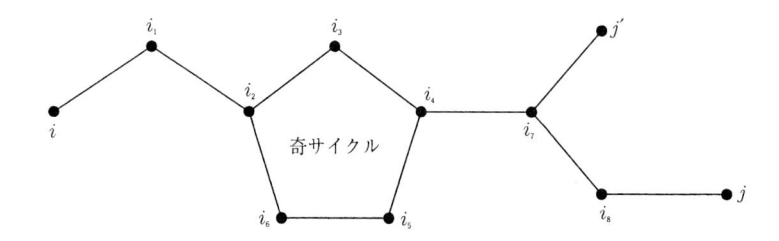

グラフで i と j を結ぶ長さが奇数の路を構成するならば奇サイクルの辺 $\{i_2, i_3\}$, $\{i_3, i_4\}$ を使えばよいし，i と j' を結ぶ長さが奇数の路を構成するならば奇サイクルの辺 $\{i_2, i_6\}$, $\{i_6, i_5\}$, $\{i_5, i_4\}$ を使えばよい.) 従って，d が偶数であることから $\mathbf{e} \in \mathbf{Z}\mathcal{A}_G$ である．他方，G に奇サイクルが存在しないならば G は二部グラフである．その頂点集合の分割を $V_1 \cup V_2$ とするとき，G が正則であることから V_1 と V_2 のいずれもちょうど $d/2$ 個の頂点を含む．このとき，任意の $i \in V_1$ と任意の $j \in V_2$ について，i と j を結ぶ長さが奇数の路が存在するから $(\mathbf{e}_i + \mathbf{e}_j) \in \mathbf{Z}\mathcal{A}_G$ である．従って，$\mathbf{e} \in \mathbf{Z}\mathcal{A}_G$ である．∎

(**5.1.5**) **問** 偶数個の頂点を持ち奇サイクル条件を満たす連結グラフで完全マッチングを持たないものを例示せよ．

§5.2 三角形分割と被覆

空間 $\mathbf{Q}^d$ の配置 $\mathcal{A} \subset \mathbf{Z}^d$ の三角形分割を定義し，単模三角形分割の概念を導入する．

空間 $\mathbf{Q}^d$ の有限部分集合 $\{\alpha_1, \alpha_2, \cdots, \alpha_N\}$ が**アフィン独立**であるとは，

$$r_1\alpha_1 + r_2\alpha_2 + \cdots + r_N\alpha_N = \mathbf{0}$$
$$r_1 + r_2 + \cdots + r_N = 0$$

を満たす有理数の N 個の組 $(r_1, r_2, \cdots, r_N)$ が $(0, 0, \cdots, 0)$ に限るときに言う．但し，$\mathbf{0} = (0, 0, \cdots, 0)$ は $\mathbf{Q}^d$ の原点である．

線型代数の言葉を使うと，有限部分集合 $\{\alpha_1, \alpha_2, \cdots, \alpha_N\} \subset \mathbf{Q}^d$ がアフィン独立であるということは，$N-1$ 個のベクトル

$$\alpha_2 - \alpha_1, \alpha_3 - \alpha_1, \cdots, \alpha_N - \alpha_1$$

が $\mathbf{Q}$ 上線型独立であることに他ならない．

(**5.2.1**) **補題** 配置 $\mathcal{A} \subset \mathbf{Z}^d$ の部分集合 $\{\alpha_1, \alpha_2, \cdots, \alpha_N\}$ がアフィン独立であることと N 個のベクトル $\alpha_1, \alpha_2, \cdots, \alpha_N$ が $\mathbf{Q}$ 上線型独立であることは同値である．

[証明] 一般に, $\alpha_1, \alpha_2, \cdots, \alpha_N$ が $\mathbf{Q}$ 上線型独立であるならば $\{\alpha_1, \alpha_2, \cdots, \alpha_N\}$ はアフィン独立である. 逆に, $\mathcal{A}$ の部分集合 $\{\alpha_1, \alpha_2, \cdots, \alpha_N\}$ がアフィン独立であるとし, $\sum_{i=1}^{N} r_i \alpha_i = \mathbf{0}, 0 \leq r_i \in \mathbf{Q}$, を仮定する. 配置 $\mathcal{A}$ は $\mathbf{Q}^d$ の原点を通過しない超平面に含まれることに注意すると, 適当な $\mathbf{b} \in \mathbf{Q}^d$ を選んで $\langle \mathbf{b}, \alpha_i \rangle = 1$, $1 \leq i \leq N$, とできる. 但し, $\langle \mathbf{b}, \alpha_i \rangle$ は $\mathbf{Q}^d$ の標準的な内積である. すると,

$$\left\langle \mathbf{b}, \sum_{i=1}^{N} r_i \alpha_i \right\rangle = \sum_{i=1}^{N} r_i$$

である. 従って, $\sum_{i=1}^{N} r_i \alpha_i = \mathbf{0}$ から $\sum_{i=1}^{N} r_i = 0$ を得る. ところが, $\{\alpha_1, \alpha_2, \cdots, \alpha_N\}$ はアフィン独立であるから, $\sum_{i=1}^{N} r_i \alpha_i = \mathbf{0}$ と $\sum_{i=1}^{N} r_i = 0$ からすべての r_i は 0 である. ■

空間 $\mathbf{Q}^d$ の配置 $\mathcal{A}$ に含まれるアフィン独立な部分集合に属する点の最大個数が $\delta + 1$ のとき, δ を配置 $\mathcal{A}$ の**次元**と定義する. すると, 空間 $\mathbf{Q}^d$ の配置 $\mathcal{A}$ の次元 δ は高々 $d-1$ である.

次元 δ の配置 $\mathcal{A}$ の部分集合 F が $\mathcal{A}$ に属する**単体** (simplex) であるとは F がアフィン独立な点から成るときに言う. 更に, $\mathcal{A}$ に属する単体のなかで包含関係に関して極大なものを $\mathcal{A}$ の**極大な単体** (maximal simplex) と呼ぶ. すると, 補題 (5.2.1) から, $\mathcal{A}$ の単体 F が極大な単体であるには F が $\delta + 1$ 個の点から成ることが必要十分である.

次元 δ の配置 $\mathcal{A} = \{\mathbf{a}_1, \mathbf{a}_2, \cdots, \mathbf{a}_n\} \subset \mathbf{Z}^d$ に属する極大な単体 $F = \{\mathbf{a}_{i_1}, \mathbf{a}_{i_2}, \cdots, \mathbf{a}_{i_{\delta+1}}\}$ が $\mathcal{A}$ の**基本単体** (fundamental simplex) であるとは, 等式

$$(5.2.2) \quad \mathbf{Z}\mathcal{A} = \mathbf{Z}F \quad \left(= \left\{ \sum_{\ell=1}^{\delta+1} r_\ell \mathbf{a}_{i_\ell} \, ; \, r_\ell \in \mathbf{Z}, \, 1 \leq \ell \leq \delta+1 \right\} \right)$$

が成立するときに言う.

他方, $\mathcal{A}$ に属する単体 F' が**単模** (unimodular) であるとは, $F' \subset F$ となる $\mathcal{A}$ の基本単体 F が存在するときに言う.

(5.2.3) 例 空間 $\mathbf{Q}^4$ の配置 $\mathcal{A} = \{\mathbf{a}_1, \mathbf{a}_2, \mathbf{a}_3, \mathbf{a}_4, \mathbf{a}_5\}$ を $\mathbf{a}_1 = (0, 0, 0, 1)$, $\mathbf{a}_2 = (0, 1, 1, 1)$, $\mathbf{a}_3 = (1, 0, 1, 1)$, $\mathbf{a}_4 = (1, 1, 0, 1)$, $\mathbf{a}_5 = (1, 1, 1, 1)$ とする. すると, $\mathbf{Z}\mathcal{A} = \mathbf{Z}^4$ となり, $\mathcal{A}$ の次元は $\delta = 3$ である. 配置 $\mathcal{A}$ に属する極大な単体を列挙すると

$$F_1 = \{\mathbf{a}_1, \mathbf{a}_2, \mathbf{a}_3, \mathbf{a}_4\}, \quad F_2 = \{\mathbf{a}_1, \mathbf{a}_2, \mathbf{a}_3, \mathbf{a}_5\},$$
$$F_3 = \{\mathbf{a}_1, \mathbf{a}_2, \mathbf{a}_4, \mathbf{a}_5\}, \quad F_4 = \{\mathbf{a}_1, \mathbf{a}_3, \mathbf{a}_4, \mathbf{a}_5\},$$
$$F_5 = \{\mathbf{a}_2, \mathbf{a}_3, \mathbf{a}_4, \mathbf{a}_5\}$$

となる．極大な単体 F_2, F_3, F_4, F_5 は基本単体であるけれども，

$$\mathbf{Z}F_1 = \{(a_1, a_2, a_3, a_4) \in \mathbf{Z}^4 \, ; \, a_1 + a_2 + a_3 \text{は偶数} \}$$

であるから，F_1 は基本単体ではない．

(**5.2.4**) 問　　空間 $\mathbf{Q}^4$ の配置 $\mathcal{A} = \{\mathbf{a}_1, \mathbf{a}_2, \mathbf{a}_3, \mathbf{a}_4, \mathbf{a}_5, \mathbf{a}_6\}$ を $\mathbf{a}_1 = (0,0,0,1)$, $\mathbf{a}_2 = (1,0,0,1)$, $\mathbf{a}_3 = (0,1,0,1)$, $\mathbf{a}_4 = (0,0,1,1)$, $\mathbf{a}_5 = (1,0,1,1)$, $\mathbf{a}_6 = (0,1,1,1)$ とする．(すると，$\mathcal{A}$ の次元は $\delta = 3$ である.) 配置 $\mathcal{A}$ に属する極大な単体をすべて列挙し，そのなかで基本単体であるものを選べ．

(**5.2.5**) 問　　簡単のため $d = \delta + 1 = 3$ とし，配置 $\mathcal{A} = \{\mathbf{a}_1, \mathbf{a}_2, \cdots, \mathbf{a}_n\} \subset \mathbf{Z}^3$ は $\mathbf{Z}\mathcal{A} = \mathbf{Z}^3$ を満たすと仮定する．このとき，極大な単体 $F = \{\mathbf{a}_{i_1}, \mathbf{a}_{i_2}, \mathbf{a}_{i_3}\} \subset \mathcal{A}$ が基本単体であるためには原点及び $\mathbf{a}_{i_1}, \mathbf{a}_{i_2}, \mathbf{a}_{i_3}$ を頂点とする四面体の（通常の）体積が $1/6$ となることが必要十分である．これを証明せよ．

問 (5.2.5) を一般化すると

(**5.2.6**) 補題　　配置 $\mathcal{A} = \{\mathbf{a}_1, \mathbf{a}_2, \cdots, \mathbf{a}_n\} \subset \mathbf{Z}^d$ は $\mathbf{Z}\mathcal{A} = \mathbf{Z}^d$ を満たすと仮定する．(すると，$\delta = d-1$ である.) このとき，極大な単体 $F = \{\mathbf{a}_{i_1}, \mathbf{a}_{i_2}, \cdots, \mathbf{a}_{i_d}\} \subset \mathcal{A}$ が基本単体であるためには $\mathbf{a}_{i_1}, \mathbf{a}_{i_2}, \cdots, \mathbf{a}_{i_d}$ を行ベクトルとする d 次正方行列の行列式の絶対値が 1 となることが必要十分である．

[証明]　　条件 $\mathbf{Z}\mathcal{A} = \mathbf{Z}^d$ を仮定しているから，極大な単体 $F = \{\mathbf{a}_{i_1}, \mathbf{a}_{i_2}, \cdots, \mathbf{a}_{i_d}\} \subset \mathcal{A}$ が基本単体であるためには，任意の $\mathbf{e}_j$ について

$$b_{j_1}\mathbf{a}_{i_1} + b_{j_2}\mathbf{a}_{i_2} + \cdots + b_{j_d}\mathbf{a}_{i_d} = \mathbf{e}_j$$

となる整数 $b_{j_1}, b_{j_2}, \cdots, b_{j_d}$ が存在することが必要十分である．(但し，$\mathbf{e}_1, \mathbf{e}_2, \cdots, \mathbf{e}_d$ は $\mathbf{Q}^d$ の標準的な単位座標ベクトルである.) 換言すると，$\mathbf{a}_{i_1}, \mathbf{a}_{i_2}, \cdots, \mathbf{a}_{i_d}$ を

行ベクトルとする d 次正方行列が整数を成分とする逆行列を持つこと（すなわち，その正方行列の行列式の絶対値が 1 であること）が必要十分である． ■

研究論文や解説記事などでは補題 (5.2.6) の条件 $\mathbf{Z}\mathcal{A} = \mathbf{Z}^d$ を仮定することが寧ろ普通である．付録 B を参照されたい．

基本単体を整数点の数え上げで特徴付けることも可能である．

(5.2.7) 補題　次元 δ の配置 $\mathcal{A} = \{\mathbf{a}_1, \mathbf{a}_2, \cdots, \mathbf{a}_n\} \subset \mathbf{Z}^d$ に属する極大な単体 $F = \{\mathbf{a}_{i_1}, \mathbf{a}_{i_2}, \cdots, \mathbf{a}_{i_{\delta+1}}\} \subset \mathcal{A}$ が基本単体であるためには，$N\mathrm{CONV}(F) \cap \mathbf{Z}_{\geq 0}\mathcal{A}$ に属する元の個数が $\binom{\delta+N}{\delta}$ $(N = 1, 2, \cdots)$ となることが必要十分である．但し，$N\mathrm{CONV}(F) = \{N\mathbf{a}\,;\,\mathbf{a} \in \mathrm{CONV}(F)\}$ である．

[証明]　極大な単体 $F \subset \mathcal{A}$ が基本単体ならば $N\mathrm{CONV}(F) \cap \mathbf{Z}\mathcal{A} = N\mathrm{CONV}(F) \cap \mathbf{Z}F$ である．いま，$\mathbf{a} \in N\mathrm{CONV}(F) \cap \mathbf{Z}F$ を

$$\mathbf{a} = \sum_{j=1}^{\delta+1} r_j \mathbf{a}_{i_j} = \sum_{j=1}^{\delta+1} q_j \mathbf{a}_{i_j}$$

と表す．但し，r_j は非負有理数，$\sum_{\ell=1}^{\delta+1} r_\ell = N$，$q_j$ は整数である．すると，F がアフィン独立であることから $r_j = q_j$ $(j = 1, 2, \cdots, \delta+1)$ である（補題 (5.2.1)）．従って，$N\mathrm{CONV}(F) \cap \mathbf{Z}F$ に属する任意の点は $\sum_{\ell=1}^{\delta+1} q_j \mathbf{a}_{i_j}$（但し，$q_j$ は非負整数，$\sum_{\ell=1}^{\delta+1} q_\ell = N$）なる唯一つの表示を持つ．すると，そのような点の個数は $\binom{(\delta+1)+N-1}{N} = \binom{\delta+N}{\delta}$ である．更に，$N\mathrm{CONV}(F) \cap \mathbf{Z}\mathcal{A} = N\mathrm{CONV}(F) \cap \mathbf{Z}_{\geq 0}\mathcal{A}$ である．

他方，極大な単体 $F \subset \mathcal{A}$ が基本単体でないと仮定する．いま，$\mathbf{Z}\mathcal{A} \neq \mathbf{Z}F$ ならば $\mathbf{Z}_{\geq 0}\mathcal{A} \neq \mathbf{Z}F$ であることに注意し，$\mathbf{a} \in \mathbf{Z}_{\geq 0}\mathcal{A} \setminus \mathbf{Z}F$ を固定する．次に，$\mathcal{A}$ が $\mathbf{Q}$ 上張る $\mathbf{Q}^d$ の部分空間を $\mathbf{Q}\mathcal{A}$ とすると，F が $\mathcal{A}$ の極大な単体であるとは F が $\mathbf{Q}\mathcal{A}$ の基底であることに他ならない．すると，$\mathbf{a} = \sum_{j=1}^{\delta+1} r_j \mathbf{a}_{i_j}$ となる有理数 r_j $(j = 1, 2, \cdots, \delta+1)$ が存在する．このとき，$\sum_{j=1}^{\delta+1} r_j$ は整数である．（配置 $\mathcal{A}$ が原点を通過しない超平面 (4.1.1) に含まれるとし，内積 $\langle \mathbf{a}, (c_1, c_2, \cdots, c_d) \rangle$ を計算せよ．）更に，$\mathbf{b} = \sum_{j=1}^{\delta+1} q_j \mathbf{a}_{i_j} \in \mathbf{Z}_{\geq 0}F$（$q_j$ は非負整数）を適当に選ぶと，$\mathbf{a} + \mathbf{b} = \sum_{j=1}^{\delta+1}(r_j + q_j)\mathbf{a}_{i_j}$ は $r_j + q_j > 0$ $(j = 1, 2, \cdots, \delta+1)$ を満たす．いま，$\sum_{j=1}^{\delta+1}(r_j + q_j) = N$ とすると，$\mathbf{a} + \mathbf{b} \in N\mathrm{CONV}(F)$ である．しかし，$\mathbf{a} + \mathbf{b} \in \mathbf{Z}_{\geq 0}\mathcal{A} \setminus \mathbf{Z}_{\geq 0}F$ である．すると，$N\mathrm{CONV}(F) \cap \mathbf{Z}_{\geq 0}\mathcal{A}$ に属する元の個

数は $N\mathrm{CONV}(F) \cap \mathbf{Z}_{\geq 0} F$ に属する元の個数(それは $\binom{\delta+N}{\delta}$ である)を越える.従って,$N\mathrm{CONV}(F) \cap \mathbf{Z}_{\geq 0} \mathcal{A}$ に属する元の個数は $\binom{\delta+N}{\delta}$ を越える. ∎

配置 $\mathcal{A}$ の**三角形分割**(triangulation)とは $\mathcal{A}$ に属する幾つかの単体から成る集合 Δ であって,条件
 (i) $F \in \Delta$, $F' \subset F$ ならば $F' \in \Delta$ である
 (ii) $F, F' \in \Delta$ ならば $\mathrm{CONV}(F) \cap \mathrm{CONV}(F') = \mathrm{CONV}(F \cap F')$ である
 (iii) $\mathrm{CONV}(\mathcal{A}) = \bigcup_{F \in \Delta} \mathrm{CONV}(F)$
を満たすものを言う.

配置 $\mathcal{A}$ の三角形分割 Δ に属する単体を Δ の**面**(face)と呼ぶ.配置 $\mathcal{A}$ の三角形分割 Δ が**単模**であるとは,任意の面 $F \in \Delta$ が単模であるときに言う.

(5.2.8) 例 例 (5.2.3) の配置を再考する.単体 F_2, F_3, F_4 及びそれらの部分集合から成る三角形分割を Δ_1,単体 F_1, F_5 及びそれらの部分集合から成る三角形分割を Δ_2 とする.このとき,Δ_1 は単模であるが,Δ_2 は単模ではない.

単模三角形分割の重要性はその存在が配置の正規性を保証することである.すなわち

(5.2.9) 命題 配置 $\mathcal{A}$ に単模な三角形分割が存在すれば $\mathcal{A}$ は正規配置である.

[証明] 一般に,$\mathbf{Z}_{\geq 0} \mathcal{A} \subset \mathbf{Z}\mathcal{A} \cap \mathbf{Q}_{\geq 0} \mathcal{A}$ である.次元 δ の配置 $\mathcal{A} = \{\mathbf{a}_1, \mathbf{a}_2, \cdots, \mathbf{a}_n\} \subset \mathbf{Z}^d$ に単模な三角形分割 Δ が存在すると仮定し,任意の $(\mathbf{0} \neq) \alpha \in \mathbf{Z}\mathcal{A} \cap \mathbf{Q}_{\geq 0} \mathcal{A}$ を取る.いま,$\alpha = \sum_{i=1}^n r_i \mathbf{a}_i$, $0 \leq r_i \in \mathbf{Q}$,と表し,$r = \sum_{i=1}^n r_i > 0$ と置く.すると,$(1/r)\alpha$ は $\mathrm{CONV}(\mathcal{A})$ に属する.従って,$(1/r)\alpha \in \mathrm{CONV}(F)$ となる面 $F \in \Delta$ が存在する.すると,$\alpha \in \mathbf{Q}_{\geq 0} F$ である.面 F は単模であるから F を含む基本単体 $F_0 \subset \mathcal{A}$ を選ぶ.すると,$\alpha \in \mathbf{Q}_{\geq 0} F_0$ である.いま,$\alpha \in \mathbf{Z}\mathcal{A}$ であるから,F_0 が基本単体であること(すなわち,$\mathbf{Z}\mathcal{A} = \mathbf{Z}F_0$)から $\alpha \in \mathbf{Z}F_0$ である.従って,$\alpha \in \mathbf{Z}F_0 \cap \mathbf{Q}_{\geq 0} F_0$ である.さて,$F_0 = \{\mathbf{a}_{i_1}, \mathbf{a}_{i_2}, \cdots, \mathbf{a}_{i_{\delta+1}}\}$ とすると,

$$\alpha = \sum_{i=1}^{\delta+1} q_k \mathbf{a}_{i_k} = \sum_{i=1}^{\delta+1} r_k \mathbf{a}_{i_k}$$

を満たす整数 q_k と非負有理数 r_k ($1 \leq k \leq \delta+1$) が存在する.補題 (5.2.1) か

ら $\delta+1$ 個のベクトル $\mathbf{a}_{i_1}, \mathbf{a}_{i_2}, \cdots, \mathbf{a}_{i_{\delta+1}}$ は $\mathbf{Q}$ 上線型独立であるから $q_k = r_k$, $1 \leq k \leq \delta+1$, が従う. すると, $q_k (= r_k) \geq 0$, $1 \leq k \leq \delta+1$, であるから α は $\mathbf{Z}_{\geq 0} F_0$ ($\subset \mathbf{Z}_{\geq 0}\mathcal{A}$) に属する. 従って, $\mathcal{A}$ は正規配置である. ∎

ところで, 命題 (5.2.9) の証明において Δ が三角形分割であることは, $(1/r)\alpha \in \mathrm{CONV}(\mathcal{A})$ から $(1/r)\alpha \in \mathrm{CONV}(F)$ となる面 $F \in \Delta$ が存在することを言う所で使った. すなわち, 三角形分割の条件 (iii) のみが必要で, 条件 (i) と (ii) は必要ではなかった. そこで, 三角形分割の条件 (iii) のみに着目し, (i) と (ii) を忘却したものを被覆と呼ぶことにする.

ちゃんと定義すると, 配置 $\mathcal{A}$ の**被覆** (covering) とは $\mathcal{A}$ に属する幾つかの単体から成る集合 Ω であって, 条件 $\mathrm{CONV}(\mathcal{A}) = \bigcup_{F \in \Omega} \mathrm{CONV}(F)$ を満たすもののことである. 更に, 配置 $\mathcal{A}$ の被覆 Ω が**単模**であるとは, 任意の単体 $F \in \Omega$ が単模であるときに言う. すると,

(5.2.10) 命題　配置 $\mathcal{A}$ に単模な被覆が存在すれば $\mathcal{A}$ は正規配置である.

ところで, いかなる配置にも必ず三角形分割が存在する——ということを直接証明すること (たとえば, [12, 命題 (13.11)]) はそれほど簡単なことではない. けれども, 第 6 章で展開される代数的な議論を経由すると, 三角形分割の存在は明らかになる. 他方, いかなる配置にも必ず被覆が存在することの証明は難しくはない.

(5.2.11) 命題　配置 $\mathcal{A}$ の極大な単体のすべてから成る集合を Ω とすると, $\mathrm{CONV}(\mathcal{A}) = \bigcup_{F \in \Omega} \mathrm{CONV}(F)$ である. (従って, $\mathcal{A}$ には被覆が存在する.)

[証明]　次元 δ の配置 $\mathcal{A} = \{\mathbf{a}_1, \mathbf{a}_2, \cdots, \mathbf{a}_n\} \subset \mathbf{Z}^d$ の凸閉包 $\mathrm{CONV}(\mathcal{A})$ に属する任意の点 α を $\alpha = \sum_{i=1}^{n} r_i \mathbf{a}_i$ と表す. 但し, $0 \leq r_i \in \mathbf{Q}$, $\sum_{i=1}^{n} r_i = 1$ である. いま, $r_i > 0$ となる添字 i の集合を (簡単のため) $1, 2, \cdots, q$ とする. このとき, $\mathbf{a}_1, \mathbf{a}_2, \cdots, \mathbf{a}_q$ がアフィン独立であれば $\alpha \in \mathrm{CONV}(F)$ となる $\mathcal{A}$ の単体 F が存在する. 従って, $\alpha \in \mathrm{CONV}(F')$ となる $\mathcal{A}$ の極大な単体 F' が存在する.

他方, $\mathbf{a}_1, \mathbf{a}_2, \cdots, \mathbf{a}_q$ がアフィン独立でないとすると, $\sum_{i=1}^{q} s_i = 0$ となる有理数 $s_1, s_2, \cdots, s_q$ (但し, $(s_1, s_2, \cdots, s_q) \neq (0, 0, \cdots, 0)$) を適当に選ぶと $\sum_{i=1}^{q} s_i \mathbf{a}_i = \mathbf{0}$ となる. すると, 任意の有理数 $t > 0$ について

$$\alpha = \sum_{i=1}^{q}(r_i + ts_i)\mathbf{a}_i, \quad \sum_{i=1}^{q}(r_i + ts_i) = 1$$

となる．いま，空でない集合 $\{-r_i/s_i\,;\,s_i < 0\}$ に属する有理数のなかで最小のものを $t_0 > 0$ とすると，$\alpha = \sum_{i=1}^{q}(r_i + t_0 s_i)\mathbf{a}_i$, $0 \leq r_i + t_0 s_i$, $\sum_{i=1}^{q}(r_i + t_0 s_i) = 1$ であるが，t_0 の選び方からいずれかの $r_i + t_0 s_i$ は 0 である．たとえば，$r_q + t_0 s_q = 0$ とすると，$\alpha \in \text{CONV}(\{\mathbf{a}_1, \mathbf{a}_2, \cdots, \mathbf{a}_{q-1}\})$ となる．すると，以上の操作を繰り返すと，$\alpha \in \text{CONV}(F)$ となる $\mathcal{A}$ の単体 F が存在することが判明する．■

次元 δ_1 の配置 $\mathcal{A}_1 \subset \mathbf{Z}^{d_1}$ と配置 δ_2 の配置 $\mathcal{A}_2 \subset \mathbf{Z}^{d_2}$ があったとき，$d = d_1 + d_2$ とし，$\mathcal{A}_1$ と $\mathcal{A}_2$ の**直和** $\mathcal{A}_1 \bigoplus \mathcal{A}_2$ を

$$\{(\mathbf{a}, 0, \cdots, 0) \in \mathbf{Z}^d\,;\,\mathbf{a} \in \mathcal{A}_1\} \cup \{(0, \cdots, 0, \mathbf{b}) \in \mathbf{Z}^d\,;\,\mathbf{b} \in \mathcal{A}_2\}$$

と定義する．すると，$\mathcal{A}_1 \bigoplus \mathcal{A}_2$ は $\mathbf{Q}^d$ の配置，その次元は $\delta_1 + \delta_2 + 1$ である．

たとえば，$\mathcal{A}_1 = \mathcal{A}_2 = \{(1,1)\} \subset \mathbf{Z}^2$ とすると，$\mathcal{A}_1 \bigoplus \mathcal{A}_2 = \{(1,1,0,0), (0,0,1,1)\} \subset \mathbf{Z}^4$ である．

有限個の配置 $\mathcal{A}_1 \subset \mathbf{Z}^{d_1}, \mathcal{A}_2 \subset \mathbf{Z}^{d_2}, \cdots, \mathcal{A}_q \subset \mathbf{Z}^{d_q}$, $q \geq 3$, があったとき，$d = \sum_{i=1}^{q} d_i$ とし，それらの直和 $\bigoplus_{i=1}^{q} \mathcal{A}_i \subset \mathbf{Z}^d$ を

$$\left(\bigoplus_{i=1}^{q-1} \mathcal{A}_i\right) \bigoplus \mathcal{A}_q$$

と帰納的に定義する．すると，$\bigoplus_{i=1}^{q} \mathcal{A}_i$ は $\mathbf{Q}^d$ の配置である．配置 $\mathcal{A}_i$ の次元を δ_i とすると，直和 $\bigoplus_{i=1}^{q} \mathcal{A}_i$ の次元は $\sum_{i=1}^{q} \delta_i + (q-1)$ である．

(**5.2.12**) **命題** (a) 直和 $\bigoplus_{i=1}^{q} \mathcal{A}_i$ が正規であることとすべての $\mathcal{A}_i$ が正規であることは同値である．

(b) 直和 $\bigoplus_{i=1}^{q} \mathcal{A}_i$ が単模三角形分割を持つこととすべての $\mathcal{A}_i$ が単模三角形分割を持つことは同値である．

(c) 直和 $\bigoplus_{i=1}^{q} \mathcal{A}_i$ が単模被覆を持つこととすべての $\mathcal{A}_i$ が単模被覆を持つことは同値である．

(**5.2.13**) **問** 命題 (5.2.12) を証明せよ．

§5.3 有限グラフの単模被覆

単模被覆を持たない正規な配置が存在するし，単模被覆は持つけれども単模三角形分割は持たないような配置も存在する．(そのような配置の例は [W. Bruns and J. Gubeladze, *J. Reine Angew. Math.* **510** (1999), 161—178] と [C. Bouvier and G. Gonzalez-Sprinberg, *Tôhoku Math. J.* **47** (1995), 125—149] を参照されたい．) けれども，有限グラフから生起する配置についてはその正規性と単模被覆の存在は同値である．

以下，§5.1 を踏襲し，有限グラフ G の頂点集合を $\{1, 2, \cdots, d\}$，辺集合を $E(G)$ とし，空間 $\mathbf{Q}^d$ の配置 $\mathcal{A}_G = \{\rho(e) \,;\, e \in E(G)\} \subset \mathbf{Z}^d$ を考える．(辺 $e \in E(G)$ が頂点 i と j を結ぶとき，$\rho(e) = \mathbf{e}_i + \mathbf{e}_j$ と置くのであった．但し，$\mathbf{e}_1, \mathbf{e}_2, \cdots, \mathbf{e}_d$ は $\mathbf{Q}^d$ の標準的な単位座標ベクトルである．)

有限グラフ G の連結成分を $G_1, G_2, \cdots$ とするとき，$\mathcal{A}_G$ は $\mathcal{A}_{G_1}, \mathcal{A}_{G_2}, \cdots$ の直和である．すると，$\mathcal{A}_G$ が正規であることとすべての $\mathcal{A}_{G_i}$ が正規であることは同値である．更に，$\mathcal{A}_G$ が単模被覆（単模三角形分割）を持つこととすべての $\mathcal{A}_{G_i}$ が単模被覆（単模三角形分割）を持つことも同値である．従って，連結な有限グラフ G に限って議論すれば十分である．他方，§7.1 で示すけれども，G が二部グラフならば G のすべての三角形分割は単模である．そんな訳で本節では連結な非二部グラフ G に限って議論する．(有限グラフ G が非二部グラフであることと G が奇サイクルを含むことは同値であった．)

(**5.3.1**) **定理** 有限グラフ G は連結であって奇サイクルを含むと仮定する．このとき，配置 $\mathcal{A}_G$ が正規となるためには $\mathcal{A}_G$ が単模被覆を持つことが必要十分である．

証明を遂行するために，幾つかの補題を準備する．一般に，H が G の部分グラフで $E(H)$ が H の辺集合のとき，$\mathcal{A}_G$ の部分集合 $\{\rho(e) \,;\, e \in E(H)\}$ を $\mathcal{A}_H$ と表す．無駄な煩雑さを避けるために，H が G の部分グラフと言うときには，H のそれぞれの連結成分には少なくとも一つの辺が存在するものと約束する．更に，$\mathcal{A}_H$ に属するベクトルを行ベクトルとする行列から（すべての成分が）零（である）列を除去した行列を B_H と表す．すると，B_H の列の個数は H の頂点の個数に一致する．行列 B_H は H の**隣接行列**（incidence matrix）と呼ばれる．

(**5.3.2**) **問**　部分グラフ C が奇サイクルのとき，隣接行列 B_C（は正方行列となるが，その行列）の行列式の絶対値は 2 である．他方，C が偶サイクルのとき，B_C の行列式は 0 である．これを示せ．

(**5.3.3**) **補題**　連結な全域部分グラフ H が d 個の辺を持つとき，隣接行列 B_H（は d 次正方行列となるが，その行列）の行列式 $\neq 0$ となるためには，H が奇サイクルを含むことが必要十分である．更に，H が奇サイクルを含むとき，B_H の行列式の絶対値は 2 である．

[証明]　連結な全域部分グラフ H が d 個の辺を持つならば，H は唯一つのサイクル C を持つ．いま，$H = C$ とすると，問 (5.3.2) から B_H の行列式 $\neq 0$ となるためには C が奇サイクルであることが必要十分である．他方，$C \neq H$ とすると，適当な頂点 i を選ぶと i は H の端点（すなわち，$i \in e$ となる H の辺 e は唯一つしか存在しない）となる．簡単のため，$i = d$ とし，$\{d-1, d\} \in E(H)$ とする．このとき，H から辺 $\{d-1, d\}$ を除去したグラフ H' は頂点集合 $\{1, 2, \cdots, d-1\}$ 上の連結なグラフで $d-1$ 個の辺を持ち，H' はサイクル C を含む．他方，B_H の行列式の絶対値と $B_{H'}$ の行列式の絶対値は一致する．すると，d についての帰納法から望む結果が従う．■

(**5.3.4**) **系**　全域部分グラフ H が d 個の辺を持つとき，隣接行列 B_H（は d 次正方行列となるが，その行列）の行列式 $\neq 0$ となるためには，条件

(i) H' が H の連結成分ならば，H' の頂点の個数と H' の辺の個数は一致する

(ii) H の任意の連結成分は奇サイクルを含む

が満たされることが必要十分である．更に，B_H の行列式 $\neq 0$ のとき，H の連結成分の個数を q とするとき，B_H の行列式の絶対値は 2^q である．

[証明]　全域部分グラフ H は d 個の辺を持つとし，その連結成分を $H_1, H_2, \cdots, H_q$ とする．このとき，行と列を適当に入れ替えると，隣接行列 B_H は

$$B_H = \begin{bmatrix} \boxed{B_{H_1}} & & & \\ & \boxed{B_{H_2}} & & \\ & & \ddots & \\ & & & \boxed{B_{H_q}} \end{bmatrix}$$

と表示される.すると,B_H の行列式が $\neq 0$ となるためには,すべての B_{H_i} が正方行列でその行列式 $\neq 0$ となることが必要十分である.連結成分 H_i に補題 (5.3.3) を使うと,B_{H_i} が正方行列のとき,B_{H_i} の行列式 $\neq 0$ となるためには H_i が奇サイクルを含むことが必要十分である. ∎

(5.3.5)補題　連結な有限グラフ G が奇サイクルを含むならば,配置 $\mathcal{A}_G$ の次元は $d-1$ である.

[証明]　補題 (5.2.1) から,$\mathbf{Q}^d$ の配置 $\mathcal{A}_G$ の部分集合がアフィン独立であることと $\mathbf{Q}$ 上線型独立であることは同値である.特に,$\mathcal{A}_G$ の次元は高々 $d-1$ である.すると,$\mathcal{A}_G$ の次元が $d-1$ であることを示すには,$\mathcal{A}_G$ の d 個の元から成る部分集合で $\mathbf{Q}$ 上線型独立であるものを探せばよい.いま,G は連結であって奇サイクルを含むから,d 個の辺を持つ連結な全域部分グラフ H で奇サイクルを含むものが存在する(下図参照).

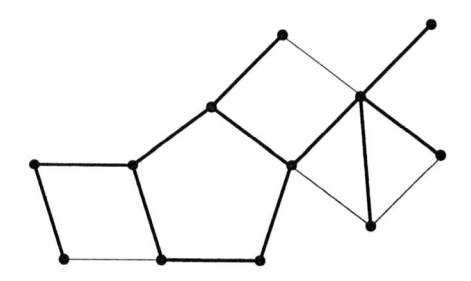

このとき,補題 (5.3.3) から $\mathcal{A}_H$ は $\mathbf{Q}$ 上線型独立である. ∎

(5.3.6)補題　有限グラフ G は連結であって奇サイクルを含むと仮定する.部分グラフ H について,$\mathcal{A}_H$ が $\mathcal{A}_G$ の極大な単体となるには,条件
  (ⅰ)H は全域部分グラフである
  (ⅱ)H' が H の連結成分ならば,H' の頂点の個数と H' の辺の個数は一致する
  (ⅲ)H の任意の連結成分は奇サイクルを含む
が満たされることが必要十分である.更に,極大な単体 $\mathcal{A}_H$ が基本単体となるためには,H が連結であることが必要十分である.

[証明]　配置 $\mathcal{A}_G$ の次元は $d-1$ である.部分グラフ H が全域部分グラフでなければ,$\mathcal{A}_H$ の次元は高々 $d-2$ であるから,$\mathcal{A}_G$ は極大な単体とはならない.す

ると，$\mathcal{A}_H$ が $\mathcal{A}_G$ の極大な単体であるならば，H は全域部分グラフで d 個の辺を持つ．更に，H が全域部分グラフで d 個の辺を持つとき，$\mathcal{A}_H$ が $\mathbf{Q}$ 上線型独立となるには，d 次正方行列 B_H の行列式 $\neq 0$ となることが必要十分であるから，系 (5.3.4) を使えばよい．

次に，d 個の辺を持つ連結な全域部分グラフ H が奇サイクルを含むとし，$E(H) = \{e_{i_1}, e_{i_2}, \cdots, e_{i_d}\}$ とする．このとき，G の任意の辺 $e = \{p, q\}$ があったとき，H が連結で奇サイクルを含むことから，頂点 p と頂点 q を H において長さが奇数の路 $(e_{j_1}, e_{j_2}, \cdots, e_{j_{2k+1}})$ で結ぶことが可能である（下図参照）．

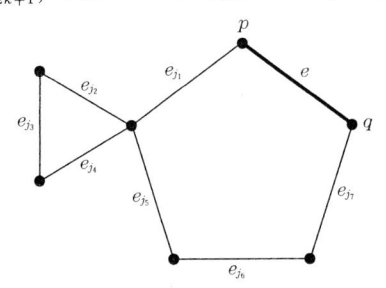

すると，
$$\rho(e) = \rho(e_{j_1}) - \rho(e_{j_2}) + \rho(e_{j_3}) - \cdots - \rho(e_{j_{2k}}) + \rho(e_{j_{2k+1}})$$
である．従って，$\mathbf{Z}\mathcal{A}_G = \mathbf{Z}\mathcal{A}_H$ となり，極大な単体 $\mathcal{A}_H$ は基本単体である．

他方，$\mathcal{A}_H$ が $\mathcal{A}_G$ の極大な単体であるけれども H が非連結であるとすると，G が連結であることから，G の辺 $e = \{p, q\}$ で p と q が H の異なる連結成分に属するものが選べる．このとき，$\rho(e) \notin \mathbf{Z}\mathcal{A}_H$ である．実際，H の連結成分 H' に p が属するとし，H' の頂点を（簡単のため）$1, 2, \cdots, d'$ とすると，$\mathbf{Z}\mathcal{A}_H$ に属する任意の点 $(a_1, a_2, \cdots, a_d)$ の第 1 成分から第 d' 成分までの和 $a_1 + a_2 + \cdots + a_{d'}$ は偶数である．従って，$\rho(e) \notin \mathbf{Z}\mathcal{A}_H$ である． ∎

[定理 (5.3.1) の証明]　単模被覆を持てば正規であることは既知である（命題 (5.2.10)）から，配置 $\mathcal{A}_G$ が正規であると仮定し，$\mathcal{A}_G$ が単模被覆を持つことを導く．いま，$\mathrm{CONV}(\mathcal{A}_G)$ に属する任意の点 α を取ると，命題 (5.2.11) から $\alpha \in \mathrm{CONV}(\mathcal{A}_H)$ となる極大な単体 $\mathcal{A}_H$ が存在する．部分グラフ H は補題 (5.3.6) の条件 (i), (ii), (iii) を満たす．以下，H の連結成分の個数に関する帰納法を使って，$\alpha \in \mathrm{CONV}(\mathcal{A}_{H'})$ となる基本単体 H' が存在することを示す．部分グラフ H が連結ならば $\mathcal{A}_H$ は基本単体であるから，H が連結でないと仮定し，

その連結成分を $H_1, H_2, \cdots, H_q$, $q \geq 2$, とし, H_i に含まれる奇サイクルを C_i とする. 点 α を $\alpha = \sum_{e \in E(H)} r_e \rho(e)$ (但し, $0 \leq r_e \in \mathbf{Q}$, $\sum_{e \in E(H)} r_e = 1$) と表す. いま, $r_e = 0$ となる辺 e が C_i にあったとする. このとき, 任意の $j \neq i$ と C_i と C_j を結ぶ橋の一つ e' を選ぶ. (配置 $\mathcal{A}_G$ は正規であるから奇サイクル条件を満たす. すると, そのような橋は存在する.) いま, H から辺 e を除去し, 辺 e' を添加することで得られる全域部分グラフを H' とすると, H' は補題 (5.3.6) の条件 (i), (ii), (iii) を満たし, $\alpha \in \mathrm{CONV}(\mathcal{A}_{H'})$ である. 全域部分グラフ H' の連結成分の個数は $q-1$ であるから, 帰納法の仮定が使える.

他方, 任意の $e \in \cup_{i=1}^{q} E(C_i)$ について $r_e > 0$ であると仮定し, C_1 と C_2 を結ぶ橋の一つ e^* を選ぶ. 奇サイクル C_1 を辺の列 $(e_0, e_1, \cdots, e_{2s})$ で, C_2 を辺の列 $(e'_0, e'_1, \cdots, e'_{2t})$ と表し, 橋 e^* は $e_0 \cap e_{2s}$ に属する頂点と $e'_0 \cap e'_{2t}$ に属する頂点を結ぶとする (下図参照).

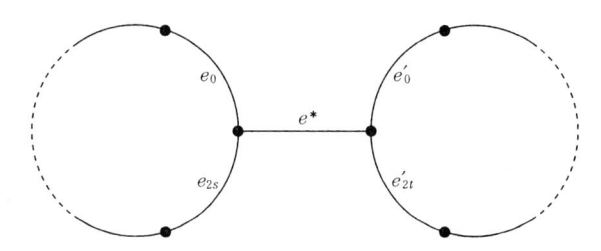

いま, $r_{e_0}, r_{e_2}, \cdots, r_{e_{2s}}, r_{e'_0}, r_{e'_2}, \cdots, r_{e'_{2t}}$ のなかで最小のものを $r > 0$ と置くと,

$$\alpha = 2r\rho(e^*) + \sum_{i=0}^{s}(r_{e_{2i}} - r)\rho(e_{2i}) + \sum_{i=1}^{s}(r_{e_{2i-1}} + r)\rho(e_{2i-1})$$
$$+ \sum_{j=0}^{t}(r_{e'_{2j}} - r)\rho(e'_{2j}) + \sum_{j=1}^{t}(r_{e'_{2j-1}} + r)\rho(e'_{2j-1})$$
$$+ \sum_{e \in E(H) \setminus (E(C_1) \cup E(C_2))} r_e \rho(e)$$

となるが, r の決め方から $r_{e_{2i}} - r$ ($0 \leq i \leq s$) と $r_{e'_{2j}} - r$ ($0 \leq j \leq t$) のなかの少なくとも一つは 0 である. たとえば, $r_{e_{2i_0}} - r = 0$ とすると, H から辺 e_{2i_0} を除去し, 辺 e^* を添加することで得られる全域部分グラフを H' とすると, H' は補題 (5.3.6) の条件 (i) 〜 (iii) を満たし, $\alpha \in \mathrm{CONV}(\mathcal{A}_{H'})$ である. 全域部分グラフ H' の連結成分の個数は $q-1$ であるから, 帰納法の仮定が使える. ∎

6

正則三角形分割

配置の正則三角形分割とトーリックイデアルのイニシャルイデアルとの相互関係の基礎を [24, Chapter 8] に沿って紹介する．三角形分割の正則性は幾何的に導入され，その概念がトーリックイデアルのイニシャルイデアルを使って特徴付けられる，という具合に一般論は展開されるのが慣習であるけれども，本著では正則三角形分割を幾何的に扱うことは避け，トーリックイデアルのイニシャルイデアルから構成される三角形分割を正則三角形分割と呼ぶことにする．（そのようにしても正則三角形分割の理論の本質が何ら損なわれることはない．）単模な正則三角形分割をイニシャルイデアルの根基を使って特徴付ける定理 (6.2.1) は組合せ論における Gröbner 基底の演じる魅惑的な役割を端的に物語るが，その証明を遂行するときには拙著 [12] などで展開されている可換代数と組合せ論の道具をちょっと借用するから，Stanley-Reisner 環，Ehrhart 多項式などを耳にした経験を有しない読者は定理 (6.2.1) の証明は後回しとするのも一案である．他方，§4.3 で展開された A 型根系の Gröbner 基底の議論を継承し，§6.3 においては [10] に沿って A 型根系の配置 $\tilde{\mathbf{A}}_{d-1}$ の三角形分割を議論する．

§6.1 正則三角形分割の概念

次元 δ の配置 $\mathcal{A} = \{\mathbf{a}_1, \mathbf{a}_2, \cdots, \mathbf{a}_n\} \subset \mathbf{Z}^d$ のトーリック環 $K[\mathcal{A}] = K[\mathbf{t}^{\mathbf{a}_1}, \mathbf{t}^{\mathbf{a}_2}, \cdots, \mathbf{t}^{\mathbf{a}_n}] \subset K[\mathbf{t}, \mathbf{t}^{-1}]$ とトーリックイデアル $I_\mathcal{A} \subset K[\mathbf{x}]$ を議論する．

多項式環 $K[\mathbf{x}]$ の単項式順序 $<$ を固定し，トーリックイデアル $I_\mathcal{A}$ の $<$ に関するイニシャルイデアル $\mathrm{in}_<(I_\mathcal{A})$ の**根基** (radical) $\sqrt{\mathrm{in}_<(I_\mathcal{A})}$ を

$$\sqrt{\mathrm{in}_<(I_\mathcal{A})} = \{\, f \in K[\mathbf{x}] \,;\, f^N \in \mathrm{in}_<(I_\mathcal{A}) \text{ となる整数 } N > 0 \text{ が存在する}\,\}$$

と定義する．（但し，$N > 0$ は f に依存してもよい．）すると，$\mathrm{in}_<(I_\mathcal{A}) \subset \sqrt{\mathrm{in}_<(I_\mathcal{A})}$ である．

一般に，単項式 $u = x_1^{b_1} x_2^{b_2} \cdots x_n^{b_n} \in K[\mathbf{x}]$ の根基と呼ばれる単項式 $\sqrt{u}$ を

$$\sqrt{u} = \prod_{i\,:\,b_i > 0} x_i$$

と定義する．たとえば，$\sqrt{x_1^3 x_2 x_4^5} = x_1 x_2 x_4$ である．すると，$\sqrt{u} = u$ であるためには，それぞれの変数 x_i の冪指数 b_i が高々1であることが必要十分である．以下，$\sqrt{u} = u$ となる単項式 u を**平方自由な単項式**（squarefree monomial）と呼ぶ．

(6.1.1) 補題 (a) 根基 $\sqrt{\mathrm{in}_<(I_{\mathcal{A}})}$ は $K[\mathbf{x}]$ のイデアルである．

(b) イニシャルイデアル $\mathrm{in}_<(I_{\mathcal{A}})$ の単項式から成る極小生成系（すなわち，$\mathrm{in}_<(I_{\mathcal{A}})$ に属する単項式全体の集合における整除関係による順序 $\leq$ を考え，$\leq$ に関する極小元全体の集合）を $\{u_1, u_2, \cdots, u_s\}$ とするとき，

$$\sqrt{\mathrm{in}_<(I_{\mathcal{A}})} = (\sqrt{u_1}, \sqrt{u_2}, \cdots, \sqrt{u_s})$$

である．

(c) 更に，$\mathrm{in}_<(I_{\mathcal{A}}) = \sqrt{\mathrm{in}_<(I_{\mathcal{A}})}$ となるためには $\sqrt{u_i} = u_i$，$1 \leq i \leq s$，となることが必要十分である．

[証明] (a) いま，$f, g \in \sqrt{\mathrm{in}_<(I_{\mathcal{A}})}$ とし，$f^N, g^{N'} \in \mathrm{in}_<(I_{\mathcal{A}})$ となる整数 $N, N' > 0$ を取ると，$(f+g)^{N+N'}, (f-g)^{N+N'} \in \mathrm{in}_<(I_{\mathcal{A}})$ であるから，$f + g, f - g \in \sqrt{\mathrm{in}_<(I_{\mathcal{A}})}$ である．更に，任意の $h \in K[\mathbf{x}]$ について $(fh)^N = f^N h^N \in \mathrm{in}_<(I_{\mathcal{A}})$ であるから，$fh \in \sqrt{\mathrm{in}_<(I_{\mathcal{A}})}$ である．従って，$\sqrt{\mathrm{in}_<(I_{\mathcal{A}})}$ は $K[\mathbf{x}]$ のイデアルである．

(b) 単項式 $u = x_1^{b_1} x_2^{b_2} \cdots x_n^{b_n} \in \mathrm{in}_<(I_{\mathcal{A}})$ があったとき，$N = \max\{b_1, b_2, \cdots, b_n\}$ と置くと，$\sqrt{u}^N$ は u で割り切れるから $\sqrt{u}^N \in \mathrm{in}_<(I_{\mathcal{A}})$ である．すると，単項式 $\sqrt{u_1}, \sqrt{u_2}, \cdots, \sqrt{u_s}$ は $\sqrt{\mathrm{in}_<(I_{\mathcal{A}})}$ に属する．他方，$0 \neq f \in \sqrt{\mathrm{in}_<(I_{\mathcal{A}})}$ とし，f を $f = \sum_{k=1}^{\ell} c_k w_k$ ($0 \neq c_k \in K$，w_k は単項式，$w_1 = \mathrm{in}_<(f)$) と表すと，$f^N \in \mathrm{in}_<(I_{\mathcal{A}})$ ならば，$f^N = \sum_{i=1}^{s} h_i u_i$ となる多項式 $h_1, h_2, \cdots, h_s$ が存在するから，$\mathrm{in}_<(f^N) = w_1^N$ はいずれかの u_i で割り切れる．すると，$w_1 \in (\sqrt{u_1}, \sqrt{u_2}, \cdots, \sqrt{u_s})$ である．従って，$f - w_1 \in \sqrt{\mathrm{in}_<(I_{\mathcal{A}})}$ である．すると，ℓ に関する帰納法を使うと，$f - w_1 \in (\sqrt{u_1}, \sqrt{u_2}, \cdots, \sqrt{u_s})$ であるから，$f \in (\sqrt{u_1}, \sqrt{u_2}, \cdots, \sqrt{u_s})$ を得る．（注意：単項式の集合 $\{\sqrt{u_1}, \sqrt{u_2}, \cdots, \sqrt{u_s}\}$ は

$\sqrt{\mathrm{in}_<(I_\mathcal{A})}$ の極小生成系とは限らない．たとえば，$\mathrm{in}_<(I_\mathcal{A}) = (x_1^2 x_2 x_3, x_2^2 x_3)$ とすると $\sqrt{\mathrm{in}_<(I_\mathcal{A})} = (x_2 x_3)$ である．)

(c) 実際，$\sqrt{u_i}$ は u_i を割り切るから，u_j $(j \neq i)$ は $\sqrt{u_i}$ を割り切ることはできない．従って，$\sqrt{u_i} \neq u_i$ とすると，$\sqrt{u_i} \notin \mathrm{in}_<(I_\mathcal{A})$ であるから，$\mathrm{in}_<(I_\mathcal{A}) \neq \sqrt{\mathrm{in}_<(I_\mathcal{A})}$ である． ∎

イニシャルイデアル $\mathrm{in}_<(I_\mathcal{A})$ が**平方自由** (squarefree) であるとは $\mathrm{in}_<(I_\mathcal{A}) = \sqrt{\mathrm{in}_<(I_\mathcal{A})}$ となるときに言う．

(**6.1.2**) **補題**　　配置 $\mathcal{A}$ の部分集合 F が条件

(**6.1.3**)
$$\prod_{\mathbf{a}_i \in F} x_i \notin \sqrt{\mathrm{in}_<(I_\mathcal{A})}$$

を満たすならば F はアフィン独立（すなわち，$\mathcal{A}$ に属する単体）である．

[証明]　　部分集合 $F = \{\mathbf{a}_{i_1}, \mathbf{a}_{i_2}, \cdots, \mathbf{a}_{i_N}\} \subset \mathcal{A}$ がアフィン独立でないとすると

$$q_1 \mathbf{a}_{i_1} + q_2 \mathbf{a}_{i_2} + \cdots + q_N \mathbf{a}_{i_N} = \mathbf{0}$$
$$q_1 + q_2 + \cdots + q_N = 0$$

を満たす整数の N 個の組 $(q_1, q_2, \cdots, q_N) \neq (0, 0, \cdots, 0)$ が存在する．すると，$U = \{k \,;\, q_k > 0,\, 1 \leq k \leq N\}$，$V = \{k \,;\, q_k < 0,\, 1 \leq k \leq N\}$ と置くと

$$\sum_{k \in U} q_k \mathbf{a}_{i_k} = \sum_{k' \in V} -q_{k'} \mathbf{a}_{i_{k'}}$$

である．従って，$K[\mathbf{t}, \mathbf{t}^{-1}]$ において

$$\prod_{k \in U} (\mathbf{t}^{\mathbf{a}_{i_k}})^{q_k} = \prod_{k \in V} (\mathbf{t}^{\mathbf{a}_{i_{k'}}})^{-q_{k'}}$$

である．すると，二項式

$$\prod_{k \in U} x_{i_k}^{q_k} - \prod_{k' \in V} x_{i_{k'}}^{-q_{k'}}$$

はトーリックイデアル $I_\mathcal{A}$ に属する．従って，$u = \prod_{k \in U} x_{i_k}^{q_k}$ と $v = \prod_{k' \in V} x_{i_{k'}}^{-q_{k'}}$ のどちらかはイニシャルイデアル $\mathrm{in}_<(I_\mathcal{A})$ に属する．すると，$\sqrt{u}$ と $\sqrt{v}$ のどちらかは根基 $\sqrt{\mathrm{in}_<(I_\mathcal{A})}$ に属する．従って，$\prod_{\mathbf{a}_i \in F} x_i$ も $\sqrt{\mathrm{in}_<(I_\mathcal{A})}$ に属する． ∎

いま，$F \subset \mathcal{A}$ で条件（6.1.3）を満たすものの全体から成る集合を $\Delta(\mathrm{in}_<(I_\mathcal{A}))$ と表す．

$$\Delta(\mathrm{in}_<(I_\mathcal{A})) = \{\, F \subset \mathcal{A} \,;\, \prod_{\mathbf{a}_i \in F} x_i \not\in \sqrt{\mathrm{in}_<(I_\mathcal{A})} \,\}$$

すると，$\Delta(\mathrm{in}_<(I_\mathcal{A}))$ は $\mathcal{A}$ の単体から成る集合である．

（6.1.4）定理 配置 $\mathcal{A}$ の単体から成る集合 $\Delta(\mathrm{in}_<(I_\mathcal{A}))$ は $\mathcal{A}$ の三角形分割である．

定理（6.1.4）の証明を遂行するには $\mathrm{in}_<(I_\mathcal{A}) = \mathrm{in}_\omega(I_\mathcal{A})$ となる重みベクトル ω の存在（補題（2.3.12））が本質的である．なお，補題（2.3.12）の証明には線型計画における Farkas の補題（1.2.5）が必要であった．

［**定理（6.1.4）の証明**］ （第 1 段） 配置 $\mathcal{A}$ の単体から成る集合 $\Delta(\mathrm{in}_<(I_\mathcal{A}))$ が三角形分割の条件（i）を満たすことは明白である．

（第 2 段） 任意の $F, F' \in \Delta(\mathrm{in}_<(I_\mathcal{A}))$ について，等式 $\mathrm{CONV}(F) \cap \mathrm{CONV}(F') = \mathrm{CONV}(F \cap F')$ を示す．いま，$\mathrm{CONV}(F) \cap \mathrm{CONV}(F') \neq \mathrm{CONV}(F \cap F')$ と仮定すると，$\mathrm{CONV}(F) \cap \mathrm{CONV}(F')$ は $\mathrm{CONV}(F \cap F')$ を真に含むから，等式

$$\sum_{\mathbf{a}_i \in F \cap F'} q_i \mathbf{a}_i + \sum_{\mathbf{a}_j \in F \setminus F'} q_j \mathbf{a}_j = \sum_{\mathbf{a}_i \in F \cap F'} q'_i \mathbf{a}_i + \sum_{\mathbf{a}_k \in F' \setminus F} q_k \mathbf{a}_k,$$

$$\sum_{\mathbf{a}_i \in F \cap F'} q_i + \sum_{\mathbf{a}_j \in F \setminus F'} q_j = \sum_{\mathbf{a}_i \in F \cap F'} q'_i + \sum_{\mathbf{a}_k \in F' \setminus F} q_k$$

を満たす非負整数 q_i, q'_i, q_j, q_k（但し，少なくとも一つの q_j は 0 ではなく，少なくとも一つの q_k は 0 ではない）が存在する．すると，二項式

$$\prod_{\mathbf{a}_i \in F \cap F'} x_i^{q_i} \prod_{\mathbf{a}_j \in F \setminus F'} x_j^{q_j} - \prod_{\mathbf{a}_i \in F \cap F'} x_i^{q'_i} \prod_{\mathbf{a}_k \in F' \setminus F} x_k^{q_k}$$

はトーリックイデアル $I_\mathcal{A}$ に属する．従って，$u = \prod_{\mathbf{a}_i \in F \cap F'} x_i^{q_i} \prod_{\mathbf{a}_j \in F \setminus F'} x_j^{q_j}$ と $v = \prod_{\mathbf{a}_i \in F \cap F'} x_i^{q'_i} \prod_{\mathbf{a}_k \in F' \setminus F} x_k^{q_k}$ のどちらかはイニシャルイデアル $\mathrm{in}_<(I_\mathcal{A})$ に属する．すると，$\sqrt{u}$ と $\sqrt{v}$ のどちらかは根基 $\sqrt{\mathrm{in}_<(I_\mathcal{A})}$ に属する．従って，$\prod_{\mathbf{a}_i \in F} x_i$ と $\prod_{\mathbf{a}_i \in F'} x_i$ のどちらかは根基 $\sqrt{\mathrm{in}_<(I_\mathcal{A})}$ に属し，$F, F' \in \Delta(\mathrm{in}_<(I_\mathcal{A}))$ に矛盾する．

(第 3 段) 等式 $\mathrm{CONV}(\mathcal{A}) = \bigcup_{F \in \Delta(\mathrm{in}_<(I_\mathcal{A}))} \mathrm{CONV}(F)$ を示す. 重みベクトル ω で $\mathrm{in}_<(I_\mathcal{A}) = \mathrm{in}_\omega(I_\mathcal{A})$ となるものを固定する (補題 (2.3.12)). 仮に, $\mathrm{CONV}(\mathcal{A}) \neq \bigcup_{F \in \Delta(\mathrm{in}_<(I_\mathcal{A}))} \mathrm{CONV}(F)$ とし, $\alpha \in \mathrm{CONV}(\mathcal{A}) \cap \mathbf{Q}^n$ を $\alpha \notin \bigcup_{F \in \Delta(\mathrm{in}_<(I_\mathcal{A}))} \mathrm{CONV}(F)$ となるように選ぶ. さて, $\alpha = \sum_{i=1}^n r_i \mathbf{a}_i$, $0 \leq r_i \in \mathbf{Q}$, $\sum_{i=1}^n r_i = 1$, と表せるが, そのような表示のなかで内積 $\langle \omega, (r_1, r_2, \cdots, r_n) \rangle$ が最小となるものが存在する. 実際, そのような表示に現れる $(r_1, r_2, \cdots, r_n) \in \mathbf{Q}^n$ の全体 X は距離空間 $\mathbf{Q}^n$ の有界閉集合である. 他方, 内積 $\langle \omega, (r_1, r_2, \cdots, r_n) \rangle$ は X 上の連続函数である. すると, 最大値・最小値の定理から $\langle \omega, (r_1, r_2, \cdots, r_n) \rangle$ が最小となる $(r_1, r_2, \cdots, r_n)$ が存在する.

内積 $\langle \omega, (r_1, r_2, \cdots, r_n) \rangle$ が最小となる $(r_1, r_2, \cdots, r_n)$ を選び, 有理数 $r_1, r_2, \cdots, r_n$ の共通分母を $0 < N \in \mathbf{Z}$ とし, $r_i = q_i/N$, $0 \leq q_i \in \mathbf{Z}$, と置く. すると, $N\alpha = \sum_{i=1}^n q_i \mathbf{a}_i$, $\sum_{i=1}^n q_i = N$, である. このとき, 次数 N の単項式 $u = \prod_{i=1}^n x_i^{q_i}$ は $\sqrt{\mathrm{in}_<(I_\mathcal{A})}$ に属する. 実際, 属さないとすると, $F = \{\mathbf{a}_i \in \mathcal{A}; r_i \neq 0\} \in \Delta(\mathrm{in}_<(I_\mathcal{A}))$ であるから $\alpha \in \bigcup_{F \in \Delta(\mathrm{in}_<(I_\mathcal{A}))} \mathrm{CONV}(F)$ となる. すると, 整数 $m > 0$ が存在して $u^m = \prod_{i=1}^n x_i^{mq_i} \in \mathrm{in}_<(I_\mathcal{A})$ となる. Macaulay の定理 (2.3.9) から $u^m - \prod_{i=1}^n x_i^{p_i} \in I_\mathcal{A}$, $\prod_{i=1}^n x_i^{p_i} \notin \mathrm{in}_<(I_\mathcal{A})$ となる次数 Nm の単項式 $v = \prod_{i=1}^n x_i^{p_i}$ が存在する. (定理 (2.3.9) が言っていることは, 任意の単項式 $\mathbf{t}^\mathbf{a} \in K[\mathcal{A}]$ について, $\pi(u) = \mathbf{t}^\mathbf{a}$ となる単項式 $u \in K[\mathbf{x}]$ で $u \notin \mathrm{in}_<(I_\mathcal{A})$ となるものが唯一つ存在する, ということである.)

いま, $\mathrm{in}_<(I_\mathcal{A}) = \mathrm{in}_\omega(I_\mathcal{A})$ であるから

(**6.1.5**) $\qquad \langle \omega, (mq_1, mq_2, \cdots, mq_n) \rangle > \langle \omega, (p_1, p_2, \cdots, p_n) \rangle$

である. 実際, $\langle \omega, (mq_1, mq_2, \cdots, mq_n) \rangle < \langle \omega, (p_1, p_2, \cdots, p_n) \rangle$ とすると, $v = \mathrm{in}_\omega(u^m - v) \in \mathrm{in}_\omega(I_\mathcal{A})$ となる. 他方, $\langle \omega, (mq_1, mq_2, \cdots, mq_n) \rangle = \langle \omega, (p_1, p_2, \cdots, p_n) \rangle$ とすると, $\mathrm{in}_\omega(u^m - v) = u^m - v \in \mathrm{in}_\omega(I_\mathcal{A})$ であるから, $u^m \in \mathrm{in}_\omega(I_\mathcal{A})$ から $v \in \mathrm{in}_\omega(I_\mathcal{A})$ となる.

さて, $u^m - \prod_{i=1}^n x_i^{p_i} \in I_\mathcal{A}$ から $mN\alpha = \sum_{i=1}^n mq_i \mathbf{a}_i = \sum_{i=1}^n p_i \mathbf{a}_i$ である. 従って, $\alpha = \sum_{i=1}^n (p_i/mN) \mathbf{a}_i$, $\sum_{i=1}^n p_i/mN = 1$ である. しかし, (6.1.5) から $\langle \omega, (r_1, r_2, \cdots, r_n) \rangle > \langle \omega, (p_1/mN, p_2/mN, \cdots, p_n/mN) \rangle$ であるから, 内積 $\langle \omega, (r_1, r_2, \cdots, r_n) \rangle$ の最小性に矛盾する. ∎

配置 $\mathcal{A}$ の三角形分割 Δ が正則 (regular) であるとは, $\Delta = \Delta(\mathrm{in}_<(I_\mathcal{A}))$ とな

る単項式順序 < が存在するときに言う．

(**6.1.6**) 問　　配置 $\mathcal{A} = \{(0,0,1), (1,0,1), (0,1,1), (1,1,1)\} \subset \mathbf{Z}^3$ は 2 個の三角形分割を持つ．それらはどちらも正則であることを示せ．

(**6.1.7**) 例　　正則でない三角形分割の典型的な例を挙げる．空間 $\mathbf{Q}^3$ の配置 $\mathcal{A} = \{\mathbf{a}_1, \mathbf{a}_2, \mathbf{a}_3, \mathbf{a}_4, \mathbf{a}_5, \mathbf{a}_6\}$ を $\mathbf{a}_1 = (0,1,1)$, $\mathbf{a}_2 = (2,-1,1)$, $\mathbf{a}_3 = (-2,-1,1)$, $\mathbf{a}_4 = (0,2,1)$, $\mathbf{a}_5 = (4,-2,1)$, $\mathbf{a}_6 = (-4,-2,1)$ とする．このとき，$\mathcal{A}$ の次元は $\delta = 2$ である．下図の 7 個の三角形（及びそれらの辺と頂点）から成る $\mathcal{A}$ の三角形分割 Δ は正則ではない．実際，$\Delta = \Delta(\text{in}_<(I_\mathcal{A}))$ となる単項式順序 $<$ が存在すると仮定すると，二項式

$$x_2^2 x_4 - x_1^2 x_5, \ x_3^2 x_5 - x_2^2 x_6, \ x_1^2 x_6 - x_3^2 x_4$$

はいずれもトーリックイデアル $I_\mathcal{A}$ に属するが，$x_1 x_5$, $x_2 x_6$, $x_3 x_4$ は $\sqrt{\text{in}_<(I_\mathcal{A})}$ に属することはできないから，

$$x_2^2 x_4 > x_1^2 x_5, \ x_3^2 x_5 > x_2^2 x_6, \ x_1^2 x_6 > x_3^2 x_4$$

である．すると，

$$(x_2^2 x_4)(x_3^2 x_5)(x_1^2 x_6) > (x_1^2 x_5)(x_2^2 x_6)(x_3^2 x_4)$$

である．従って，$x_1^2 x_2^2 x_3^2 x_4 x_5 x_6 < x_1^2 x_2^2 x_3^2 x_4 x_5 x_6$ となり矛盾．

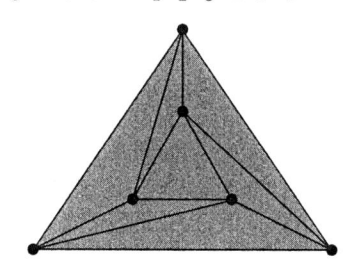

§6.2　正則単模三角形分割

前節 §6.1 の議論を踏襲し，正則単模な三角形分割の理論を展開する．配置の三角形分割の理論におけるトーリックイデアルのイニシャルイデアルの演じる魅惑的な役割は次の定理が端的に語る．

(**6.2.1**) **定理** 　　三角形分割 $\Delta(\mathrm{in}_<(I_\mathcal{A}))$ が単模であるためには $\mathrm{in}_<(I_\mathcal{A})$ が平方自由（すなわち，$\sqrt{\mathrm{in}_<(I_\mathcal{A})} = \mathrm{in}_<(I_\mathcal{A})$）となることが必要十分である．

定理 (6.2.1) を証明する際には Stanley [22]，拙著 [11]，[12] などで使われている可換代数と組合せ論の道具を借用する．可換代数と組合せ論の道具を準備し，定理 (6.2.1) の証明を紹介する．

● 配置 $\mathcal{A}$ の部分集合 W が $\Delta(\mathrm{in}_<(I_\mathcal{A}))$ の面であるとは $W \in \Delta(\mathrm{in}_<(I_\mathcal{A}))$ なるときに言うのであった．いま，$\Delta(\mathrm{in}_<(I_\mathcal{A}))$ の $i+1$ 個の元から成る面の個数を f_i と置き，数列

$$f(\Delta(\mathrm{in}_<(I_\mathcal{A}))) = (f_0, f_1, \cdots, f_\delta)$$

を $\Delta(\mathrm{in}_<(I_\mathcal{A}))$ の **f** 列と呼ぶ．

(**6.2.2**) **補題** 　　単項式 $u = x_1^{q_1} x_2^{q_2} \cdots x_n^{q_n} \in K[\mathbf{x}]$ が $\sqrt{\mathrm{in}_<(I_\mathcal{A})}$ に属さないためには，$W = \{\mathbf{a}_i \, ; \, q_i > 0\}$ が $\Delta(\mathrm{in}_<(I_\mathcal{A}))$ の面となることが必要十分である．

[証明] 　　根基 $\sqrt{\mathrm{in}_<(I_\mathcal{A})}$ は平方自由な単項式で生成される．すると，単項式 $u = x_1^{q_1} x_2^{q_2} \cdots x_n^{q_n} \in K[\mathbf{x}]$ が $\sqrt{\mathrm{in}_<(I_\mathcal{A})}$ に属さないことと $\sqrt{u} = \prod_{q_i>0} x_i (= \prod_{\mathbf{a}_i \in W} x_i)$ が $\sqrt{\mathrm{in}_<(I_\mathcal{A})}$ に属さないことは同値である． ■

(**6.2.3**) **系** 　　根基 $\sqrt{\mathrm{in}_<(I_\mathcal{A})}$ に属さない次数 N の単項式の個数は $\sum_{i=0}^{\delta} f_i \binom{N-1}{i}$ である．但し，$N = 1, 2, \cdots$ である．

[証明] 　　三角形分割 $\Delta(\mathrm{in}_<(I_\mathcal{A}))$ の $i+1$ 個の元から成る面 $W \in \Delta(\mathrm{in}_<(I_\mathcal{A}))$ を固定すると，$\sqrt{\mathrm{in}_<(I_\mathcal{A})}$ に属さない次数 N の単項式 $u = x_1^{q_1} x_2^{q_2} \cdots x_n^{q_n}$ で $W = \{\mathbf{a}_i \, ; \, q_i > 0\}$ となるものの個数は $\binom{(i+1)+(N-i-1)-1}{N-i-1} = \binom{N-1}{i}$ である．そのような W の個数が f_i であるから $\sqrt{\mathrm{in}_<(I_\mathcal{A})}$ に属さない次数 N の単項式はちょうど $\sum_{i=0}^{\delta} f_i \binom{N-1}{i}$ 個ある． ■

● 有限集合 $N\mathrm{CONV}(\mathcal{A}) \cap \mathbf{Z}\mathcal{A}$ の元の個数を $i(\mathcal{A}; N)$ と置き，$\mathcal{A}$ の**正規化 Ehrhart 函数**と呼ぶ．

$$i(\mathcal{A}; N) = \sharp(N\mathrm{CONV}(\mathcal{A}) \cap \mathbf{Z}\mathcal{A}), \quad N = 1, 2, \cdots$$

但し，$N\mathrm{CONV}(\mathcal{A}) = \{N\mathbf{a} \, ; \, \mathbf{a} \in \mathrm{CONV}(\mathcal{A})\}$，$\sharp(X)$ は有限集合 X に属する元

の個数を表す．

● トーリック環 $K[\mathcal{A}]$ はそれぞれの単項式 $t_i^{\mathbf{a}_i}$ の次数を 1 とする次数環の構造を持つ（補題 (4.1.6)）．いま，$K[\mathcal{A}]$ に属する次数 N の単項式の個数を $H(K[\mathcal{A}];N)$ と置く．函数 $H(K[\mathcal{A}];N)$ は $K[\mathcal{A}]$ の **Hilbert 函数**と呼ばれる．

$$H(K[\mathcal{A}];N) = \sharp(\{\mathbf{t}^{\mathbf{a}} \in K[\mathcal{A}] \,;\, \deg(\mathbf{t}^{\mathbf{a}}) = N\}), \quad N = 1, 2, \cdots$$

但し，$\deg(\mathbf{t}^{\mathbf{a}})$ は単項式 $\mathbf{t}^{\mathbf{a}}$ の次数を表す．すると，Macaulay の定理 (2.3.9) を使うと，

(6.2.4) 補題 イニシャルイデアル $\mathrm{in}_<(I_\mathcal{A})$ に属さない次数 N の単項式 $u \in K[\mathbf{x}]$ の個数は $H(K[\mathcal{A}];N)$ に一致する．但し，$N = 1, 2, \cdots$ である．

定理 (6.2.1) は次の定理 (6.2.5) から直ちに導かれる．

(6.2.5) 定理 (a) 三角形分割 $\Delta(\mathrm{in}_<(I_\mathcal{A}))$ の f 列 $f(\Delta(\mathrm{in}_<(I_\mathcal{A}))) = (f_0, f_1, \cdots, f_\delta)$，正規化 Ehrhart 函数 $i(\mathcal{A};N)$ と Hilbert 函数 $H(K[\mathcal{A}];N)$ について，不等式

$$\sum_{i=0}^{\delta} f_i \binom{N-1}{i} \leq H(K[\mathcal{A}];N) \leq i(\mathcal{A};N), \quad N = 1, 2, \cdots$$

が成立する．

(b) 配置 $\mathcal{A}$ が正規であるためには $H(K[\mathcal{A}];N) = i(\mathcal{A};N)$ $(N = 1, 2, \cdots)$ が成立することが必要十分である．

(c) 三角形分割 $\Delta(\mathrm{in}_<(I_\mathcal{A}))$ が単模であるためには，等式

$$(6.2.6) \qquad H(K[\mathcal{A}];N) = \sum_{i=0}^{\delta} f_i \binom{N-1}{i}, \quad N = 1, 2, \cdots$$

が成立することが必要十分である．

[証明] (a) いま，$\mathrm{in}_<(I_\mathcal{A}) \subset \sqrt{\mathrm{in}_<(I_\mathcal{A})}$ であるから，系 (6.2.3) と補題 (6.2.4) を使うと，左側の不等式が得られる．更に，次数 N の単項式 $\prod_{i=1}^{d}(t_i^{\mathbf{a}_i})^{q_i}$ が $K[\mathcal{A}]$ に属するならば $\sum_{i=1}^{d} q_i \mathbf{a}_i$ は $N\mathrm{CONV}(\mathcal{A}) \cap \mathbf{Z}\mathcal{A}$ に属する．但し，$N = \sum_{i=1}^{d} q_i$ である．すると，右側の不等式が従う．

(b) 配置 $\mathcal{A}$ が原点を通過しない超平面 (4.1.1) に含まれるとすると, $N\mathrm{CONV}(\mathcal{A})$ は $N\mathcal{H}$ に含まれる. すると, $N \neq N'$ ならば $N\mathrm{CONV}(\mathcal{A}) \cap N'\mathrm{CONV}(\mathcal{A}) = \emptyset$ である. 次に, 等式

$$(6.2.7) \qquad \mathbf{Q}_{\geq 0}\mathcal{A} \cap \mathbf{Z}\mathcal{A} = \{\mathbf{0}\} \bigcup \left(\bigcup_{N=1}^{\infty} (N\mathrm{CONV}(\mathcal{A}) \cap \mathbf{Z}\mathcal{A}) \right)$$

を示す. 実際, $N\mathrm{CONV}(\mathcal{A})$ は $\mathbf{Q}_{\geq 0}\mathcal{A}$ に含まれる ($N=1,2,\cdots$) から, (6.2.7) の右辺は左辺に含まれる. 他方, $\mathbf{Q}_{\geq 0}\mathcal{A} \cap \mathbf{Z}\mathcal{A}$ に属する任意の点 α を非負有理数 r_i と整数 q_i を使って $\alpha = \sum_{i=1}^{d} r_i \mathbf{a}_i = \sum_{i=1}^{d} q_i \mathbf{a}_i$ と表す. 配置 $\mathcal{A}$ が原点を通過しない超平面 (4.1.1) に含まれるとすると, 内積 $\langle \alpha, (c_1, c_2, \cdots, c_d) \rangle$ を計算すると, $\sum_{i=1}^{d} r_i = \sum_{i=1}^{d} q_i$ が従う. すると, $\sum_{i=1}^{d} r_i$ は非負整数である. いま, $\sum_{i=1}^{d} r_i = N$ と置くと, $\alpha \in N\mathrm{CONV}(\mathcal{A}) \cap \mathbf{Z}\mathcal{A}$ である.

等式 (6.2.7) から $\mathcal{A}$ が正規であるためには

$$(6.2.8) \qquad \mathbf{Z}_{\geq 0}\mathcal{A} = \{\mathbf{0}\} \bigcup \left(\bigcup_{N=1}^{\infty} (N\mathrm{CONV}(\mathcal{A}) \cap \mathbf{Z}\mathcal{A}) \right)$$

が成立することが必要十分である. 等式 (6.2.8) は

$$(6.2.9) \qquad \mathbf{Z}_{\geq 0}\mathcal{A} \cap N\mathcal{H} = N\mathrm{CONV}(\mathcal{A}) \cap \mathbf{Z}\mathcal{A}, \quad N=1,2,\cdots$$

と同値である. 等式 (6.2.9) の左辺に属する整数点の個数は $H(K[\mathcal{A}]; N)$, 右辺に属する整数点の個数は $i(\mathcal{A}; N)$ である. 等式 (6.2.9) の左辺は右辺に含まれるから, 等式 (6.2.8) が成立するためには, $H(K[\mathcal{A}]; N) = i(\mathcal{A}; N)$ ($N=1,2,\cdots$) が成立することが必要十分である.

(c) 一般に, W が $\mathcal{A}$ に属する単体のとき, 凸閉包 $\mathrm{CONV}(W)$ の内部 $\mathrm{CONV}^{\star}(W)$ を

$$\mathrm{CONV}^{\star}(W) = \left\{ \sum_{\mathbf{a}_i \in W} r_i \mathbf{a}_i \,;\, 0 < r_i \in \mathbf{Q}, \sum_{\mathbf{a}_i \in W} r_i = 1 \right\}$$

と定義する.

三角形分割 $\Delta(\mathrm{in}_<(I_\mathcal{A}))$ の面 W と W' について $\mathrm{CONV}(W) \cap \mathrm{CONV}(W') = \mathrm{CONV}(W \cap W')$ であるから, W と W' が異なる面であれば $\mathrm{CONV}^{\star}(W) \cap$

$\text{CONV}^\star(W') = \emptyset$ である.すると,凸閉包 $\text{CONV}(\mathcal{A})$ は
$$\text{CONV}(\mathcal{A}) = \bigcup_{W \in \Delta(\text{in}_<(I_\mathcal{A}))} \text{CONV}^\star(W)$$
と(集合としての)直和(に)分解される.従って,

(**6.2.10**) $N\text{CONV}(\mathcal{A}) \cap \mathbf{Z}_{\geq 0}\mathcal{A} = \bigcup_{W \in \Delta(\text{in}_<(I_\mathcal{A}))} (N\text{CONV}^\star(W) \cap \mathbf{Z}_{\geq 0}\mathcal{A})$

である.

等式 (6.2.10) の左辺に現れる有限集合の元の個数は $H(K[\mathcal{A}]; N)$ である.他方,W を $\Delta(\text{in}_<(I_\mathcal{A}))$ の $i+1$ 個の元から成る面とすると,有限集合 $N\text{CONV}^\star(W) \cap \mathbf{Z}_{\geq 0}\mathcal{A}$ に属する元の個数は少なくとも $\binom{N-1}{i}$ である.すると,等式 (6.2.10) の右辺に現れる有限集合に属する元の個数は少なくとも $\sum_{i=0}^{\delta} f_i \binom{N-1}{i}$ である.従って,等式 (6.2.6) が成立するためには,条件

(※) 任意の面 $W \in \Delta(\text{in}_<(I_\mathcal{A}))$(但し,$W$ は $i+1$ 個の元から成る面とする)は性質『任意の $N = 1, 2, \cdots$ について,有限集合 $N\text{CONV}^\star(W) \cap \mathbf{Z}_{\geq 0}\mathcal{A}$ に属する元の個数は $\binom{N-1}{i}$』を持つ

が成立することが必要十分である.条件(※)と $\Delta(\text{in}_<(I_\mathcal{A}))$ が単模であることが同値であることを証明するためにちょっと準備をする.

(準備 a) 極大な単体 $F \in \mathcal{A}$ を一つ選ぶと,F に含まれる単体 W で $i+1$ 個の元から成るものの個数は $\binom{\delta+1}{i+1}$ である.すると,$N\text{CONV}(F) \cap \mathbf{Z}_{\geq 0}\mathcal{A}$ に属する元の個数は少なくとも $\sum_{i=0}^{\delta} \binom{\delta+1}{i+1}\binom{N-1}{i}$ である.他方,$\delta+1$ 変数 N 次の単項式の個数の数え上げから
$$\binom{\delta+N}{\delta} = \sum_{i=0}^{\delta} \binom{\delta+1}{i+1}\binom{N-1}{i}$$
が導かれる.すると,補題 (5.2.7) を使うと,F が基本単体であることと,$i+1$ 個の元から任意の単体 $W \subset F$ が条件(※)の『   』を満たすことは同値である.

(準備 b) 一般に,配置 $\mathcal{A}$ の三角形分割 Δ と任意の面 $W \in \Delta$ があったとき,極大な単体 $F \subset \mathcal{A}$ で $W \subset F$, $F \in \Delta$ となるものが存在する.実際,$\mathcal{A}$

の極大な単体 F で Δ の面であるものの全体を $\Delta^{(\delta)}$ と置くと，$\mathrm{CONV}(\mathcal{A}) = \bigcup_{F \in \Delta^{(\delta)}} \mathrm{CONV}(F)$ である．(たとえば，平面上の凸多角形 を有限個の三角形 $Q_1, Q_2, \cdots$，有限個の線分 $L_1, L_2, \cdots$ と有限個の点 $P_1, P_2, \cdots$ を使って $= Q_1 \cup Q_2 \cup \cdots \cup L_1 \cup L_2 \cup \cdots \cup P_1 \cup P_2 \cup \cdots$ と覆えるならば， $= Q_1 \cup Q_2 \cup \cdots$ である．）すると，$W \subset F \in \Delta^{(\delta)}$ となる面 F が存在するような W の全体を Δ' と置くと，$\mathrm{CONV}(\mathcal{A}) = \bigcup_{W \in \Delta'} \mathrm{CONV}^{\star}(W)$ となる．従って，Δ' は Δ と一致する．

以上の準備から条件（※）と $\Delta(\mathrm{in}_<(I_\mathcal{A}))$ が単模であることが同値であることを示す．条件（※）が成立するならば（準備 a）から極大な単体 $F \subset \mathcal{A}$ で $\Delta(\mathrm{in}_<(I_\mathcal{A}))$ の面であるものは基本単体である．他方，（準備 b）から任意の面 $W \in \Delta(\mathrm{in}_<(I_\mathcal{A}))$ を含む $\mathcal{A}$ の基本単体が存在するから，W は単模である．逆に，$\Delta(\mathrm{in}_<(I_\mathcal{A}))$ が単模であると仮定すると，極大な単体 $F \subset \mathcal{A}$ で $\Delta(\mathrm{in}_<(I_\mathcal{A}))$ の面であるものは基本単体である．すると，（準備 a）から $W \subset F$ となる任意の面 $W \in \Delta(\mathrm{in}_<(I_\mathcal{A}))$（但し，$W$ は $i+1$ 個の元から成る面とする）は（※）の『　　　』を満たす．従って，（準備 b）から条件（※）が成立する． ■

[定理（**6.2.1**）の証明]　系（6.2.3）と補題（6.2.4）から等式（6.2.6）が成立することと $\sqrt{\mathrm{in}_<(I_\mathcal{A})} = \mathrm{in}_<(I_\mathcal{A})$ となることは同値である．すると，定理（6.2.5;c）から三角形分割 $\Delta(\mathrm{in}_<(I_\mathcal{A}))$ が単模となるためには $\sqrt{\mathrm{in}_<(I_\mathcal{A})} = \mathrm{in}_<(I_\mathcal{A})$ となることが必要十分である． ■

定理（6.2.1）と命題（5.2.9）の帰結として

(**6.2.11**) 系　多項式環 $K[\mathbf{x}]$ の単項式順序 $<$ で $\sqrt{\mathrm{in}_<(I_\mathcal{A})} = \mathrm{in}_<(I_\mathcal{A})$ を満たすものが存在するならば配置 $\mathcal{A}$ は正規である．

たとえば，配置 $\tilde{\mathbf{A}}_{d-1}$ および $\mathbf{A}_{d-1}$ は正規である（定理（4.3.13），定理（4.3.25））．

系（6.2.11）と定理（6.2.5;b,c）を使うと

(**6.2.12**) 系　配置 $\mathcal{A}$ が単模な正則三角形分割 $\Delta(\mathrm{in}_<(I_\mathcal{A}))$ を持つならば，$\mathcal{A}$

の正規化 Ehrhart 函数は

$$i(\mathcal{A}; N) = \sum_{i=0}^{\delta} f_i \binom{N-1}{i}, \quad N = 1, 2, \cdots$$

と表される．但し，$(f_0, f_1, \cdots, f_\delta)$ は $\Delta(\text{in}_<(I_\mathcal{A}))$ の f 列である．

すると，単模な正則三角形分割の存在は正規化 Ehrhart 函数の計算にも有益である．

(**6.2.13**) **例** 例 (5.2.3) の配置のトーリックイデアル $I_\mathcal{A}$ は唯一つの二項式 $x_1 x_5^2 - x_2 x_3 x_4$ で生成される．単項式順序 $<$ に関するそのイニシャルイデアルは
  (ⅰ) $x_1 x_5^2 < x_2 x_3 x_4$ ならば $\text{in}_<(I_\mathcal{A}) = (x_2 x_3 x_4)$，すると $\sqrt{\text{in}_<(I_\mathcal{A})} = \text{in}_<(I_\mathcal{A})$ である．このとき，三角形分割 $\Delta(\text{in}_<(I_\mathcal{A}))$ は例 (5.2.8) の Δ_1 に一致し，それは単模な正則三角形分割である．
  (ⅱ) $x_2 x_3 x_4 < x_1 x_5^2$ ならば $\text{in}_<(I_\mathcal{A}) = (x_1 x_5^2)$，すると $\sqrt{\text{in}_<(I_\mathcal{A})} = (x_1 x_5)$ $\neq \text{in}_<(I_\mathcal{A})$ である．このとき，三角形分割 $\Delta(\text{in}_<(I_\mathcal{A}))$ は例 (5.2.8) の Δ_2 に一致し，それは単模でない正則三角形分割である．

(**6.2.14**) **問** 例 (5.2.3) の配置の正規化 Ehrhart 函数を計算せよ．

系 (6.2.11) の逆は偽であるが，単模な正則三角形分割を持たない正規配置を探すことは存外難しい．もっと強く，単模な三角形分割を持つが単模な正則三角形分割は持たない配置を探すことは懸案の課題であった．1996 年，大杉英史がそのような配置を構成することに成功した．

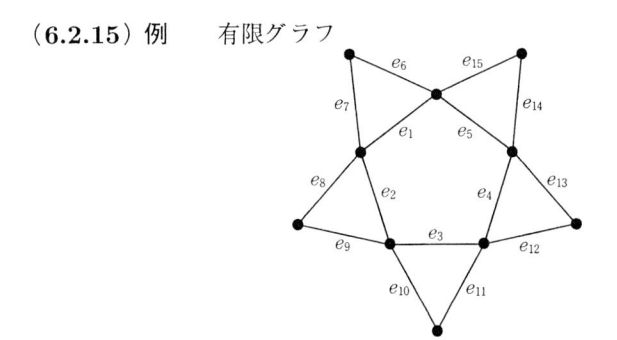

(**6.2.15**) **例** 有限グラフ

から生起する空間 $\mathbf{Q}^{10}$ の配置 $\mathcal{A}_G = \{\mathbf{a}_1, \mathbf{a}_2, \cdots, \mathbf{a}_{15}\}$ を考える．このとき，Maple 上で動く計算システム Puntos を使うと $\mathcal{A}_G$ は単模な三角形分割を持つことが判

明する．De Loera が開発した計算システム Puntos はすべての正則三角形分割とともに正則な三角形分割から対角変形と呼ばれる操作で構成できる非正則三角形分割を列挙する．(すべての三角形分割を列挙するのではない．) 配置 $\mathcal{A}_G$ が正則単模な三角形分割を持たないことも Puntos による計算結果から判明するが，次のように $\sqrt{\mathrm{in}_<(I_G)} = \mathrm{in}_<(I_G)$ となる単項式順序 $<$ は存在しないことを示すことで理論的に証明できる．

配置 $\mathcal{A}_G$ のトーリックイデアル I_G には次の5個の二項式

$$x_1^2 x_9 x_{14} - x_2 x_5 x_8 x_{15},$$
$$x_2^2 x_6 x_{11} - x_1 x_3 x_7 x_{10},$$
$$x_3^2 x_8 x_{13} - x_2 x_4 x_9 x_{12},$$
$$x_4^2 x_{10} x_{15} - x_3 x_5 x_{11} x_{14},$$
$$x_5^2 x_7 x_{12} - x_1 x_4 x_6 x_{13}$$

が属する．たとえば，$g = x_1^2 x_9 x_{14} - x_2 x_5 x_8 x_{15}$ について，適当な単項式順序 $<$ を選んで，$\mathrm{in}_<(g) = x_1^2 x_9 x_{14}$ とすると，$u = x_1^2 x_9 x_{14}$ は $\mathrm{in}_<(I_G)$ の単項式から成る極小生成系に属さなければならない．実際，属さないとすると u を割り切る単項式 $(u \neq) v \in \mathrm{in}_<(I_G)$ が存在する．すると，$h = v - w \in I_G$ となる二項式 $h (\neq 0)$ が存在するが，h は部分グラフ

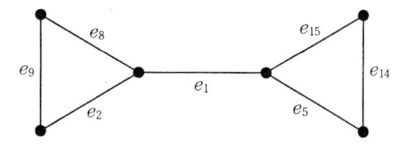

のトーリックイデアル $I_{G'}$ に属する．ところが，$I_{G'} = (g)$ であるから次数が高々3次の二項式 h が $I_{G'}$ に属することは不可能である．従って，$\sqrt{\mathrm{in}_<(I_G)} \neq \mathrm{in}_<(I_G)$ である．すると，$\sqrt{\mathrm{in}_<(I_G)} = \mathrm{in}_<(I_G)$ となるためには，単項式順序 $<$ は

$$x_1^2 x_9 x_{14} < x_2 x_5 x_8 x_{15},$$
$$x_2^2 x_6 x_{11} < x_1 x_3 x_7 x_{10},$$
$$x_3^2 x_8 x_{13} < x_2 x_4 x_9 x_{12},$$
$$x_4^2 x_{10} x_{15} < x_3 x_5 x_{11} x_{14},$$
$$x_5^2 x_7 x_{12} < x_1 x_4 x_6 x_{13}$$

を満たさなければならない.このとき,

$$(x_1^2 x_9 x_{14})(x_2^2 x_6 x_{11})(x_3^2 x_8 x_{13})(x_4^2 x_{10} x_{15})(x_5^2 x_7 x_{12})$$
$$< (x_2 x_5 x_8 x_{15})(x_1 x_3 x_7 x_{10})(x_2 x_4 x_9 x_{12})(x_3 x_5 x_{11} x_{14})(x_1 x_4 x_6 x_{13})$$

となるが,両辺はいずれも

$$x_1^2 x_2^2 x_3^2 x_4^2 x_5^2 x_6 x_7 x_8 x_9 x_{10} x_{11} x_{12} x_{13} x_{14} x_{15}$$

に一致し矛盾.従って,$\sqrt{\mathrm{in}_<(I_G)} = \mathrm{in}_<(I_G)$ となる単項式順序 $<$ は存在しない.

本節を終えるに際し,第7章において必要となる補題を準備する.

(6.2.16) 補題 配置 $\mathcal{A}$ のトーリックイデアル $I_\mathcal{A}$ が唯一つの二項式 $(0 \neq)$ $f = u - v$ で生成されるとき,$\mathcal{A}$ が正規となるためには,単項式 u と v の少なくとも一方が平方自由となることが必要十分である.

[証明] (十分性) 単項式 u が平方自由であると仮定し,多項式環 $K[\mathbf{x}]$ の単項式順序 $<$ で $v < u$ となるものを選ぶ.このとき,$\mathrm{in}_<(I_\mathcal{A}) = (u)$ である.実際,$g \in I_\mathcal{A}$ とすると,$g = fh$ となる $h \in K[\mathbf{x}]$ が存在するから,$\mathrm{in}_<(g) = \mathrm{in}_<(h)\mathrm{in}_<(f) = \mathrm{in}_<(h)u \in (u)$ である.すると,u が平方自由であることから,正則三角形分割 $\Delta(\mathrm{in}_<(I_\mathcal{A}))$ は単模である.従って,$\mathcal{A}$ は正規である.

(必要性) 背理法で示す.単項式 u と v の両者が平方自由ではないと仮定し,$u = x_1^2 u'$,$v = x_2^2 v'$ と置く.このとき,$\pi(x_1^2 u') = \pi(x_2^2 v')$ であるから $\sqrt{\pi(x_1^2 u')\pi(x_2^2 v')} = \pi(x_1^2 u')$ である.(但し,$\sqrt{\pi(x_1^2 u')\pi(x_2^2 v')}$ は $\pi(x_1^2 u')\pi(x_2^2 v')$ の '平方根' を意味する.) すると,$\pi(u')\pi(v') = (\pi(x_1 u')/\pi(x_2))^2$ である.従って,Laurent 単項式 $\sqrt{\pi(u')\pi(v')}$ を $\mathbf{t}^\mathbf{a}$,$\mathbf{a} \in \mathbf{Z}^d$,と置くと,$\mathbf{a} \in \mathbf{Q}_{\geq 0} \cap \mathbf{Z}\mathcal{A}$ である.いま,$\mathbf{a} \in \mathbf{Z}_{\geq 0}\mathcal{A}$ とすると,$\pi(w) = \pi(x_1 u')/\pi(x_2)$ を満たす単項式 $w \in K[\mathbf{x}]$ が存在する.このとき,二項式 $g = x_1 u' - x_2 w$ は $I_\mathcal{A}$ に属する.ところが,g の次数は f の次数よりも小さいから $g = 0$ でなければならない.すると,x_2 は u' を割り切ることになり,f が既約であることに矛盾する. ∎

§6.3 A型根系の三角形分割

A型根系の Gröbner 基底の議論（§4.3 参照）を継承し，[10] に沿って配置

$$\tilde{\mathbf{A}}_{d-1} = \{(\mathbf{e}_i - \mathbf{e}_j) + \mathbf{e}_{d+1}\,;\, 1 \leq i < j \leq d\} \cup \{\mathbf{e}_{d+1}\}$$

の三角形分割を考える．但し，$d \geq 2$ とする．配置 $\tilde{\mathbf{A}}_{d-1}$ に属する極大な単体 F が**局所的**であるとは F が $\mathbf{e}_{d+1}$ を含むときに言う．配置 $\tilde{\mathbf{A}}_{d-1}$ の三角形分割 Δ が**局所的**であるとは，すべての極大な単体 $F \in \Delta$ が局所的であるときに言う．

(6.3.1) 問　　配置 $\tilde{\mathbf{A}}_{d-1}$ の次元は $d-1$ であることを示せ．

頂点集合 $\{1, 2, \cdots, d\}$ の上の完全グラフを G_d と表す．完全グラフ G_d の部分グラフ H の辺集合を $E(H)$ とするとき，部分集合 $F_H \subset \tilde{\mathbf{A}}_{d-1}$ を

$$F_H = \{(\mathbf{e}_i - \mathbf{e}_j) + \{\mathbf{e}_{d+1}\}\,;\, \{i,j\} \in E(H), 1 \leq i < j \leq d\} \cup \{\mathbf{e}_{d+1}\}$$

と定義する．

(6.3.2) 補題　　配置 $\tilde{\mathbf{A}}_{d-1}$ の部分集合 F_H が $\tilde{\mathbf{A}}_{d-1}$ に属する極大な（局所的）単体となるためには，H が**全域木**（すなわち，H はその頂点集合が G_n の頂点集合と一致する木）であることが必要十分である．

[証明]　　一般に，G_n のサイクル C について F_C はアフィン独立ではないことに注意する．実際，$C = (i_1, i_2, \cdots, i_\ell, i_1)$ とするとき，$s_{i_k} \in \{1, -1\}$，$1 \leq k \leq \ell$，を（i）$i_k < i_{k+1}$ ならば $s_{i_k} = 1$，（ii）$i_k > i_{k+1}$ ならば $s_{i_k} = -1$ と置く．但し，$i_{\ell+1} = i_1$ である．このとき

$$\sum_{k=1}^{\ell} s_k (\mathbf{e}_{i_k} - \mathbf{e}_{i_{k+1}} + \mathbf{e}_{d+1}) + \left(\sum_{k=1}^{\ell}(-s_k)\right)\mathbf{e}_{d+1} = \mathbf{0}$$

であるから，F_C はアフィン独立ではない．

従って，F_H が $\tilde{\mathbf{A}}_{d-1}$ に属する単体ならば H はサイクルを含まない．他方，H がサイクルを含まないとき，H の辺の個数は高々 $d-1$ 個である．問（6.3.1）から，配置 $\tilde{\mathbf{A}}_{d-1}$ の次元は $d-1$ であるから，F_H が $\tilde{\mathbf{A}}_{d-1}$ に属する単体ならば H

の辺の個数はちょうど $d-1$ 個である.すると,H は全域木である.他方,H が木であれば F_H はアフィン独立である.すると,H が全域木であれば F_H は $\tilde{\mathbf{A}}_{d-1}$ に属する極大な単体である.■

(6.3.3) 問 部分グラフ H が木であれば F_H はアフィン独立であることを証明せよ.

多項式環 $K[\mathbf{x}] = K[\{x_{i,j}\}_{1 \leq i < j \leq d} \cup \{x\}]$ における変数の全順序

$$x < x_{1,d} < x_{1,d-1} < \cdots < x_{1,2} < x_{2,d} <_{2,d-1}$$
$$< \cdots < x_{2,3} < \cdots < x_{d-2,d} < x_{d-2,d-1} < x_{d-1,d}$$

が誘導する $K[\mathbf{x}]$ の逆辞書式順序を $<_{\mathrm{rev}}$ と表す.すると,配置 $\tilde{\mathbf{A}}_{d-1}$ のトーリックイデアル $I_{\tilde{\mathbf{A}}_{d-1}}$ のイニシャルイデアル $\mathrm{in}_{<_{\mathrm{rev}}}(I_{\tilde{\mathbf{A}}_{d-1}})$ は次数 2 の単項式

(6.3.4) $\qquad x_{i,k} x_{j,\ell}, \quad 1 \leq i < j < k < \ell \leq d$
(6.3.5) $\qquad x_{i,j} x_{j,k}, \quad 1 \leq i < j < k \leq d$

で生成される(定理 (4.3.13)).イニシャルイデアル $\mathrm{in}_{<_{\mathrm{rev}}}(I_{\tilde{\mathbf{A}}_{d-1}})$ に付随する単模な正則三角形分割

$$\Delta(\mathrm{in}_{<_{\mathrm{rev}}}(I_{\tilde{\mathbf{A}}_{d-1}}))$$

を議論する.

(6.3.6) 補題 三角形分割 $\Delta(\mathrm{in}_{<_{\mathrm{rev}}}(I_{\tilde{\mathbf{A}}_{d-1}}))$ は局所的である.

[証明] 変数 x はイニシャルイデアル $\mathrm{in}_{<_{\mathrm{rev}}}(I_{\tilde{\mathbf{A}}_{d-1}})$ の単項式から成る極小生成系に現れない.すると,単項式 $u \in K[\mathbf{x}]$ が $\mathrm{in}_{<_{\mathrm{rev}}}(I_{\tilde{\mathbf{A}}_{d-1}})$ に属さないならば xu も $\mathrm{in}_{<_{\mathrm{rev}}}(I_{\tilde{\mathbf{A}}_{d-1}})$ に属さない.従って,$\tilde{\mathbf{A}}_{d-1}$ に属する単体 F が $\Delta(\mathrm{in}_{<_{\mathrm{rev}}}(I_{\tilde{\mathbf{A}}_{d-1}}))$ に属し,$\mathbf{e}_{d+1} \not\in F$ であるならば,$F \cup \{\mathbf{e}_{d+1}\}$ は $\Delta(\mathrm{in}_{<_{\mathrm{rev}}}(I_{\tilde{\mathbf{A}}_{d-1}}))$ に属する.■

(6.3.7) 命題 部分グラフ H が全域木のとき $\tilde{\mathbf{A}}_{d-1}$ に属する単体 F_H が三角形分割 $\Delta(\mathrm{in}_{<_{\mathrm{rev}}}(I_{\tilde{\mathbf{A}}_{d-1}}))$ に含まれるためには
 (i) $i < k < j < \ell$ ならば $\{i,j\}$ と $\{k,\ell\}$ の少なくとも一方は H に属さない
 (ii) $i < j < \ell$ ならば $\{i,j\}$ と $\{j,k\}$ の少なくとも一方は H に属さない
が成立することが必要十分である.

[証明]　単体 F_H が三角形分割 $\Delta(\text{in}_{<_{\text{rev}}}(I_{\tilde{\mathbf{A}}_{d-1}}))$ に含まれるためには

$$w = x \prod_{\{i,j\} \in E(H), i<j} x_{i,j} \notin \text{in}_{<_{\text{rev}}}(I_{\tilde{\mathbf{A}}_{d-1}})$$

となることが必要十分である．換言すると，単項式 w が (6.3.4) と (6.3.5) の単項式のいずれでも割り切れないことが必要十分である．すなわち，H が（i）と（ii）を満たすことが必要十分である． ■

命題 (6.3.7) の条件（i）と（ii）を満たす全域木を**標準木**と呼ぶ．

(**6.3.8**) 例　標準木を $d = 2, 3, 4$ のときに図示する．

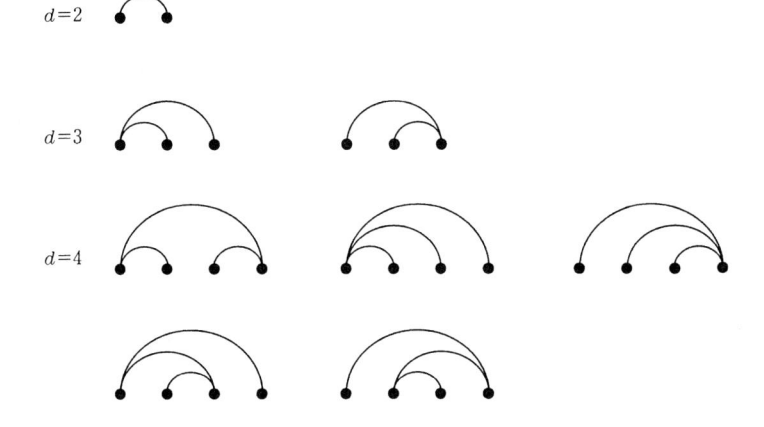

$d=2$

$d=3$

$d=4$

(**6.3.9**) 定理　単模な正則三角形分割 $\Delta(\text{in}_{<_{\text{rev}}}(I_{\tilde{\mathbf{A}}_{d-1}}))$ に含まれる極大な単体の個数は

$$\frac{1}{d}\binom{2(d-1)}{d-1}$$

である．

定理 (6.3.9) は [10, Theorem 6.4] であるがその背景などにちょっと触れよう．たとえば，[20]，[26] なども参照されたい．

● Gelfand-Graev-Postnikov [10] の考察の対象は A 型根系に付随する一般超幾何方程式系の解空間の次元である．その解空間の次元が配置 $\tilde{\mathbf{A}}_{d-1}$ の正規化体積（付録 B）に一致する．他方，配置 $\mathcal{A}$ に単模な三角形分割が存在すればその三角形

分割に含まれる極大な単体の個数が $\mathcal{A}$ の正規化体積に一致する．Gelfand-Graev-Postnikov [10] は A 型根系に付随する一般超幾何方程式系の解空間の次元を計算するために配置 $\tilde{\mathbf{A}}_{d-1}$ の正規化体積を計算することが必要で，それ故に配置 $\tilde{\mathbf{A}}_{d-1}$ の単模な三角形分割を構成したのである．

● 純粋な組合せ論の観点からすると，配置 $\tilde{\mathbf{A}}_{d-1}$ よりも寧ろ配置

$$\mathbf{A}_{d-1} = \{(\mathbf{e}_i - \mathbf{e}_j) + \mathbf{e}_{d+1}\,;\, 1 \leq i < j \leq d\}$$

を考察することが自然である（と思われる）から「配置 $\tilde{\mathbf{A}}_{d-1}$ が重宝な理由は何か？」というのは素朴な疑問である．A 型根系に付随する一般超幾何方程式系の研究では A 型根系の正根の全体

$$\{\mathbf{e}_i - \mathbf{e}_j\,;\, 1 \leq i < j \leq d\}$$

における関係式が重要である．たとえば，

$$(\mathbf{e}_1 - \mathbf{e}_2) + (\mathbf{e}_2 - \mathbf{e}_3) = \mathbf{e}_1 - \mathbf{e}_3$$

なる関係式は非斉次（右辺は 1 個のベクトルの和であるが左辺は 2 個のベクトルと，右辺と左辺に現れるベクトルの個数が一致しない）であるから，配置 $\mathbf{A}_{d-1}$ においてはその関係式は消滅する．換言すると，

$$((\mathbf{e}_1 - \mathbf{e}_2) + \mathbf{e}_{d+1}) + ((\mathbf{e}_2 - \mathbf{e}_3) + \mathbf{e}_{d+1}) \neq (\mathbf{e}_1 - \mathbf{e}_3) + \mathbf{e}_{d+1}$$

である．しかし，配置 $\tilde{\mathbf{A}}_{d-1}$ においてはその関係式は継承される．すなわち，$\mathbf{e}_{d+1}$ の御陰で

$$((\mathbf{e}_1 - \mathbf{e}_2) + \mathbf{e}_{d+1}) + ((\mathbf{e}_2 - \mathbf{e}_3) + \mathbf{e}_{d+1}) = ((\mathbf{e}_1 - \mathbf{e}_3) + \mathbf{e}_{d+1}) + \mathbf{e}_{d+1}$$

と非斉次な関係式が斉次な関係式として残る．従って，A 型根系の正根の全体におけるすべての関係式を理解するためには配置 $\mathbf{A}_{d-1}$ ではなく配置 $\tilde{\mathbf{A}}_{d-1}$ を議論する必要がある．

● 整数 $\frac{1}{d}\binom{2(d-1)}{d-1}$ は **Catalan** 数と呼ばれ，組合せ論における著名な勘定数の一つである．その魅惑の世界については [23, Exercise 6.19] が参考になる．命題 (6.3.7) と定理 (6.3.9) は Catalan 数の組合せ論的解釈の一つを提示する．

[定理 (**6.3.9**) の証明]　　命題 (6.3.7) の条件 (i) と (ii) を満たす全域木の個数 ($= a_d$ と置く) を勘定すればよい. 便宜上, $d \geq 1$ とし, $a_1 = 1$ とする. このとき, 漸化式

(**6.3.10**) $$a_d = a_1 a_{d-1} + a_2 a_{d-2} + \cdots + a_{d-1} a_1, \quad d \geq 2$$

が成立する. 実際, 頂点集合 $\{1, 2, \cdots, d\}$ 上の標準木 H には必ず辺 $\{1, d\}$ が存在し, H から辺 $\{1, d\}$ を除去すると 2 個の木 H_1 と H_2 に分割される. いま, 適当な $1 \leq k < d$ を選ぶと, H_1 と H_2 の一方は $\{1, 2, \cdots, k\}$ 上の標準木, 他方は $\{k+1, k+2, \cdots, d\}$ 上の標準木となる. 但し, 唯一つの頂点のみから成るグラフも標準木と思う. 整数 k は辺 $\{1, k\}$ が H に存在するような最大の $1 \leq k < d$ である.

初期条件 $a_1 = 1$ と漸化式 (6.3.10) から数列 $\{a_d\}_{d=1,2,\ldots}$ の一般項 a_d を d で表示する. 数列 $\{a_d\}_{d=1,2,\ldots}$ に付随する母函数

$$J(\lambda) = \sum_{d=1}^{\infty} a_d \lambda^d$$

を考える. 母函数について馴染みの薄い読者は——川久保勝夫, 宮西正宜 (編)「現代数学序説 (I)」大阪大学出版会, 1996, 第 3 章 '数え上げ' と母函数——をざっと眺めると以下の議論を納得する一助となる. しかし, ざっと眺めなくとも, 母函数は形式的冪級数であるから収束を考慮せずに解析学で習う都合の良い性質を使うことが許される, と認識すれば十分である. すると, 漸化式 (6.3.10) は

$$J(\lambda)^2 = J(\lambda) - \lambda$$

を導く. 従って, $J(\lambda)$ に関する二次方程式 $J(\lambda)^2 - J(\lambda) + \lambda = 0$ を根 (解) の公式を使って解くと

(**6.3.11**) $$J(\lambda) = \frac{1 \pm \sqrt{1 - 4\lambda}}{2}$$

を得る. 一般に,

$$\sqrt{1 + \lambda} = 1 + \sum_{d=1}^{\infty} \binom{1/2}{d} \lambda^d$$

である. 但し,

$$\binom{1/2}{d} = \left(\frac{1}{2}\right)\left(\frac{1}{2}-1\right)\left(\frac{1}{2}-2\right)\cdots\left(\frac{1}{2}-d+1\right)\bigg/d!$$

である. すると,

$$\sqrt{1-4\lambda} = 1 + \sum_{d=1}^{\infty}(-4)^d\binom{1/2}{d}\lambda^d$$

である. 形式的冪級数 $J(\lambda)$ の定数項は 0 であるから (6.3.11) の $\pm$ の部分は $-$ となる. 従って,

$$\begin{aligned}
a_d &= -\frac{1}{2}(-4)^d\frac{1}{d!}\frac{1}{2}\left(\frac{1}{2}-1\right)\left(\frac{1}{2}-2\right)\cdots\left(\frac{1}{2}-d+1\right) \\
&= 4^{d-1}\frac{1}{d!}\frac{1}{2}\frac{3}{2}\cdots\frac{2d-3}{2} \\
&= 2^{d-1}\frac{1}{d!}1\cdot 3\cdots(2d-3) \\
&= \frac{2^{d-1}(d-1)!\,1\cdot 3\cdots(2d-3)}{d(d-1)!(d-1)!} \\
&= \frac{2\cdot 4\cdots(2d-2)\cdot 1\cdot 3\cdots(2d-3)}{d(d-1)!(d-1)!} \\
&= \frac{(2d-2)!}{d(d-1)!(d-1)!} \\
&= \frac{1}{d}\binom{2(d-1)}{d-1}
\end{aligned}$$

となり望む結果に到達する. ∎

7

単模性と圧搾性

正規配置の類で特に際立っている単模配置と圧搾配置を議論する．単模配置とはすべての辞書式順序に付随する正則三角形分割が単模となるものであり，圧搾配置とはすべての逆辞書式順序に付随する正則三角形分割が単模となるものである．従って，単模配置と圧搾配置を比較すると辞書式順序と逆辞書式順序の顕著な相違が浮き彫りになる．単模配置を扱う§7.1においては，サーキット，普遍 Gröbner 基底，Graver 基底などの重要な概念を導入する．単模配置に深く関連する話題である Lawrence 持ち上げについては§7.2で紹介する．Lawrence 持ち上げは Graver 基底を計算するときの強力な武器であるが，その環論的な諸性質については殆ど解明されてはいない．圧搾配置を扱う§7.3においては，整数計画における完全単模行列の概念が不可欠である．本著では言及しないけれども，[7, Chapter 8] において展開されているように，整数計画における Gröbner 基底の理論的有効性の議論は魅惑的であり興味は尽きない．

§7.1 単 模 配 置

正規配置の類で特に際立っている単模配置について解説する．従来の記号を踏襲し，空間 $\mathbf{Q}^d$ の配置 $\mathcal{A} = \{\mathbf{a}_1, \mathbf{a}_2, \cdots, \mathbf{a}_n\} \subset \mathbf{Z}^d$ のトーリック環 $K[\mathcal{A}] = K[\mathbf{t}^{\mathbf{a}_1}, \mathbf{t}^{\mathbf{a}_2}, \cdots, \mathbf{t}^{\mathbf{a}_n}] \subset K[\mathbf{t}, \mathbf{t}^{-1}]$ とトーリックイデアル $I_{\mathcal{A}} \subset K[\mathbf{x}]$ を議論する．

配置 $\mathcal{A}$ が**単模**であるとは $\mathcal{A}$ のすべての三角形分割が単模なときに言う．

(**7.1.1**) **例** (a) 空間 $\mathbf{Q}^3$ の4個の整数点 $\mathbf{a}_1 = (0,0,1)$, $\mathbf{a}_2 = (1,0,1)$, $\mathbf{a}_3 = (0,1,1)$, $\mathbf{a}_4 = (1,1,1)$ から成る配置を $\mathcal{A}$ とする．配置 $\mathcal{A}$ は単模配置である．

(b) 空間 $\mathbf{Q}^4$ の8個の整数点 $\mathbf{a}_1 = (0,0,0,1)$, $\mathbf{a}_2 = (1,0,0,1)$, $\mathbf{a}_3 = (0,1,0,1)$, $\mathbf{a}_4 = (0,0,1,1)$, $\mathbf{a}_5 = (1,1,0,1)$, $\mathbf{a}_6 = (1,0,1,1)$, $\mathbf{a}_7 = (0,1,1,1)$, $\mathbf{a}_8 = (1,1,1,1)$ から成る配置を $\mathcal{A}$ とする．配置 $\mathcal{A}$ は単模配置ではない．

(**7.1.2**) **命題** 配置 $\mathcal{A}$ について次の条件は同値である．

（ⅰ）$\mathcal{A}$ は単模な配置である．

（ⅱ）$\mathcal{A}$ に属するすべての極大な単体は基本単体である．換言すると，$\mathcal{A}$ のすべての単体は単模である．

（ⅲ）$\mathcal{A}$ のすべての正則三角形分割は単模である．換言すると，多項式環 $K[\mathbf{x}]$ の任意の単項式順序 $<$ についてイニシャルイデアル $\mathrm{in}_<(I_\mathcal{A})$ は平方自由である．

（ⅳ）多項式環 $K[\mathbf{x}]$ の変数 $x_1, x_2, \cdots, x_n$ のいかなる全順序

$$x_{i_1} < x_{i_2} < \cdots < x_{i_n}$$

についてもイニシャルイデアル $\mathrm{in}_{<_{\mathrm{lex}}}(I_\mathcal{A})$ は平方自由である．但し，$<_{\mathrm{lex}}$ は $<$ から誘導される $K[\mathbf{x}]$ の辞書式順序（p. 24 参照）を表す．

[証明]　（ⅱ）$\Rightarrow$（ⅰ）$\Rightarrow$（ⅲ）$\Rightarrow$（ⅳ）は自明であるから（ⅳ）$\Rightarrow$（ⅱ）を示す．配置 $\mathcal{A}$ に属する任意の極大な単体 F を選び，性質「$\mathbf{a}_i \in F$，$\mathbf{a}_j \notin F$ ならば $x_i < x_j$」を持つ全順序 $<$ を一つ固定し，それが誘導する $K[\mathbf{x}]$ の辞書式順序 $<_{\mathrm{lex}}$ を考える．このとき，単体 F は正則三角形分割 $\Delta(\mathrm{in}_{<_{\mathrm{lex}}}(I_\mathcal{A}))$ に属する．実際，$F \notin \Delta(\mathrm{in}_{<_{\mathrm{lex}}}(I_\mathcal{A}))$ とすると

$$\prod_{\mathbf{a}_i \in F} x_i \in \sqrt{\mathrm{in}_{<_{\mathrm{lex}}}(I_\mathcal{A})} = \mathrm{in}_{<_{\mathrm{lex}}}(I_\mathcal{A})$$

となる．すると，単項式 $u = \prod_{\mathbf{a}_i \in F} x_i$ を（$<_{\mathrm{lex}}$ に関する）イニシャル単項式とする二項式 $(0 \neq) f = u - v \in I_\mathcal{A}$（但し，$v$ は $K[\mathbf{x}]$ の単項式）が存在する．いま，F は単体だから $K[\{x_i \,;\, \mathbf{a}_i \in F\}]$ は $\sharp(F)$ 変数の多項式環である．従って，

$$I_\mathcal{A} \cap K[\{x_i \,;\, \mathbf{a}_i \in F\}] = (0)$$

である．すると，$f \notin I_\mathcal{A} \cap K[\{x_i \,;\, \mathbf{a}_i \in F\}]$ であるから v には $\mathbf{a}_j \notin F$ なる変数 x_j が現れる．変数 x_j は u に現れるすべての変数 x_i よりも大きいから $u <_{\mathrm{lex}} v$ となる．（辞書式順序を採用する理由はここにある．逆辞書式順序では駄目である．）すると，$\mathrm{in}_{<_{\mathrm{lex}}}(f) = u$ に矛盾する．従って，$F \in \Delta(\mathrm{in}_{<_{\mathrm{lex}}}(I_\mathcal{A}))$ である．（ここまでの議論は $\mathrm{in}_{<_{\mathrm{lex}}}(I_\mathcal{A})$ が平方自由である必要はない．平方自由とは限らないときには $u^N \in \mathrm{in}_{<_{\mathrm{lex}}}(I_\mathcal{A})$ となる $N > 0$ を考え，$f = u^N - v \in I_\mathcal{A}$ となる単項式 v を選べばよい．）正則三角形分割 $\Delta(\mathrm{in}_{<_{\mathrm{lex}}}(I_\mathcal{A}))$ は単模であるから F は基本単体である．■

多項式環 $K[\mathbf{x}] = K[x_1, x_2, \cdots, x_n]$ の単項式 u の台 $\mathrm{supp}(u)$ とは, u に現れる変数 x_i 全体の集合である. 二項式 $f = u - v$ (但し, u と v は $K[\mathbf{x}]$ の単項式で $u \neq v$ とする) の台 (support) を

$$\mathrm{supp}(f) = \mathrm{supp}(u) \cup \mathrm{supp}(v)$$

と定義する. 二項式 $f = u - v$ が**平方自由** (squarefree) であるとは, 単項式 u と v の両者が平方自由であるときに言う.

トーリックイデアル $I_\mathcal{A}$ に属する既約な二項式 f が $I_\mathcal{A}$ の**サーキット** (circuit) であるとは, $\mathrm{supp}(g) \subset \mathrm{supp}(f)$, $\mathrm{supp}(g) \neq \mathrm{supp}(f)$ となる二項式 $(0 \neq) g \in I_\mathcal{A}$ が存在しないときに言う.

(**7.1.3**) **問**　二項式 $f = u - v \in K[\mathbf{x}]$ の単項式 u と v が互いに素 (すなわち, u と v に共通に現れる変数が存在しない) とき, f が可約であるためには $u = u'^p$, $v = v'^p$ となる整数 $p > 1$ と単項式 u' と v' が存在することが必要十分である. これを示せ.

(**7.1.4**) **補題**　二項式 $(0 \neq) f = u - v \in I_\mathcal{A}$ の台を $\mathrm{supp}(f) = \{x_{i_1}, x_{i_2}, \cdots, x_{i_q}\}$, $1 \leq i_1 < i_2 < \cdots < i_q \leq n$, とすると, f がサーキットであるためには, 多項式環 $K[x_{i_1}, x_{i_2}, \cdots, x_{i_q}]$ のイデアル $I = I_\mathcal{A} \cap K[x_{i_1}, x_{i_2}, \cdots, x_{i_q}]$ が f で生成されることが必要十分である.

[**証明**]　(必要性) 煩雑な記号を避け, f の台を $\{1, 2, \cdots, m\}$ とし, $f = x_1^p u - v$ と置く. 但し, $x_1 \notin \mathrm{supp}(u)$ とする. イデアル I は配置 $\mathcal{A}$ の部分配置 $\{\mathbf{a}_1, \mathbf{a}_2, \cdots, \mathbf{a}_m\}$ のトーリックイデアルである. いま, $g = x_1^q u' - v'$ を I に属する既約な二項式, $x_1 \notin \mathrm{supp}(u')$, とする. 二項式 $(x_1^p u)^q - v^q$ と $(x_1^q u')^p - v'^p$ は I に属するから, $u^q v'^p - u'^p v^q \in I$ である. ところが, $x_1 \notin \mathrm{supp}(u^q v'^p - u'^p v^q)$ であるから, f がサーキットであることから $u^q v'^p = u'^p v^q$ である. 他方, $\mathrm{supp}(u) \cap \mathrm{supp}(v) = \emptyset$, $\mathrm{supp}(u') \cap \mathrm{supp}(v') = \emptyset$ であるから, $u^q = u'^p$, $v^q = v'^p$ が従う. いま, $p \neq q$ とし, $p < q$ とすると, 素数 $k > 1$ と整数 $\ell \geq 1$ を適当に選んで, k^ℓ は q を割り切るが, k^ℓ は p を割り切らないようにできる. すると, u' または v' に $x_i^{a_i}$ が現れるならば a_i は k で割り切れる. このとき, $g = x_1^q u' - v' = (x_1^{q'} u'_1)^k - (v'_1)^k$ となるから g の既約性に矛盾する. 他方, $p > q$ とすると f の既約性に矛盾する. 従って, $p = q$ であるから $f = g$ を得る. 命題

(4.1.11) と問 (7.1.3) から任意のトーリックイデアルは既約な二項式で生成される. すると, $I = (f)$ が従う.

(十分性) 多項式環 $K[x_{i_1}, x_{i_2}, \cdots, x_{i_q}]$ のイデアル $I = I_\mathcal{A} \cap K[x_{i_1}, x_{i_2}, \cdots, x_{i_q}]$ が f で生成されると仮定する. すると, f は既約な二項式である. いま, $I_\mathcal{A}$ に属する二項式 $g\,(\neq 0)$ の台が $x_{i_1}, x_{i_2}, \cdots, x_{i_q}$ に含まれるならば $g \in I = (f)$ である. すると, g の台は f の台と一致する. 従って, $\mathrm{supp}(g) \subset \mathrm{supp}(f)$, $\mathrm{supp}(g) \neq \mathrm{supp}(f)$ となる二項式 $g \in I_\mathcal{A}$ は存在しない. ■

(**7.1.5**) 系　二項式 $(0 \neq) g \in I_\mathcal{A}$ の台がサーキット f の台の部分集合 (従って, f の台と一致する) ならば, $g \in (f)$ である.

トーリックイデアルの研究におけるサーキットの果たす役割は偉大である. 一般論として, 配置の様々な代数的および離散的構造をそのサーキットの状態から掌握することが可能である. 反面, 配置のサーキットを完全に記述することは (再び, 一般論として) 大変困難である.

サーキットについて, 一つの有益な補題を示す.

(**7.1.6**) 補題　トーリックイデアル $I_\mathcal{A}$ に属する任意の二項式 $(0 \neq) f = u - v$ について, サーキット $g = u' - v' \in I_\mathcal{A}$ を適当に選ぶと $\mathrm{supp}(u') \subset \mathrm{supp}(u)$, $\mathrm{supp}(v') \subset \mathrm{supp}(v)$ となる.

[証明]　既約な二項式 $(0 \neq) f = u - v$ の台 $\mathrm{supp}(f)$ に属する変数の個数が 3 個であれば f 自身がサーキットであることに注意し, $\mathrm{supp}(f)$ に属する変数の個数についての帰納法を使う. 二項式 $(0 \neq) f = u - v \in I_\mathcal{A}$ の台が $\mathrm{supp}(f) = \{x_{i_1}, x_{i_2}, \cdots, x_{i_q}\}$, $1 \leq i_1 < i_2 < \cdots < i_q \leq n$, のとき, 多項式環 $K[x_{i_1}, x_{i_2}, \cdots, x_{i_q}]$ のイデアル $I_\mathcal{A} \cap K[x_{i_1}, x_{i_2}, \cdots, x_{i_q}]$ を考えることで, $\mathrm{supp}(f) = \{x_1, x_2, \cdots, x_n\}$ として一般性を失わない. 更に, $\mathrm{supp}(u) \cap \mathrm{supp}(v) = \emptyset$ を仮定してもよい. いま, $I_\mathcal{A}$ のサーキット $g = u' - v'$ で $\mathrm{supp}(u) \cap \mathrm{supp}(u') \neq \emptyset$ となるものを一つ選ぶ. 次に, $x_i \in \mathrm{supp}(u) \cap \mathrm{supp}(u')$ について, u における x_i の冪を a_i, u' における x_i の冪を b_i とする. 同様に, $x_j \in \mathrm{supp}(v) \cap \mathrm{supp}(v')$ について, v における x_j の冪を a_j, v' における x_j の冪を b_j とする. 有理数の集合 $\{a_i/b_i\,;\, x_i \in \mathrm{supp}(u) \cap \mathrm{supp}(u')\} \cup \{a_j/b_j\,;\, x_j \in \mathrm{supp}(v) \cap \mathrm{supp}(v')\}$ のなかで最小のものを a/b とし, $I_\mathcal{A}$ に属する二項式 $f^* = u^b - v^b$ と $g^* = u'^a - v'^a$

を考える. このとき, $x_i \in \mathrm{supp}(u) \cap \mathrm{supp}(u')$ について, u'^a における x_i の冪 ab_i は u^b における x_i の冪 ba_i を越えない. 同様に, $x_j \in \mathrm{supp}(v) \cap \mathrm{supp}(v')$ について, v'^a における x_j の冪 ab_j は v^b における x_j の冪 ba_j を越えない. いま, 二項式 $u^b v'^a - v^b u'^a$ の両単項式に共通に現れる変数を簡約することで得られる二項式 $h = u'' - v'' \in I_{\mathcal{A}}$ を考える. このとき, $\mathrm{supp}(f) = \{x_1, x_2, \cdots, x_n\}$ に注意すると, $h = u'' - v''$ は $\mathrm{supp}(u'') \subset \mathrm{supp}(u)$, $\mathrm{supp}(v'') \subset \mathrm{supp}(v)$ を満たし, しかも, h には $a/b = a_k/b_k$ を満たす変数 x_k は現れない. いま, $h = 0$ とすると, $\mathrm{supp}(u) \cap \mathrm{supp}(v) = \emptyset$ から $\mathrm{supp}(u) \subset \mathrm{supp}(u')$, $\mathrm{supp}(v) \subset \mathrm{supp}(v')$ となるが, $\mathrm{supp}(f) = \{x_1, x_2, \cdots, x_n\}$ であるから $\mathrm{supp}(u) = \mathrm{supp}(u')$, $\mathrm{supp}(v) = \mathrm{supp}(v')$ を得る. 他方, $h \neq 0$ ならば帰納法の仮定が使え, $\mathrm{supp}(u_0) \subset \mathrm{supp}(u'')$, $\mathrm{supp}(v_0) \subset \mathrm{supp}(v'')$ を満たすサーキット $g_0 = u_0 - v_0 \in I_{\mathcal{A}}$ が存在する. ∎

トーリックイデアル $I_{\mathcal{A}}$ に属する二項式 $f = u - v \in I_{\mathcal{A}}$ が**原始的**(primitive)であるとは, f と異なる二項式 $g = u' - v' \in I_{\mathcal{A}}$ で $u'|u$, $v'|v$ となるものが存在しないときに言う. 但し, $u'|u$ は単項式 u' が単項式 u を割り切ることを意味する.

(**7.1.7**) 問 原始的な二項式は既約であることを示せ.

(**7.1.8**) 命題 トーリックイデアル $I_{\mathcal{A}}$ に属する原始的な二項式の全体は $I_{\mathcal{A}}$ を生成する.

[証明] 二項式 $f = u - v \in I_{\mathcal{A}}$ が原始的でないとし, f と異なる二項式 $(0 \neq) g = u' - v' \in I_{\mathcal{A}}$ で $u'|u$, $v'|v$ となるものを選ぶ. いま, $u = u'u''$, $v = v'v''$ とすると, 二項式 $h = u'' - v''$ も $I_{\mathcal{A}}$ に属する. 実際, $I_{\mathcal{A}}$ は準同型写像 π の核であるから, $\pi(u) = \pi(v)$, $\pi(u') = \pi(v')$, $\pi(u) = \pi(u')\pi(u'')$, $\pi(v) = \pi(v')\pi(v'')$ である. ところが, π の像 $K[\mathcal{A}]$ は多項式環の部分環であるから, $\pi(u'') = \pi(v'')$ を得る. すると, $f = u''g + hv'$ であるから, 次数についての帰納法を使うと, g と h は $I_{\mathcal{A}}$ に属する原始的な二項式の全体が生成するイデアルに属する. 従って, f も $I_{\mathcal{A}}$ に属する原始的な二項式の全体が生成するイデアルに属する. ∎

トーリックイデアル $I_{\mathcal{A}}$ に属する原始的な二項式全体の集合を $I_{\mathcal{A}}$ の **Graver 基底**と呼ぶ. Graver 基底が有限集合であることは系 (7.2.11) で示す.

トーリックイデアル $I_{\mathcal{A}}$ のすべての被約 Gröbner 基底の和集合を**普遍 Gröbner**

基底（universal Gröbner basis）と呼ぶ．

(**7.1.9**) **命題** （a）トーリックイデアル $I_{\mathcal{A}}$ の普遍 Gröbner 基底に属する二項式は原始的である．

（b）トーリックイデアル $I_{\mathcal{A}}$ の任意のサーキットは普遍 Gröbner 基底に属する．

[証明] （a）二項式 $f = u - v \in I_{\mathcal{A}}$ が適当な単項式順序 $<$ に関する被約 Gröbner 基底 $\mathcal{G}_{<}(I_{\mathcal{A}})$ に属し，$u > v$ であるとする．すると，u は $\mathrm{in}_{<}(I_{\mathcal{A}})$ の単項式から成る極小生成系に属する．他方，被約 Gröbner 基底の定義から $v \notin \mathrm{in}_{<}(I_{\mathcal{A}})$ である．いま，f が原始的でないと仮定し，f と異なる二項式 $g = u' - v' \in I_{\mathcal{A}}$ で $u'|u, v'|v$ となるものを選ぶ．このとき，$u' > v'$ とすると，$u' \in \mathrm{in}_{<}(I_{\mathcal{A}})$ であるから，$u'|u$ および u が $\mathrm{in}_{<}(I_{\mathcal{A}})$ の単項式から成る極小生成系に属することに注意すると，$u = u'$ が従う．ところが，$f \neq g$ であるから，被約 Gröbner 基底の一意性から $\mathcal{G}_{<}(I_{\mathcal{A}})$ において f を除き g を入れることはできない．換言すると，$v' \in \mathrm{in}_{<}(I_{\mathcal{A}})$ である．すると，$v'|v$ から $v \in \mathrm{in}_{<}(I_{\mathcal{A}})$ となり $v \notin \mathrm{in}_{<}(I_{\mathcal{A}})$ に矛盾する．他方，$u' < v'$ とすると，$v' \in \mathrm{in}_{<}(I_{\mathcal{A}})$ であるから，再度，$v \in \mathrm{in}_{<}(I_{\mathcal{A}})$ なる矛盾が生じる．

（b）トーリックイデアル $I_{\mathcal{A}}$ の任意のサーキット $f = u - v$ があったとき，多項式環 $K[\mathbf{x}]$ の辞書式順序 $<_{\mathrm{lex}}$ で条件（i）$x_i \in \mathrm{supp}(f), x_j \notin \mathrm{supp}(f)$ ならば $x_i <_{\mathrm{lex}} x_j$, (ii) $v <_{\mathrm{lex}} u$ を満たすものを一つ固定する．このとき，f が $I_{\mathcal{A}}$ の $<_{\mathrm{lex}}$ に関する被約 Gröbner 基底 $\mathcal{G}_{<_{\mathrm{lex}}}(I_{\mathcal{A}})$ に属することを示す．実際，$u = \mathrm{in}_{<_{\mathrm{lex}}}(f) \in \mathrm{in}_{<_{\mathrm{lex}}}(I_{\mathcal{A}})$ であるから，二項式 $g = u' - v' \in \mathcal{G}_{<_{\mathrm{lex}}}(I_{\mathcal{A}})$（但し，$v' <_{\mathrm{lex}} u'$）を適当に選ぶと，$u'$ が u を割り切る．特に，$\mathrm{supp}(u')(\subset \mathrm{supp}(u)) \subset \mathrm{supp}(f)$ である．いま，$\mathrm{supp}(v') \not\subset \mathrm{supp}(f)$ とすると，$<_{\mathrm{lex}}$ が条件（i）を満たす辞書式順序であることから，$u' <_{\mathrm{lex}} v'$ となり $v' <_{\mathrm{lex}} u'$ に矛盾する．従って，$\mathrm{supp}(v') \subset \mathrm{supp}(f)$ である．すると，$\mathrm{supp}(g) \subset \mathrm{supp}(f)$ であるから，系 (7.1.5) から $g \in (f)$ が従う．このとき，$g = fh$ とすると $\mathrm{in}_{<_{\mathrm{lex}}}(g) = \mathrm{in}_{<_{\mathrm{lex}}}(f) \mathrm{in}_{<_{\mathrm{lex}}}(h)$ であるが，$u' = \mathrm{in}_{<_{\mathrm{lex}}}(g)$ は $u = \mathrm{in}_{<_{\mathrm{lex}}}(f)$ を割り切るから $\mathrm{in}_{<_{\mathrm{lex}}}(h) = 1$ である．すると，$h = 1$ であるから $f = g$ を得る． ∎

(**7.1.10**) **問** トーリックイデアル $I_{\mathcal{A}}$ の任意のサーキット $f = u - v$ について，適当な辞書式順序 $<_{\mathrm{lex}}$ と $<'_{\mathrm{lex}}$ を選ぶと（i）$u = \mathrm{in}_{<_{\mathrm{lex}}}(f), f \in \mathcal{G}_{<_{\mathrm{lex}}}(I_{\mathcal{A}})$, (ii) $v = \mathrm{in}_{<'_{\mathrm{lex}}}(f), f \in \mathcal{G}_{<'_{\mathrm{lex}}}(I_{\mathcal{A}})$ となる．これを示せ．但し，$\mathcal{G}_{<_{\mathrm{lex}}}(I_{\mathcal{A}})$ は $I_{\mathcal{A}}$

の $<_{\text{lex}}$ に関する被約 Gröbner 基底である.

(7.1.11) 系　配置 $\mathcal{A}$ のトーリックイデアル $I_\mathcal{A}$ について,包含関係

$$(\text{サーキット全体の集合}) \subset (\text{普遍 Gröbner 基底}) \subset (\text{Graver 基底})$$

が成立する.

以上の準備の下,配置が単模であるか否かをサーキットの状態で判断する方法を論じる.

(7.1.12) 定理　配置 $\mathcal{A}$ について,次の条件は同値である.
- (i) $\mathcal{A}$ は単模である
- (ii) トーリックイデアル $I_\mathcal{A}$ のすべてのサーキットは平方自由である
- (iii) 多項式環 $K[\mathbf{x}]$ の変数の任意の全順序 $<$ について,イニシャルイデアル $\text{in}_{<_{\text{lex}}}(I_\mathcal{A})$ は平方自由である.但し,$<_{\text{lex}}$ は $<$ から誘導される $K[\mathbf{x}]$ の辞書式順序を表す.

[証明]　(i)⇔(iii) は命題 (7.1.2) の (i)⇔(iv) である.

(iii)⇒(ii)　問 (7.1.10) を使う.トーリックイデアル $I_\mathcal{A}$ の任意のサーキット $f = u-v$ について,適当な辞書式順序 $<_{\text{lex}}$ と $<'_{\text{lex}}$ を選ぶと,u はイニシャルイデアル $\text{in}_{<_{\text{lex}}}(I_\mathcal{A})$ の単項式から成る極小生成系に属し,v はイニシャルイデアル $\text{in}_{<'_{\text{lex}}}(I_\mathcal{A})$ の単項式から成る極小生成系に属する.すると,$\text{in}_{<_{\text{lex}}}(I_\mathcal{A})$ と $\text{in}_{<'_{\text{lex}}}(I_\mathcal{A})$ は平方自由であるから,u と v は(従って,f は)平方自由である.

(ii)⇒(i)　トーリックイデアル $I_\mathcal{A}$ の原始的な二項式 $f = u-v$ を考える.補題 (7.1.6) からサーキット $g = u'-v' \in I_\mathcal{A}$ を適当に選ぶと $\text{supp}(u') \subset \text{supp}(u)$, $\text{supp}(v') \subset \text{supp}(v)$ となる.すると,サーキット g が平方自由であることから $u'|u$, $v'|v$ である.このとき,f が原始的であることから $f = g$ である.従って,$I_\mathcal{A}$ の原始的な二項式はサーキットである.すると,$I_\mathcal{A}$ の普遍 Gröbner 基底に属する二項式もすべてサーキットである.従って,$I_\mathcal{A}$ のすべてのイニシャルイデアルは平方自由である.すると,命題 (7.1.2) から配置 $\mathcal{A}$ は単模である.　■

ところで,系 (7.1.11) の包含関係において,左右の包含関係が両方とも等号となる配置は代数的にも離散的にも簡明な構造を持つと思われる.そのような配置の典型的な類が単模配置である.

(**7.1.13**) **系**　単模配置 $\mathcal{A}$ のトーリックイデアル $I_\mathcal{A}$ について

(ⅰ) サーキット全体の集合

(ⅱ) 普遍 Gröbner 基底

(ⅲ) Graver 基底

は一致する．

[**証明**]　定理 (7.1.12) の証明の (ⅱ) ⇒ (ⅰ) の議論から，トーリックイデアル $I_\mathcal{A}$ のすべてのサーキットが平方自由であるならば $I_\mathcal{A}$ の原始的な二項式はサーキットである．単模配置 $\mathcal{A}$ のトーリックイデアル $I_\mathcal{A}$ のすべてのサーキットは平方自由であるから，$I_\mathcal{A}$ のサーキット全体の集合と Graver 基底は一致する．すると，系 (7.1.11) から，単模配置 $\mathcal{A}$ のトーリックイデアル $I_\mathcal{A}$ のサーキット全体の集合，普遍 Gröbner 基底，Graver 基底は一致する．　■

(**7.1.14**) **問**　配置 $\mathcal{A}$ のトーリックイデアル $I_\mathcal{A}$ が唯一つの二項式 f で生成されるならば，Graver 基底，普遍 Gröbner 基底，サーキット全体の集合はすべて $\{f\}$ に一致する．これを示せ．

　有限グラフ G から生起する配置 $\mathcal{A}_G$ の議論を継承し，そのトーリックイデアル I_G におけるサーキット，普遍 Gröbner 基底，Graver 基底を考えよう．

　トーリックイデアル I_G の原始的な二項式とは，長さが偶数の原始的な閉路 Γ に対応する二項式 $f_\Gamma \in I_G$ のことである．有限グラフ G があったとき，その長さが偶数の原始的な閉路を完全に探すことは難しいが，長さが偶数の原始的な閉路の候補についての情報は命題 (4.2.14) で得られている．

　トーリックイデアル I_G のサーキットを分類しよう．

(**7.1.15**) **命題**　有限グラフ G から生起する配置 $\mathcal{A}_G$ のトーリック環 $K[G]$ のトーリックイデアル I_G のサーキットは完全に分類できる．次の (ⅰ), (ⅱ), (ⅲ) の型の二項式はすべて I_G のサーキットである．逆に，I_G のサーキットは (ⅰ), (ⅱ), (ⅲ) の型の二項式に尽きる．

(ⅰ) 偶サイクル C に対応する二項式 f_C

(ⅱ) 奇サイクル $C_1 = (e_{i_1}, e_{i_2}, \cdots, e_{i_{2p-1}})$ と $C_2 = (e_{j_1}, e_{j_2}, \cdots, e_{j_{2q-1}})$ が唯一の頂点 i を共有し，i は $e_{i_1} \cap e_{j_{2p-1}}$ および $e_{j_1} \cap e_{j_{2q-1}}$ に属するとき，長さが偶数の閉路 $\Gamma = (C_1, C_2) = (e_{i_1}, e_{i_2}, \cdots, e_{i_{2p-1}}, e_{j_1}, e_{j_2}, \cdots,$

$e_{j_{2p-1}}$) に対応する二項式 f_Γ

(iii) 奇サイクル $C_1 = (e_{i_1}, e_{i_2}, \cdots, e_{i_{2p-1}})$ と $C_2 = (e_{j_1}, e_{j_2}, \cdots, e_{j_{2q-1}})$ が頂点を共有せず,C_1 の頂点 i と C_2 の頂点 j を結ぶ路 $\Gamma' = (e_{k_1}, e_{k_2}, \cdots, e_{k_r})$ に同一の頂点が繰り返し現れることがなく,i は $e_{i_1} \cap e_{i_{2p-1}}$ に属し,j は $e_{j_1} \cap e_{j_{2q-1}}$ に属し,C_1 の i 以外の頂点は $e_{k_1}, \cdots, e_{k_r}$ のいずれにも属さず,C_2 の j 以外の頂点は $e_{k_1}, \cdots, e_{k_r}$ のいずれにも属さないとするとき,長さが偶数の閉路 $\Gamma = (C_1, \Gamma', C_2, -\Gamma') = (e_{i_1}, e_{i_2}, \cdots, e_{i_{2p-1}}, e_{k_1}, e_{k_2}, \cdots, e_{k_r}, e_{j_1}, e_{j_2}, \cdots, e_{j_{2q-1}}, e_{k_r}, e_{k_{r-1}}, \cdots, e_{k_1})$ に対応する二項式 f_Γ (但し,$-\Gamma'$ は Γ' を逆向きに辿った路である)

[証明] サーキットは原始的な二項式である(系 (7.1.11))であるから,命題 (4.2.14) の長さが偶数の原始的な閉路に対応する二項式からサーキットであるものを分類すればよい.命題 (4.2.14) の (i) 偶サイクルに対応する二項式と (ii) 唯一つの頂点を共有する奇サイクル C_1 と C_2 から構成される長さが偶数の閉路 $\Gamma = (C_1, C_2)$ に対応する二項式の両者はサーキットである.命題 (4.2.14) の (iii) の長さが偶数の原始的な閉路 $\Gamma = (C_1, \Gamma_1, C_2, \Gamma_2)$ に対応する二項式 f_Γ がサーキットであるとする.いま,Γ_1 は C_1 の頂点 i と C_2 の頂点 j を結んでいるとすると,Γ_1 に現れる辺のみを使って i と j を結ぶ路 Γ_3 で同じ頂点が繰り返し現れることはないものが存在する.すると,f_Γ がサーキットであることから,$\Gamma = (C_1, \Gamma_3, C_2, -\Gamma_3)$ となる.次に,Γ_3 と C_1 が i 以外の頂点 k を共有したとすると,Γ_3 において k と j を結ぶ路を Γ_4 とすると,長さが偶数の閉路 $\Gamma' = (C_1, \Gamma_4, C_2, -\Gamma_4)$ に対応する二項式 $f_{\Gamma'}$ の台は f_Γ の台の部分集合となる(すると,一致する)ことから,i と k を結ぶ路に現れる辺はすべて C_1 に属さなければならない.しかし,f_Γ は既約であるから,そのようなことは不可能である.同様にすると,Γ_3 と C_2 が j 以外の頂点を共有することはない.∎

(7.1.16) 系 有限グラフ G から生起する配置 $\mathcal{A}_G$ が単模となるためには,条件「G の同一の連結成分に属する 2 個の奇サイクルは少なくとも一つの頂点を共有する」が満されることが必要十分である.特に,二部グラフから生起する配置は単模である.

[証明] 命題 (7.1.15) のサーキットで平方自由となるものは (i) と (ii) である.すると,配置 $\mathcal{A}_G$ が単模となるには I_G が (iii) の型のサーキットを含ま

ないことが必要十分である．

すると，d 個の頂点を持つ完全グラフから生起する配置が単模であるためには，$d \leq 5$ が必要十分である．他方，6 個の頂点を持つ完全グラフから生起する配置は単模ではないが，そのトーリックイデアルのサーキット全体の集合，普遍 Gröbner 基底，Graver 基底はすべて一致する．配置 $\mathcal{A}_G$ の Graver 基底，普遍 Gröbner 基底，サーキット全体の集合がすべて一致する有限グラフ G を分類する問題は興味深いけれど，綺麗な結果は期待できそうにないと思われる．

(**7.1.17**) 問　(a) 次の条件を満たす有限グラフ G の例を挙げよ．(ⅰ) 配置 $\mathcal{A}_G$ は単模ではなく，(ⅱ) そのトーリックイデアル I_G のサーキット全体の集合，普遍 Gröbner 基底と Graver 基底はすべて一致し，(ⅲ) I_G は 2 個の二項式で生成される．

(b) 次の条件を満たす有限グラフ G の例を挙げよ．(ⅰ) トーリックイデアル I_G のサーキット全体の集合は普遍 Gröbner 基底とは一致しないが，(ⅱ) I_G の普遍 Gröbner 基底は Graver 基底と一致する．

§7.2　Lawrence 持ち上げ

Graver 基底に深く関連する話題の一つである Lawrence 持ち上げについて解説する．

空間 $\mathbf{Q}^d$ の配置 $\mathcal{A} = \{\mathbf{a}_1, \mathbf{a}_2, \cdots, \mathbf{a}_n\} \subset \mathbf{Z}^d$ の **Lawrence 持ち上げ** (Lawrence lifting) とは，空間 $\mathbf{Q}^{d+n}$ の配置

$$\Lambda(\mathcal{A}) = \{(\mathbf{a}_1, \mathbf{e}_1), (\mathbf{a}_2, \mathbf{e}_2), \cdots, (\mathbf{a}_n, \mathbf{e}_n), (\mathbf{0}, \mathbf{e}_1), (\mathbf{0}, \mathbf{e}_2), \cdots, (\mathbf{0}, \mathbf{e}_n)\} \subset \mathbf{Z}^{d+n}$$

のことである．但し，$\mathbf{0}$ は $\mathbf{Q}^d$ の原点，$\mathbf{e}_1, \mathbf{e}_2, \cdots, \mathbf{e}_n$ は $\mathbf{Q}^n$ の標準的な単位座標ベクトル，更に，$\mathbf{a} = (a_1, a_2, \cdots, a_d) \in \mathbf{Q}^d$，$\mathbf{b} = (b_1, b_2, \cdots, b_n) \in \mathbf{Q}^n$ のとき

$$(\mathbf{a}, \mathbf{b}) = (a_1, a_2, \cdots, a_d, b_1, b_2, \cdots, b_n) \in \mathbf{Q}^{d+n}$$

とする．読者は $\Lambda(\mathcal{A})$ が配置になっていることを確認されたい．

変数 $t_1, t_2, \cdots, t_d$ と $z_1, z_2, \cdots, z_n$ を準備し，Laurent 多項式環 $K[\mathbf{t}, \mathbf{t}^{-1}, \mathbf{z}]$ を

$$K[\mathbf{t}, \mathbf{t}^{-1}, \mathbf{z}] = K[t_1, t_1^{-1}, t_2, t_2^{-1}, \cdots, t_d, t_d^{-1}, z_1, z_2, \cdots, z_n]$$

とすると，Lawrence 持ち上げ $\Lambda(\mathcal{A})$ のトーリック環は

$$K[\Lambda(\mathcal{A})] = K[\mathbf{t}^{\mathbf{a}_1}z_1, \mathbf{t}^{\mathbf{a}_2}z_2, \cdots, \mathbf{t}^{\mathbf{a}_n}z_n, z_1, z_2, \cdots, z_n] \subset K[\mathbf{t}, \mathbf{t}^{-1}, \mathbf{z}]$$

となる．次に，変数 $x_1, x_2, \cdots, x_n, y_1, y_2, \cdots, y_n$ を準備し，$2n$ 変数の多項式環

$$K[\mathbf{x}, \mathbf{y}] = K[x_1, x_2, \cdots, x_n, y_1, y_2, \cdots, y_n]$$

を考える．写像

$$\pi : K[\mathbf{x}, \mathbf{y}] \to K[\Lambda(\mathcal{A})]$$

を「それぞれの変数 x_i に $\mathbf{t}^{\mathbf{a}_i}z_i$ を代入し，それぞれの変数 y_i に z_i を代入する操作」と定義すると，その核が Lawrence 持ち上げ $\Lambda(\mathcal{A})$ のトーリック環 $K[\Lambda(\mathcal{A})]$ のトーリックイデアル $I_{\Lambda(\mathcal{A})}$ である．

$$I_{\Lambda(\mathcal{A})} = \mathrm{Ker}(\pi) \subset K[\mathbf{x}, \mathbf{y}]$$

(**7.2.1**) **例** (a) 空間 $\mathbf{Q}^3$ の配置 $\mathcal{A} = \{\mathbf{a}_1, \mathbf{a}_2, \mathbf{a}_3, \mathbf{a}_4\}$ を $\mathbf{a}_1 = (1, 0, 1)$, $\mathbf{a}_2 = (0, 1, 1)$, $\mathbf{a}_3 = (-1, -1, 1)$, $\mathbf{a}_4 = (0, 0, 1)$ とする．このとき，$\mathcal{A}$ のトーリック環は $K[\mathcal{A}] = K[t_1 t_3, t_2 t_3, t_1^{-1} t_2^{-1} t_3, t_3]$，トーリックイデアルは $I_{\mathcal{A}} = (x_1 x_2 x_3 - x_4^3)$ である．配置 $\mathcal{A}$ の Lawrence 持ち上げは

$$\Lambda(\mathcal{A}) = \{\,(1, 0, 1, 1, 0, 0, 0), (0, 1, 1, 0, 1, 0, 0), (-1, -1, 1, 0, 0, 1, 0),$$
$$(0, 0, 1, 0, 0, 0, 1), (0, 0, 0, 1, 0, 0, 0), (0, 0, 0, 0, 1, 0, 0),$$
$$(0, 0, 0, 0, 0, 1, 0), (0, 0, 0, 0, 0, 0, 1)\,\}$$

である．トーリック環は

$$K[\Lambda(\mathcal{A})] = K[t_1 t_3 z_1, t_2 t_3 z_2, t_1^{-1} t_2^{-1} t_3 z_3, t_3 z_4, z_1, z_2, z_3, z_4],$$

トーリックイデアルは

$$I_{\Lambda(\mathcal{A})} = (x_1 x_2 x_3 y_4^3 - x_4^3 y_1 y_2 y_3)$$

である．

(b) 空間 $\mathbf{Q}^4$ の配置 $\mathcal{A} = \{\mathbf{a}_1, \mathbf{a}_2, \mathbf{a}_3, \mathbf{a}_4, \mathbf{a}_5\}$ を $\mathbf{a}_1 = (0,0,0,1)$, $\mathbf{a}_2 = (1,1,0,1)$, $\mathbf{a}_3 = (1,0,1,1)$, $\mathbf{a}_4 = (0,1,1,1)$, $\mathbf{a}_5 = (1,1,1,1)$ とする．このとき，Lawrence 持ち上げ $\Lambda(\mathcal{A})$ のトーリックイデアルは

$$I_{\Lambda(\mathcal{A})} = (x_2 x_3 x_4 y_1 y_5^2 - x_1 x_5^2 y_2 y_3 y_4)$$

である．

配置 $\mathcal{A}$ とその Lawrence 持ち上げ $\Lambda(\mathcal{A})$ のトーリックイデアルの相互関係を議論する．非負整数を成分とする $\mathbf{Q}^n$ のベクトル $\mathbf{a} = (a_1, a_2, \cdots, a_n)$ があったとき，多項式環 $K[\mathbf{x}] = K[x_1, x_2, \cdots, x_n]$ の単項式 $x_1{}^{a_1} x_2{}^{a_2} \cdots x_n{}^{a_n}$ を $\mathbf{x}^{\mathbf{a}}$ と表す．すると，$\mathbf{a} = (a_1, a_2, \cdots, a_n)$ と $\mathbf{b} = (b_1, b_2, \cdots, b_n)$ が非負整数を成分とする $\mathbf{Q}^n$ のベクトルのとき，$\mathbf{x}^{\mathbf{a}} \mathbf{y}^{\mathbf{b}}$ は多項式環 $K[\mathbf{x}, \mathbf{y}]$ の単項式

$$\mathbf{x}^{\mathbf{a}} \mathbf{y}^{\mathbf{b}} = x_1{}^{a_1} x_2{}^{a_2} \cdots x_n{}^{a_n} y_1{}^{b_1} y_2{}^{b_2} \cdots y_n{}^{b_n}$$

を表す．次に，$f = \mathbf{x}^{\mathbf{a}} - \mathbf{x}^{\mathbf{b}}$ が $K[\mathbf{x}]$ の二項式のとき，多項式環 $K[\mathbf{x}, \mathbf{y}]$ の二項式 $f^{\sharp}$ を

$$f^{\sharp} = \mathbf{x}^{\mathbf{a}} \mathbf{y}^{\mathbf{b}} - \mathbf{x}^{\mathbf{b}} \mathbf{y}^{\mathbf{a}}$$

と定義する．

配置 $\mathcal{A}$ のトーリックイデアルを $I_{\mathcal{A}} \subset K[\mathbf{x}]$ とする．すると，

(7.2.2) 問 (a) 二項式 $f \in K[\mathbf{x}]$ が $I_{\mathcal{A}}$ に属するならば二項式 $f^{\sharp} \in K[\mathbf{x}, \mathbf{y}]$ は $I_{\Lambda(\mathcal{A})}$ に属することを示せ．
(b) 更に，f が既約ならば $f^{\sharp}$ も既約であることを示せ．

逆に，

(7.2.3) 補題 トーリックイデアル $I_{\Lambda(\mathcal{A})}$ に属する既約な二項式はすべて $f^{\sharp}$ (但し，f は $I_{\mathcal{A}}$ に属する既約な二項式) なる型をしている．

[証明] 多項式環 $K[\mathbf{x}, \mathbf{y}]$ の二項式

(7.2.4) $$\mathbf{x}^{\mathbf{a}} \mathbf{y}^{\mathbf{b}'} - \mathbf{x}^{\mathbf{b}} \mathbf{y}^{\mathbf{a}'}$$

が $I_{\Lambda(\mathcal{A})}$ に属し，単項式 $\mathbf{x^a y^{b'}}$ と $\mathbf{x^b y^{a'}}$ は互いに素であると仮定する．このとき，$\pi(\mathbf{x^a y^{b'}}) = \pi(\mathbf{x^b y^{a'}})$ の両辺の変数 $t_1, t_2, \cdots, t_d$ についての冪に着目すると

(**7.2.5**) $$\mathbf{x^a} - \mathbf{x^b} \in I_\mathcal{A},$$

変数 $z_1, z_2, \cdots, z_n$ についての冪に着目すると

(**7.2.6**) $$\mathbf{a} + \mathbf{b'} = \mathbf{b} + \mathbf{a'}$$

である．いま，単項式 $\mathbf{x^a y^{b'}}$ と $\mathbf{x^b y^{a'}}$ は互いに素であるから二項式 (7.2.5) に現れる単項式 $\mathbf{x^a}$ と $\mathbf{x^b}$ も互いに素である．すると，(7.2.6) から $\mathbf{a'} = \mathbf{a} + \mathbf{a''}$, $\mathbf{b'} = \mathbf{b} + \mathbf{b''}$ となる非負整数を成分とする $\mathbf{Q}^n$ のベクトル $\mathbf{a''}$ と $\mathbf{b''}$ が存在する．再び (7.2.6) から $\mathbf{a''} = \mathbf{b''}$ である．すると，単項式 $\mathbf{x^a y^{b'}}$ と $\mathbf{x^b y^{a'}}$ は互いに素であるから $\mathbf{a''} = \mathbf{b''} = \mathbf{0}$ が従う．すると，二項式 (7.2.5) を f と置くと，二項式 (7.2.4) は $f^\sharp$ となる．

残るは f が既約であることを示すことである．可約とすると，問 (7.1.3) から $\mathbf{a} = p\mathbf{a}_0$, $\mathbf{b} = p\mathbf{b}_0$ を満たす整数 $p > 1$ と非負整数を成分とするベクトル $\mathbf{a}_0, \mathbf{b}_0 \in \mathbf{Q}^n$ が存在する．すると，

$$f^\sharp = (\mathbf{x^{a_0} y^{b_0}})^p - (\mathbf{x^{b_0} y^{a_0}})^p$$

となり $f^\sharp$ の既約性に矛盾する． ■

(**7.2.7**) **系** Lawrence 持ち上げ $\Lambda(\mathcal{A})$ のトーリックイデアル $I_{\Lambda(\mathcal{A})}$ は

$$I_{\Lambda(\mathcal{A})} = (f^\sharp \,;\, f \in I_\mathcal{A})$$

である．

(**7.2.8**) **問** (a) 二項式 $f \in I_\mathcal{A}$ がサーキットであるためには $f^\sharp \in I_{\Lambda(\mathcal{A})}$ がサーキットであることが必要十分である．これを示せ．

(b) 二項式 $f \in I_\mathcal{A}$ が原始的であるためには $f^\sharp \in I_{\Lambda(\mathcal{A})}$ が原始的であることが必要十分である．これを示せ．

二項式 $f \in I_\mathcal{A}$ に関する性質 (P) を考え，性質 (P) を持つ二項式 $f \in I_\mathcal{A}$ の全体を $(P)_\mathcal{A}$ と表す．すると，(P) として

 (ⅰ) 既約

（ⅱ）サーキット

（ⅲ）原始的

のいずれを考えても

(**7.2.9**) $$(P)_{\Lambda(\mathcal{A})} = \{f^\sharp \, ; \, f \in (P)_\mathcal{A}\}$$

が成立する．

Lawrence 持ち上げの誠に驚嘆すべき偉大な性質は

(**7.2.10**) 定理　Lawrence 持ち上げ $\Lambda(\mathcal{A})$ のトーリックイデアル $I_{\Lambda(\mathcal{A})}$ について，次の二項式の集合はすべて一致する．

（ⅰ）$I_{\Lambda(\mathcal{A})}$ の Graver 基底

（ⅱ）$I_{\Lambda(\mathcal{A})}$ の普遍 Gröbner 基底

（ⅲ）$K[\mathbf{x},\mathbf{y}]$ の任意の単項式順序 $<$ に関する $I_{\Lambda(\mathcal{A})}$ の被約 Gröbner 基底

（ⅳ）$I_{\Lambda(\mathcal{A})}$ の任意の（二項式から成る）極小生成系（すなわち，生成系のなかで極小なもの）

[証明]　一般に，普遍 Gröbner 基底は Graver 基底の部分集合である（系 (7.1.11)）．次に，普遍 Gröbner 基底はすべての被約 Gröbner 基底の和集合である．他方，$I_{\Lambda(\mathcal{A})}$ の任意の被約 Gröbner 基底は（$I_{\Lambda(\mathcal{A})}$ の生成系であるから）$I_{\Lambda(\mathcal{A})}$ の極小生成系を含む．すると，示すべきことは $I_{\Lambda(\mathcal{A})}$ の Graver 基底が $I_{\Lambda(\mathcal{A})}$ の唯一の極小生成系となることである．

いま，$I_{\Lambda(\mathcal{A})}$ の Graver 基底に属する任意の二項式（すなわち，$I_{\Lambda(\mathcal{A})}$ の任意の原始的な二項式）$f^\sharp = \mathbf{x^a y^b} - \mathbf{x^b y^a}$ を選ぶ．次に，B を $I_{\Lambda(\mathcal{A})}$ の任意の極小生成系とし $f^\sharp \notin B$ を仮定する．すると，$f^\sharp$ は B に属する有限個の既約な二項式 $g_1, g_2, \cdots$ と $K[\mathbf{x}, \mathbf{y}]$ に属する多項式 $h_1, h_2, \cdots$ を選んで $f^\sharp = g_1 h_1 + g_2 h_2 + \cdots$ と表せる．すると，いずれかの g_i ($= \mathbf{x^{a'} y^{b'}} - \mathbf{x^{b'} y^{a'}}$ と置く）に現れる単項式 ($\mathbf{x^{a'} y^{b'}}$ としてよい) は $\mathbf{x^a y^b}$ を割り切る．従って，$\mathbf{x^{b'} y^{a'}}$ は $\mathbf{x^b y^a}$ を割り切る．いま，$f^\sharp \notin B$ だから $g^\sharp = g_i \neq f^\sharp$ である．すると，$f^\sharp$ は原始的でない．■

(**7.2.11**) 系　トーリックイデアル $I_\mathcal{A}$ の Graver 基底は有限集合である．

定理 (7.2.10) は配置 $\mathcal{A}$ のトーリックイデアルを $I_\mathcal{A} \subset K[\mathbf{x}]$ の Graver 基底を（計算機などで実際に）計算するときの有益な手順を示唆する．すなわち，

（ⅰ）多項式環 $K[\mathbf{x}, \mathbf{y}]$ の単項式順序 $<$ の一つを任意に選ぶ．

（ⅱ）$I_{\Lambda(\mathcal{A})}$ の（（ⅰ）で選んだ単項式順序 $<$ に関する）被約 Gröbner 基底 $\mathcal{G}_{<}(I_{\Lambda(\mathcal{A})})$ を計算する．

（ⅲ）定理（7.2.10）から $\mathcal{G}_{<}(I_{\Lambda(\mathcal{A})})$ は $I_{\Lambda(\mathcal{A})}$ の Graver 基底である．

（ⅳ）すると，(7.2.9) に注意すると，$\mathcal{G}_{<}(I_{\Lambda(\mathcal{A})})$ は $I_{\mathcal{A}}$ の Graver 基底に属する f に対応する $f^{\sharp}$ の全体の集合である．

（ⅴ）従って，$\mathcal{G}_{<}(I_{\Lambda(\mathcal{A})})$ において変数 $y_1, y_2, \cdots, y_n$ に 1 を代入すると $I_{\mathcal{A}}$ の Graver 基底が得られる．

（トーリックイデアル $I_{\Lambda(\mathcal{A})}$ の被約 Gröbner 基底の一つ（単項式順序は都合の良いように任意に選べる）を計算するだけで $I_{\mathcal{A}}$ の Graver 基底が計算できる，ということが重要である．）

(**7.2.12**) **問**　例（6.2.15）の配置のトーリックイデアルの Graver 基底を計算せよ．

配置 $\mathcal{A}$ の Lawrence 持ち上げ $\Lambda(\mathcal{A})$ が正規配置となるための条件を探す．一般に，配置 $\mathcal{A} \subset \mathbf{Z}^d$ の部分配置 $\mathcal{A}'$ が $\mathcal{A}$ の**純**な部分配置であるとは，部分集合 $(\emptyset \neq) T \subset \{1, 2, \cdots, d\}$ を適当に選ぶと

$$\mathcal{A}' = \{\mathbf{a} = (a_1, a_2, \cdots, a_d) \in \mathcal{A} \,;\, \{i \,;\, a_i \neq 0\} \subset T\}$$

が満たされるときに言う．すると，正規配置の定義から

(**7.2.13**) **補題**　正規配置の純な部分配置は正規である．

(**7.2.14**) **例**　配置 $\mathcal{A} = \{\mathbf{a}_1, \mathbf{a}_2, \cdots, \mathbf{a}_n\}$ の部分配置 $\mathcal{A}' = \{\mathbf{a}_1, \mathbf{a}_2, \cdots, \mathbf{a}_m\}$ の Lawrence 持ち上げ $\Lambda(\mathcal{A}') \subset \mathbf{Z}^{d+m}$ は $\mathcal{A}$ の Lawrence 持ち上げ $\Lambda(\mathcal{A}) \subset \mathbf{Z}^{d+n}$ の純な部分配置である．実際，$T = \{1, 2, \cdots, d, d+1, d+2, \cdots, d+m\}$ と置けばよい．

(**7.2.15**) **定理**　配置 $\mathcal{A}$ と Lawrence 持ち上げ $\Lambda(\mathcal{A})$ について，次の条件は同値である．

（ⅰ）$\mathcal{A}$ は単模である．

（ⅱ）$\Lambda(\mathcal{A})$ は単模である．

(iii) $\Lambda(\mathcal{A})$ は正規である.

[証明]　(ii)⇒(iii) は既知（命題 (5.2.9)）．(i)⇔(ii) は (7.2.9) に注意すると，定理 (7.1.12) から従う．(iii)⇒(i) を示すために配置 $\mathcal{A}$ は単模でないと仮定する．すると，トーリックイデアル $I_{\mathcal{A}}$ のサーキット $f = \mathbf{x}^{\mathbf{a}} - \mathbf{x}^{\mathbf{b}}$ で平方自由でない（すなわち，単項式 $\mathbf{x}^{\mathbf{a}}$ と $\mathbf{x}^{\mathbf{b}}$ の少なくとも一方は平方自由でない）ものが存在する．このとき，$I_{\Lambda(\mathcal{A})}$ のサーキット $f^{\sharp} = \mathbf{x}^{\mathbf{a}}\mathbf{y}^{\mathbf{b}} - \mathbf{x}^{\mathbf{b}}\mathbf{y}^{\mathbf{a}}$ に現れる単項式 $\mathbf{x}^{\mathbf{a}}\mathbf{y}^{\mathbf{b}}$ と $\mathbf{x}^{\mathbf{b}}\mathbf{y}^{\mathbf{a}}$ は両者とも平方自由ではない．簡単のため，f の台が $\{x_1, x_2, \cdots, x_m\}$ となるように変数の添字を置き換える．すると，$\mathcal{A}$ の部分配置 $\mathcal{A}' = \{\mathbf{a}_1, \mathbf{a}_2, \cdots, \mathbf{a}_m\}$ のトーリックイデアル $I_{\mathcal{A}'} = I_{\mathcal{A}} \cap K[x_1, x_2, \cdots, x_m]$ は (f) に一致する（補題 (7.1.4)）．すると，$I_{\mathcal{A}'}$ の Graver 基底は $\{f\}$ である（問 (7.1.14)）．いま，$\mathcal{A}'$ の Lawrence 持ち上げ $\Lambda(\mathcal{A}')$ を考えると (7.2.9) から $I_{\Lambda(\mathcal{A}')}$ の Graver 基底は $\{f^{\sharp}\}$ である．従って，$I_{\Lambda(\mathcal{A}')} = (f^{\sharp})$ である．すると，補題 (6.2.16) から $\Lambda(\mathcal{A}')$ は正規ではない．従って，補題 (7.2.13) と例 (7.2.14) から $\Lambda(\mathcal{A})$ は正規ではない. ∎

§7.3　圧 搾 配 置

命題 (7.1.2) の (iv) における辞書式順序を逆辞書式順序としたものが圧搾配置である．単模配置と圧搾配置を比較すると辞書式順序と逆辞書式順序の顕著な相違が明確になる．

再び，空間 $\mathbf{Q}^d$ の配置 $\mathcal{A} = \{\mathbf{a}_1, \mathbf{a}_2, \cdots, \mathbf{a}_n\} \subset \mathbf{Z}^d$ のトーリック環 $K[\mathcal{A}] = K[\mathbf{t}^{\mathbf{a}_1}, \mathbf{t}^{\mathbf{a}_2}, \cdots, \mathbf{t}^{\mathbf{a}_n}] \subset K[\mathbf{t}, \mathbf{t}^{-1}]$ とトーリックイデアル $I_{\mathcal{A}} \subset K[\mathbf{x}]$ を議論する．

配置 $\mathcal{A}$ が**圧搾**（compressed）であるとは，多項式環 $K[\mathbf{x}]$ の変数のいかなる全順序

$$x_{i_1} < x_{i_2} < \cdots < x_{i_n}$$

についてもイニシャルイデアル $\mathrm{in}_{<_{\mathrm{rev}}}(I_{\mathcal{A}})$ が平方自由であるときに言う．但し，$<_{\mathrm{rev}}$ は $<$ から誘導される $K[\mathbf{x}]$ の逆辞書式順序（p.24 参照）を表す．

換言すると，配置 $\mathcal{A}$ が圧搾であるとは $K[\mathbf{x}]$ の変数の任意の全順序 $<$ から誘導される $K[\mathbf{x}]$ の逆辞書式順序 $<_{\mathrm{rev}}$ について正則三角形分割 $\Delta(\mathrm{in}_{<_{\mathrm{rev}}}(I_{\mathcal{A}}))$ が単模である，ということを意味する．すると，

$$単模 \Rightarrow 圧搾 \Rightarrow 正規$$

である．

(7.3.1) 例 例（7.1.1;b）の配置 $\mathcal{A}$ は圧搾配置であるが単模配置ではない．圧搾配置であること（を（計算機などの助けを借りず）紙と鉛筆を使った腕力で確かめることは結構骨が折れるが，この事実）を定理（7.3.7）を認めて示すことは手頃な（しかし，自明ではない）演習問題である．

(7.3.2) 問 正規配置であるが圧搾配置ではない例を挙げよ．

経験的に判断すると，トーリックイデアルのイニシャルイデアルが辞書式順序で平方自由になるのは珍しいけれど，逆辞書式順序ならば平方自由になるのはそれほど珍しくはないようだ．以下，すべての逆辞書式順序 $<_{\mathrm{rev}}$ に関してイニシャルイデアル $\mathrm{in}_{<_{\mathrm{rev}}}(I_\mathcal{A})$ が平方自由であることを示す巧妙な議論を展開し，圧搾配置であることを保証する（きわめて簡潔な，しかし驚嘆すべき有効な）判定法の一つを解説するとともに，著名な配置で圧搾となるものを紹介する．

有理数 a_{ij} $(1 \leq i \leq N,\ 1 \leq j \leq d)$ と b_i $(1 \leq i \leq N)$ を準備し，線型不等式系

(7.3.3)
$$a_{11}z_1 + a_{12}z_2 + \cdots + a_{1d}z_d \leq b_1$$
$$a_{21}z_1 + a_{22}z_2 + \cdots + a_{2d}z_d \leq b_2$$
$$\cdots\cdots\cdots\cdots\cdots$$
$$a_{N1}z_1 + a_{N2}z_2 + \cdots + a_{Nd}z_d \leq b_N$$

を考え，その解集合 $\mathcal{P}$ は（空ではなく）有界であると仮定する．すると，定理（1.2.2;a）から $\mathcal{P}$ は凸多面体である．

整数計画問題などとの関連から，線型不等式系（7.3.3）の解集合である凸多面体 $\mathcal{P}$ のすべての頂点が整数点となるために係数行列 $A = (a_{ij})_{1 \leq i \leq N,\ 1 \leq j \leq d}$ が満たすべき条件を探すことは重要である．

整数を成分とする行列が **完全単模**（totally unimodular）であるとは，その行列のすべての小行列式が $\{0, +1, -1\}$ に属するときに言う．特に，完全単模行列のそれぞれの成分は 0，$+1$，-1 のいずれかである．

(7.3.4) 命題 線型不等式系（7.3.3）の係数行列 $A = (a_{ij})_{1 \leq i \leq N,\ 1 \leq j \leq d}$ は

完全単模とし，更に，$b_1, b_2, \cdots, b_N$ は整数であると仮定する．このとき，線型不等式系（7.3.3）の解集合である凸多面体 $\mathcal{P}$ の任意の頂点は整数点である．

[証明]　　線型不等式系（7.3.3）の係数行列 $A = (a_{ij})_{1 \leq i \leq N,\ 1 \leq j \leq d}$ が完全単模とすると，その $i_1, i_2, \cdots, i_d$ 行から成る d 行 d 列の正方行列 $A' = (a_{i_k j})_{1 \leq k \leq d,\ 1 \leq j \leq d}$ は正則ならば逆行列 A'^{-1} は整数行列である．すると，$b_1, b_2, \cdots, b_N$ がすべて整数であるならば連立線型方程式（1.2.4）の唯一つの解も整数点である．■

完全単模行列の典型的な例を挙げる．

(**7.3.5**) 例　　(a) 頂点集合 $\{1, 2, \cdots, d\}$ 上の有限グラフ G の辺集合を $\{e_1, e_2, \cdots, e_n\}$ とする．いま，G の隣接行列 $M(G) = (a_{ij})_{1 \leq i \leq d,\ 1 \leq j \leq n}$ を「頂点 i が辺 e_j に属するとき $a_{ij} = 1$，そうでなければ $a_{ij} = 0$」と定義する．このとき，$M(G)$ が完全単模となるには G が二部グラフであることが必要十分である．

実際，奇サイクル C の隣接行列 $M(C)$ の行列式は 2 あるいは -2 のいずれかである（問（5.3.2））．すると，G が奇サイクルを含めば $M(G)$ は完全単模ではない．従って，$M(G)$ が完全単模ならば G は二部グラフである．逆に，G が二部グラフであると仮定し，その頂点集合の分割を $V_1 \cap V_2$ とする．隣接行列 $M(G)$ から $i_1, i_2, \cdots, i_k$ 行と $j_1, j_2, \cdots, j_k$ 列を選んでできる k 行 k 列の小行列 B を考え，B の行を $b_{i_1}, b_{i_2}, \cdots, b_{i_k}$ と置く．いま，各列に 1 がちょうど 2 個現れるとすると，行ベクトルの和 $\sum_{i_\ell \in V_1} b_{i_\ell}$ と $\sum_{i_\ell \in V_2} b_{i_\ell}$ は一致する．すると，B の行列式は 0 である．他方，B の列で 1 が高々 1 個しか現れないものが存在するならば，k についての帰納法を使って B の行列式が $\{0, +1, -1\}$ に属する．

(b) 有向グラフとは有限集合 V と $A \subset \{(i, j)\ ;\ i, j \in V, i \neq j\}$ の組 $D = (V, A)$ のことである．有限集合 V の元を D の頂点，A の元を D の矢と呼ぶ．たとえば，頂点 $1, 2, 3, 4$，矢 $(1, 2), (3, 1), (1, 4), (2, 3), (4, 2), (3, 4)$ を持つ有向グラフ D は

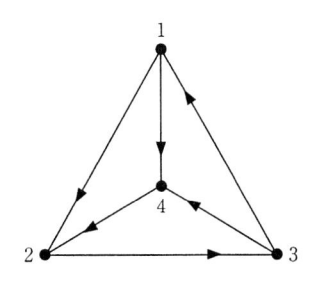

と図示すれば簡単である．矢 (i,j) の始点とは頂点 i のこと，終点とは頂点 j のことである．頂点 $1, 2, \cdots, d$，矢 $e_1, e_2, \cdots, e_n$ を持つ有向グラフの隣接行列 $M(D) = (a_{ij})_{1 \leq i \leq d,\ 1 \leq j \leq n}$ を「頂点 i が辺 e_j の始点ならば $a_{ij} = 1$，終点ならば $a_{ij} = -1$，どちらでもなければ $a_{ij} = 0$」と定義する．任意の有向グラフ D の隣接行列 $M(D)$ は完全単模である．

実際，$M(D)$ から $i_1, i_2, \cdots, i_k$ 行と $j_1, j_2, \cdots, j_k$ 列を選んでできる k 行 k 列の小行列 B を考え，B の行を $b_{i_1}, b_{i_2}, \cdots, b_{i_k}$ と置く．いま，各列に 1 と -1 の両者が現れるとすると，行ベクトルの和 $\sum_{\ell=1}^{k} b_{i_\ell}$ は 0 である．すると，B の行列式は 0 である．他方，B の列で 0 でない成分を高々 1 個しか持たないものが存在するならば，k についての帰納法を使って B の行列式が $\{0, +1, -1\}$ に属する．

線型不等式系の解集合と完全単模行列の準備は以上で終え，圧搾な配置の議論を展開する．

空間 $\mathbf{Q}^d$ のベクトル $(z_1, z_2, \cdots, z_d)$ が **(0,1)ベクトル**であるとは，$z_i \in \{0, 1\}$，$1 \leq i \leq d$，であるときに言う．凸多面体 $\mathcal{P} \subset \mathbf{Q}^d$ が **(0,1)凸多面体**であるとは，$\mathcal{P}$ のすべての頂点が $(0,1)$ ベクトルであるときに言う．

(**7.3.6**) 問　凸多面体 $\mathcal{P} \subset \mathbf{Q}^d$ が $(0, 1)$ ベクトルから成る集合の凸閉包であるならば，$\mathcal{P}$ の頂点集合は $\mathcal{P} \cap \mathbf{Z}^d$ と一致する．従って，$\mathcal{P}$ は $(0, 1)$ 凸多面体である．これを示せ．

以下，簡単のため，$(0, 1)$ 凸多面体 $\mathcal{P} \subset \mathbf{Q}^d$ が**圧搾**であるとは，配置

$$\{(\alpha, 1) \in \mathbf{Z}^{d+1} ; \alpha \in \mathcal{P} \cap \mathbf{Z}^d\}$$

が圧搾であるときに言う．問 (7.3.6) から $\mathcal{P} \cap \mathbf{Z}^d$ は $\mathcal{P}$ の頂点集合と一致する．

(**7.3.7**) 定理　整数 a_{ij}, b_i と ε_i ($1 \leq i \leq N$, $1 \leq j \leq d$) を準備する．但し，$\varepsilon_i \in \{0, 1\}$ とする．線型不等式系

(**7.3.8**)　　　　$b_i \leq \sum_{j=1}^{d} a_{ij} z_j \leq b_i + \varepsilon_i, \quad 1 \leq i \leq N$

(**7.3.9**)　　　　$0 \leq z_j \leq 1, \quad 1 \leq j \leq d$

を満たす $(z_1, z_2, \cdots, z_d) \in \mathbf{Q}^d$ の全体から成る凸多面体 $\mathcal{P} \subset \mathbf{Q}^d$ が $(0, 1)$ 凸多面体であると仮定する．このとき，$\mathcal{P}$ は圧搾である．

定理（7.3.7）の証明は後述するが，一般論として，線型不等式系（7.3.8）と（7.3.9）の解空間である凸多面体 $\mathcal{P} \subset \mathbf{Q}^d$ が $(0,1)$ 凸多面体であるか否かを判定することは至って困難である．なお，（7.3.9）から $\mathcal{P}$ が $(0,1)$ 凸多面体であることは $\mathcal{P}$ の頂点がすべて整数点であることに他ならない．しかし，線型不等式系（7.3.8）の係数行列 $(a_{ij})_{1 \leq i \leq N, 1 \leq j \leq d}$ が完全単模であれば $\mathcal{P} \subset \mathbf{Q}^d$ は自動的に $(0,1)$ 凸多面体になる（命題（7.3.4））．現実問題として，定理（7.3.7）が威力を発揮するのは $(a_{ij})_{1 \leq i \leq N, 1 \leq j \leq d}$ が完全単模なときに殆ど限られてしまうが，それにも拘わらず，定理（7.3.7）の応用範囲は広く，著名な $(0,1)$ 凸多面体が圧搾であることが瞬時に判明する．

（**7.3.10**）**系**　整数を成分とする N 行 d 列の行列 $(a_{ij})_{1 \leq i \leq N, 1 \leq j \leq d}$ が完全単模ならば，任意の整数 b_i と任意の $\varepsilon_i \in \{0,1\}$ について，線型不等式系（7.3.8）を満たす $(0,1)$ ベクトル $(z_1, z_2, \cdots, z_d)$ 全体の凸閉包は圧搾 $(0,1)$ 凸多面体である．

[証明]　行列 $(a_{ij})_{1 \leq i \leq N, 1 \leq j \leq d}$ が完全単模ならば線型不等式（7.3.8）と（7.3.9）の係数行列も完全単模である．すると，線型不等式系（7.3.8）と（7.3.9）を満たす $(z_1, z_2, \cdots, z_d) \in \mathbf{Q}^d$ の全体から成る凸多面体 $\mathcal{P} \subset \mathbf{Q}^d$ のすべての頂点は（整数点，従って）$(0,1)$ ベクトルである．すると，線型不等式系（7.3.8）を満たす $(0,1)$ ベクトル $(z_1, z_2, \cdots, z_d)$ 全体の凸閉包は $\mathcal{P}$ と一致する．他方，定理（7.3.7）から $\mathcal{P}$ は圧搾である．■

（**7.3.11**）**例**　(a) 整数 $2 \leq n < d$ を固定する．空間 $\mathbf{Q}^d$ における n 番目の**超単体**とは $z_1 + z_2 + \cdots + z_d = n$ を満たす $(0,1)$ ベクトル $(z_1, z_2, \cdots, z_d)$ 全体の凸閉包 $\mathcal{Q}_d^{(n)}$ のことである．いま，1 行 d 列の行列 $[1, 1, \cdots, 1]$ は完全単模であるから $\mathcal{Q}_d^{(n)}$ は圧搾 $(0,1)$ 凸多面体である．

(b) 空間 $\mathbf{Q}^{d^2}$ を有理数を成分とする d 行 d 列の行列 $(z_{ij})_{1 \leq i \leq d, 1 \leq j \leq d}$ の全体と思う．それぞれの行とそれぞれの列には非零成分が唯一つ存在し，その成分が 1 であるような行列 $(z_{ij})_{\substack{1 \leq i \leq d \\ 1 \leq j \leq d}}$ を**置換行列**と呼ぶ．置換行列 $P = (p_{ij})_{\substack{1 \leq i \leq d \\ 1 \leq j \leq d}}$ の非零成分が i 行 j_i 列，$1 \leq i \leq d$，のとき，集合 $\{1, 2, \cdots, d\}$ 上の置換

$$\begin{pmatrix} 1 & 2 & \cdots\cdots & d \\ j_1 & j_2 & \cdots\cdots & j_d \end{pmatrix}$$

を P に対応させると，d 行 d 列の置換行列と $\{1, 2, \cdots, d\}$ 上の置換の全体が 1 対 1 に対応する．線型不等式系

$$\sum_{i=1}^{d} z_{ij} = 1, \quad 1 \leq j \leq d$$

$$\sum_{j=1}^{d} z_{ij} = 1, \quad 1 \leq i \leq d$$

の係数行列は（頂点集合 $\{1, 2, \cdots, d\} \cup \{1', 2', \cdots, d'\}$ 上の完全二部グラフの隣接行列は完全単模であることに注意すると）完全単模である．すると，d 行 d 列の置換行列の全体の凸閉包は圧搾 $(0,1)$ 凸多面体である．

(c) 有限半順序集合 $P = \{p_1, p_2, \cdots, p_d\}$ の**順序凸多面体** $\mathcal{O}_P$ とは線型不等式系（i）P において $p_i \leq p_j$ ならば $z_j \leq z_i$ と（ii）$0 \leq z_i \leq 1$，$1 \leq i \leq d$，を満たす点 $(z_1, z_2, \cdots, z_d) \in \mathbf{Q}^d$ の全体から成る凸多面体である．簡単のため，P に属する元の添字は「$p_i < p_j$ ならば $i < j$」を満たすと仮定する．頂点集合 $\{1, 2, \cdots, d\}$ 上の有限グラフ $\mathrm{Com}(P)$ でその辺集合が $\{\{i, j\}; p_i < p_j\}$ となるものを P の比較可能グラフと呼ぶ．比較可能グラフ $\mathrm{Com}(P)$ の辺 $\{i, j\}$ に向きを「$i < j$ のとき $\bullet_i \longleftarrow \bullet_j$」と定義した有向グラフを $\mathrm{Com}(P)_{\rightarrow}$ とする．線型不等式系（i）の係数行列は $\mathrm{Com}(P)_{\rightarrow}$ の隣接行列の転置行列と一致し，それは完全単模である（例 (7.3.5;b)）．従って，順序凸多面体 $\mathcal{O}_P$ は圧搾 $(0,1)$ 凸多面体である．

(7.3.12) 問 空間 $\mathbf{Q}^d$ の $(0,1)$ ベクトル $(z_1, z_2, \cdots, z_d)$ が順序凸多面体 $\mathcal{O}_P$ の頂点となるためには，条件「P において $p_i \leq p_j$ である任意の i と j について，$z_j = 1$ ならば $z_i = 1$ である」が満たされることが必要十分である．これを示せ．

定理 (7.3.7) を証明するために幾つかの補題を準備する．一般に，すべての頂点が整数点である凸多面体 $\mathcal{P} \subset \mathbf{Q}^d$ が**整分割性**を持つとは，任意の $k = 1, 2, \cdots$ と任意の $\alpha \in k\mathcal{P} \cap \mathbf{Z}^d$ について，適当に $\alpha_1, \alpha_2, \cdots, \alpha_k \in \mathcal{P} \cap \mathbf{Z}^d$ を選んで $\alpha = \alpha_1 + \alpha_2 + \cdots + \alpha_k$ とできるときに言う．但し，$k\mathcal{P} = \{k\alpha; \alpha \in \mathcal{P}\}$ である．

(7.3.13) 補題 整数 a_{ij} と b_i ($1 \leq i \leq N$, $1 \leq j \leq d$) を準備する．線型

不等式系

$$\sum_{j=1}^{d} a_{ij} z_j = b_i, \quad 1 \leq i \leq N$$
$$0 \leq z_j \leq 1, \quad 1 \leq j \leq d$$

を満たす $(z_1, z_2, \cdots, z_d) \in \mathbf{Q}^d$ の全体から成る凸多面体 $\mathcal{P} \subset \mathbf{Q}^d$ が $(0,1)$ 凸多面体であると仮定する．すると，

(a) $\mathcal{P}$ は整分割性を持つ．

(b) $\mathcal{P}$ は圧搾である．

[証明]　　以下，添字の簡略化のため，ベクトル $\alpha \in \mathbf{Q}^d$ の第 j 成分を $\alpha^{(j)}$ と表す．すると，$\alpha = (\alpha^{(1)}, \alpha^{(2)}, \cdots, \alpha^{(d)})$ である．

(a) 凸多面体 $\mathcal{P} \subset \mathbf{Q}^d$ の頂点を $\alpha_1, \alpha_2, \cdots, \alpha_n$ とする．すると，任意の $\alpha \in k\mathcal{P} \cap \mathbf{Z}^d$ は

$$\alpha = c_1 \alpha_1 + c_2 \alpha_2 + \cdots + c_n \alpha_n$$

と表示される．但し，それぞれの c_i は非負有理数，$\sum_{i=1}^{n} c_i = k$ である．いま，たとえば，$c_1 \neq 0$ としよう．このとき，$\alpha_1^{(j)} = 1$ ならば $\alpha^{(j)} \neq 0$ である．すると，$0 \leq \alpha^{(j)} \in \mathbf{Z}$ から $\alpha^{(j)} \geq 1$ が従う．次に，$\alpha^{(j)} = k$ とすると ($c_i \geq 0$, $\sum_{i=1}^{n} c_i = k$, $\alpha_i^{(j)} \in \{0,1\}$ に注意すると) $c_i \neq 0$ なる $1 \leq i \leq n$ について $\alpha_i^{(j)} = 1$ である．従って，$\beta = \alpha - \alpha_1 \in \mathbf{Z}^{(d)}$ は

$$\sum_{j=1}^{d} a_{ij} \beta^{(j)} = (k-1) b_i, \quad 1 \leq i \leq N$$
$$0 \leq \beta^{(j)} \leq k-1, \quad 1 \leq j \leq d$$

を満たす．従って，β は $(k-1)\mathcal{P} \cap \mathbf{Z}^{(d)}$ に属する．すると，k に関する帰納法を使うと，

$$\beta = \alpha_{p_1} + \alpha_{p_2} + \cdots + \alpha_{p_{k-1}}$$

となる $p_1, p_2, \cdots, p_{k-1} \in \{1, 2, \cdots, n\}$ が存在する．従って，

$$\alpha = \alpha_1 + \alpha_{p_1} + \alpha_{p_2} + \cdots + \alpha_{p_{k-1}}$$

である.

（b）多項式環 $K[\mathbf{x}] = K[x_1, x_2, \cdots, x_n]$ の任意の逆辞書式順序 $<_{\mathrm{rev}}$ を固定する．空間 $\mathbf{Q}^{d+1}$ の配置

$$\{(\alpha_1, 1), (\alpha_2, 1), \cdots, (\alpha_n, 1)\} \subset \mathbf{Z}^{d+1}$$

のトーリックイデアルを $I \subset K[\mathbf{x}]$ と表す．いま，既約な二項式

$$f = \prod_{\ell=1}^{N} x_{t_\ell} - \prod_{\ell=1}^{N} x_{s_\ell}$$

が I に属するとし，f に現れる変数のなかで $<_{\mathrm{rev}}$ に関してもっとも小さいものを x_{s_1} とする．既約な二項式 $f \in I$ から導かれる（$\mathbf{Z}^d$ における）関係式

$$\sum_{\ell=1}^{N} \alpha_{t_\ell} = \sum_{\ell=1}^{N} \alpha_{s_\ell}$$

に着目する．次に，$J = \{j\,;\,\alpha_{s_1}^{(j)} = 1\}$, $J' = \{j'\,;\,\alpha_{s_1}^{(j')} = 0\}$ と置くと，$J \cup J' = \{1, 2, \cdots, n\}$, $J \cap J' = \emptyset$ である．

いま，$j \in J$ とすると，$\alpha_{t_{\ell_j}}^{(j)} = 1$ となる $1 \leq \ell_j \leq N$ が存在する．他方，$j' \in J'$ とすると，$\alpha_{t_{\ell_{j'}}}^{(j')} = 0$ となる $1 \leq \ell_{j'} \leq N$ が存在する．条件「$\alpha_{t_r}^{(j)} = 1$ を満たす $j \in J$ が存在する」と「$\alpha_{t_r}^{(j')} = 0$ を満たす $j' \in J'$ が存在する」のいずれかを満たす $1 \leq r \leq N$ 全体の集合を $\{r_1, r_2, \cdots, r_k\}$ とする．すると，

$$\alpha = \alpha_{t_{r_1}} + \alpha_{t_{r_2}} + \cdots + \alpha_{t_{r_k}} \in k\mathcal{P} \cap \mathbf{Z}^d$$

は「$j \in J$ ならば $\alpha^{(j)} > 0$」と「$j' \in J'$ ならば $\alpha^{(j')} < k$」の両者を満たす．従って，$\beta = \alpha - \alpha_{s_1} \in \mathbf{Z}^{(d)}$ は

$$\sum_{j=1}^{d} a_{ij}\beta^{(j)} = (k-1)b_i, \quad 1 \leq i \leq N$$

$$0 \leq \beta^{(j)} \leq k-1, \quad 1 \leq j \leq d$$

を満たす．すると，$\beta \in (k-1)\mathcal{P} \cap \mathbf{Z}^d$ である．従って，整分割性（a）から

$$\beta = \alpha_{p_1} + \alpha_{p_2} + \cdots + \alpha_{p_{k-1}}$$

となる $p_1, p_2, \cdots, p_{k-1} \in \{1, 2, \cdots, n\}$ が存在する．このとき，二項式
$$g = x_{t_{r_1}} x_{t_{r_2}} \cdots x_{t_{r_k}} - x_{s_1} x_{p_1} x_{p_2} \cdots x_{p_{k-1}} \neq 0$$
は I に属する．いま，$\mathrm{in}_{<_{\mathrm{rev}}}(g) = x_{t_{r_1}} x_{t_{r_2}} \cdots x_{t_{r_k}}$ は平方自由であり，更に，$\mathrm{in}_{<_{\mathrm{rev}}}(g)$ は $\mathrm{in}_{<_{\mathrm{rev}}}(f) = \prod_{\ell=1}^{N} x_{t_\ell}$ を割り切る．すると，I のイニシャルイデアル $\mathrm{in}_{<_{\mathrm{rev}}}(I)$ は平方自由である． ∎

アフィン写像について簡単に触れる．写像 $\Phi : \mathbf{Q}^d \to \mathbf{Q}^{d'}$ が**アフィン写像**であるとは，Φ が線型写像と平行移動の合成写像である（すなわち，線型写像 $\Phi' : \mathbf{Q}^d \to \mathbf{Q}^{d'}$ と $\mathbf{Q}^{d'}$ のベクトル $\mathbf{b}$ を使って，$\Phi(\alpha) = \Phi'(\alpha) + \mathbf{b}, \ \alpha \in \mathbf{Q}^d$，と表される）ときに言う．

(**7.3.14**) 問　　アフィン写像 $\Phi : \mathbf{Q}^d \to \mathbf{Q}^{d'}$ について次の（ⅰ）と（ⅱ）を示せ．
　（ⅰ）空間 $\mathbf{Q}^d$ のベクトル $\xi_1, \xi_2, \cdots, \xi_\ell$ と $\sum_{k=1}^{\ell} r_k = 1$ を満たす非負有理数 $r_1, r_2, \cdots, r_\ell$ について $\Phi(\sum_{k=1}^{\ell} r_k \xi_k) = \sum_{k=1}^{\ell} r_k \Phi(\xi_k)$ である．
　（ⅱ）任意の有限集合 $X \subset \mathbf{Q}^d$ について $\Phi(\mathrm{CONV}(X)) = \mathrm{CONV}(\Phi(X))$ が成立する．

［定理（**7.3.7**）の証明］　　単射なアフィン写像 $\Phi : \mathbf{Q}^d \to \mathbf{Q}^{d+N}$ を

$$\begin{aligned}
&\Phi(z_1, z_2, \cdots, z_d) \\
&= \left(z_1, z_2, \cdots, z_d, \sum_{j=1}^{d} a_{1j} z_j - b_1, \sum_{j=1}^{d} a_{2j} z_j - b_2, \cdots, \sum_{j=1}^{d} a_{Nj} z_j - b_N \right) \\
&= \left(z_1, z_2, \cdots, z_d, \sum_{j=1}^{d} a_{1j} z_j, \sum_{j=1}^{d} a_{2j} z_j, \cdots, \sum_{j=1}^{d} a_{Nj} z_j \right) \\
&\quad - (0, 0, \cdots, 0, b_1, b_2, \cdots, b_N)
\end{aligned}$$

と定義する．すると，$\Phi(\mathbf{Z}^d) \subset \mathbf{Z}^{d+N}$ である．凸多面体 $\mathcal{P}$ は $(0,1)$ 凸多面体である．すると，問（7.3.6）から $\mathcal{P} = \mathrm{CONV}(\mathcal{P} \cap \mathbf{Z}^d)$ である．更に，問（7.3.14）から $\Phi(\mathcal{P}) = \mathrm{CONV}(\Phi(\mathcal{P} \cap \mathbf{Z}^d))$ となる．従って，$\Phi(\mathcal{P}) = \mathrm{CONV}(\Phi(\mathcal{P}) \cap \mathbf{Z}^{d+N})$

である.他方,凸多面体 $\Phi(\mathcal{P})$ は線型不等式系

$$\sum_{j=1}^{d} a_{ij}z_j - z_{d+i} = b_i, \qquad 1 \leq i \leq N$$
$$0 \leq z_j \leq 1, \quad 0 \leq z_{d+i} \leq \varepsilon_i, \qquad 1 \leq j \leq d, \ 1 \leq i \leq N$$

を満たす $(z_1, z_2, \cdots, z_d, z_{d+1}, z_{d+2}, \cdots, z_{d+N}) \in \mathbf{Q}^{d+N}$ 全体の集合と一致する. すると,$\Phi(\mathcal{P})$ に属する整数点は $(0,1)$ ベクトルである.従って,$\Phi(\mathcal{P})$ は $(0,1)$ ベクトルから成る集合の凸閉包である.すると,問 (7.3.6) から $\Phi(\mathcal{P})$ は $(0,1)$ 凸多面体である.従って,補題 (7.3.13) から $\Phi(\mathcal{P})$ は圧搾 $(0,1)$ 凸多面体である.

写像 Φ は単射である.有限集合 $V = \{\alpha_1, \alpha_2, \cdots, \alpha_n\} = \mathcal{P} \cap \mathbf{Z}^d$ が $\mathcal{P}$ の頂点集合であれば $\Phi(V) = \{\Phi(\alpha_1), \Phi(\alpha_2), \cdots, \Phi(\alpha_n)\} = \Phi(\mathcal{P}) \cap \mathbf{Z}^{d+N}$ は $\Phi(\mathcal{P})$ の頂点集合である.いま,$\sum_{q=1}^{n} c_q = \sum_{q=1}^{n} c'_q$ を満たす非負整数 c_q と c'_q,$1 \leq q \leq n$,について関係式

$$\sum_{q=1}^{n} c_q \alpha_q = \sum_{q=1}^{n} c'_q \alpha_q$$

が成立するためには,Φ の単射性と問 (7.3.14) を使うと,

$$\Phi\left(\left(\sum_{q=1}^{n} c_q \alpha_q\right) \Big/ \left(\sum_{q=1}^{n} c_q\right)\right) = \Phi\left(\left(\sum_{q=1}^{n} c'_q \alpha_q\right) \Big/ \left(\sum_{q=1}^{n} c'_q\right)\right)$$

が成立すること,換言すると,

$$\left(\sum_{q=1}^{n} c_q \Phi(\alpha_q)\right) \Big/ \left(\sum_{q=1}^{n} c_q\right) = \left(\sum_{q=1}^{n} c'_q \Phi(\alpha_q)\right) \Big/ \left(\sum_{q=1}^{n} c'_q\right)$$

が成立すること,従って,

$$\sum_{q=1}^{n} c_q \Phi(\alpha_q) = \sum_{q=1}^{n} c'_q \Phi(\alpha_q)$$

が成立することが必要十分である.すると,配置

(**7.3.15**) $\qquad \{(\alpha_1, 1), (\alpha_2, 1), \cdots, (\alpha_n, 1)\} \subset \mathbf{Z}^{d+1}$

と配置

(**7.3.16**) $\{(\Phi(\alpha_1), 1), (\Phi(\alpha_2), 1), \cdots, (\Phi(\alpha_n), 1)\} \subset \mathbf{Z}^{d+N+1}$

のトーリックイデアルは一致する．配置（7.3.16）は圧搾であるから（7.3.15）も圧搾である． ∎

(**7.3.17**) 問　頂点集合 $\{1, 2, \cdots, d\}$ 上の型 $(n_1, n_2, \cdots, n_q)$ の**完全多重グラフ**（但し，$n_1 + n_2 + \cdots + n_q = d$）とは，頂点集合 $\{1, 2, \cdots, d\}$ 上の有限グラフ $G_{(n_1, n_2, \cdots, n_q)}$ であって，頂点集合 $\{1, 2, \cdots, d\}$ を $V_1 \cup V_2 \cup \cdots \cup V_q$ と分割（但し，$V_i = \{\sum_{k=1}^{i-1} n_k + 1, \sum_{k=1}^{i-1} n_k + 2, \cdots, \sum_{k=1}^{i} n_k\}$, $i = 1, 2, \cdots, q$）するとき，$\{\{i, j\}\,;\, i \in V_k, j \in V_\ell, k \neq \ell\}$ がその辺集合となるものである．有限グラフ $G_{(n_1, n_2, \cdots, n_q)}$ から生起する配置は圧搾であることを示せ．

8

Koszul 代数と Gröbner 基底

次数 2 の二項式で生成されるトーリックイデアルは可換代数および代数幾何において際立った特質を保有する．配置に付随するトーリックイデアルに属する既約な次数 2 の二項式は次の 2 種類に分類できる．

$x_i x_j - x_k x_\ell$
（但し，i, j, k, ℓ はすべて異なる）

$x_i^2 - x_j x_k$
（但し，i, j, k はすべて異なる）

前者は '平行四辺形' 型，後者は '中点' 型であるが，両者はいずれも配置の状態から比較的簡単に探すことができる．従って，トーリックイデアルに属する次数 2 の二項式をすべて列挙することは原理的には可能である．配置 $\mathcal{A}$ に付随するトーリックイデアル $I_\mathcal{A}$ に属する既約な次数 2 の二項式の全体を $f_1, f_2, \cdots, f_r$ とするとき，性質

（☆）$\{f_1, f_2, \cdots, f_r\}$ は適当な単項式順序に関する $I_\mathcal{A}$ の Gröbner 基底となる

を $\mathcal{A}$ が有するならば $\mathcal{A}$ は可換代数および代数幾何において極めて重宝である．本著では可換代数と代数幾何には深入りしないけれども，その代数的な背景を §8.1 で紹介する．続いて，性質（☆）を持つ配置の顕著な類を，§8.2 では Buchberger 判定法（3.2.3）を使って，§8.3 では補題（4.3.4）を使って探索する．

§8.1　Koszul 代 数

本節は可換環論にどっぷりと浸っている嫌いがあるが，その狙いは可換代数の研究者が次数 2 の二項式から成る Gröbner 基底に執着する背景を解説することにある．従って，抽象代数に馴染みの薄い読者はパラパラと眺めるに留め，理論の展開は無視することも可能である．但し，例（8.1.3）と例（8.1.4）は次数 2 の二項式で生成されるトーリックイデアルで次数 2 の二項式から成る Gröbner 基

底を持たないものの貴重な例であるから一読の価値がある．よしんばそのような可換代数の背景を完全に忘却したとしても，§8.2 と §8.3 は具体的なトーリックイデアルの Gröbner 基底を理論的に探す顕著なお手本としての意義は些かなりとも損なわれない[*]．

● 体 K 上の有限生成斉次環 $R = \bigoplus_{i=0}^{\infty} R_i$ の埋め込み次元を n とし，R の生成系 $\{y_1, y_2, \cdots, y_n\} \subset R_1$ を一つ固定する．すると，体 K 上の n 変数多項式環 $K[\mathbf{x}] = K[x_1, x_2, \cdots, x_n]$ から R への準同型写像 $\pi : K[\mathbf{x}] \to R$ を「変数 x_i に y_i を代入する操作」と定義すると，π は全射である．その核 $I \subset K[\mathbf{x}]$ は $K[\mathbf{x}]$ の斉次イデアルである．イデアル I を有限生成斉次環 R の定義イデアルと呼んだ．他方，$R = \bigoplus_{i=0}^{\infty} R_i$ のイデアル $\bigoplus_{i=1}^{\infty} R_i$ を R^+ と置く．剰余環 R/R^+ は体 K と同型である．

● 体 K 上の有限生成斉次環 $R = \bigoplus_{i=0}^{\infty} R_i$ があったとき，K 上の有限次元線型空間の族

$$\mathrm{Tor}_{ij}^R(K, K), \quad i, j = 0, 1, 2, \cdots$$

が定義される．

線型空間 $\mathrm{Tor}_{ij}^R(K, K)$ をどう定義するのか？ という読者からのお叱りの声が聞こえてきそうであるが，その定義を厳密に紹介しようと思うならばホモロジー代数の道具を準備する必要があるのだから，そういう有限次元線型空間の族があるんだな … と納得しておいて貰えると著者としては大変有り難い．たとえば，[17, 付録 B] などを眺めるとホモロジー代数が素人にとって十分に鬱陶しい煩雑なものであることが理解できる．

● すると，

$$\beta_{ij}^R(K, K) = \dim_K \mathrm{Tor}_{ij}^R(K, K), \quad i, j = 0, 1, 2, \cdots$$

---

[*] Koszul 代数の概説記事として [R. Fröberg, Koszul algebras, *in* "Advances in Commutative Ring Theory" (D. E. Dobbs, M. Fontana, S.-E. Kabbaj, Eds.) Lecture Notes in Pure and Applied Mathematics, Volume 205, Dekker, New York, 1999, pp.337–350] を挙げておく．

と置くと数列

$$\{\beta_{ij}^R(K,K)\}_{\substack{i=0,1,\cdots \\ j=0,1,\cdots}}$$

とともに，その数列の母函数

$$P_K^R(\lambda,\mu) = \sum_{i=0}^{\infty}\sum_{j=0}^{\infty} \beta_{ij}^R(K,K)\lambda^i \mu^j$$

が定義される．

● 数列 $\{\beta_{ij}^R(K,K)\}_{\substack{i=0,1,\cdots \\ j=0,1,\cdots}}$ は K の R の上の**次数 Betti 数列**と呼ばれる．簡単な性質として，

(i) $\beta_{00}^R(K,K) = 1$, $\beta_{0j}^R(K,K) = 0$ ($j \neq 0$ のとき)

(ii) i を固定すると $\beta_{ij}^R(K,K) \neq 0$ となる j は高々有限個

(iii) $j < i$ ならば $\beta_{ij}^R(K,K) = 0$

を挙げる．次数 Betti 数列 $\{\beta_{ij}^R(K,K)\}_{\substack{i=0,1,\cdots \\ j=0,1,\cdots}}$ の背景を紹介しよう．

● 一般に，整数 q と整数 j があったとき，K 上の有限次元線型空間 $R(q)_j$ を R_{q+j} と定義する．但し，$R_i = 0$, $i < 0$, と置く．たとえば，$R(-3)_3 = R_0 = K$, $R(-3)_2 = R_{-1} = 0$ である．更に，整数 $q_1, q_2, \cdots, q_r$ があったとき，任意の整数 j について有限次元線型空間

$$\bigoplus_{i=1}^{r} R(q_i)_j = \{(z_1, z_2, \cdots, z_r) ; z_i \in R(q_i)_j, i = 1, 2, \cdots, r\}$$

とともに，それらの直和

$$\bigoplus_{i=1}^{r} R(q_i) = \bigoplus_{j \in \mathbf{Z}} \left(\bigoplus_{i=1}^{r} R(q_i)_j \right)$$

を考える．

● 整数 $q_1, q_2, \cdots, q_r$ と整数 $p_1, p_2, \cdots, p_s$ を固定する．いま，R の斉次元を成分とする s 行 r 列の行列 $A = (a_{k\ell})_{\substack{k=1,2,\cdots,s \\ \ell=1,2,\cdots,r}}$ が

$$a_{k\ell} \in R_{p_k - q_\ell}, \quad 1 \leq k \leq s, 1 \leq \ell \leq r$$

8.1 Koszul 代数

を満たすとき,写像

$$\varphi_j^A : \bigoplus_{\ell=1}^r R(q_\ell)_j \to \bigoplus_{k=1}^s R(p_k)_j$$

を

$$\varphi_j^A(z_1, z_2, \cdots, z_r) = \left(\sum_{\ell=1}^r a_{1\ell} z_\ell, \sum_{\ell=1}^r a_{2\ell} z_\ell, \cdots, \sum_{\ell=1}^r a_{s\ell} z_\ell\right)$$

と定義する.更に,写像

$$\varphi^A : \bigoplus_{\ell=1}^r R(q_\ell) \to \bigoplus_{k=1}^s R(p_k)$$

を

$$\varphi^A = \bigoplus_{j \in \mathbf{Z}} (\varphi_j^A)$$

と定義する.すなわち, $\xi = (\xi_j)_{j \in \mathbf{Z}}$, $\xi_j \in \bigoplus_{\ell=1}^r R(q_\ell)_j$, のとき

$$\varphi^A(\xi) = (\varphi_j^A(\xi_j))_{j \in \mathbf{Z}}$$

である.便宜上,このような写像 φ^A を $\bigoplus_{\ell=1}^r R(q_\ell)$ から $\bigoplus_{k=1}^s R(p_k)$ への**斉次な写像**と呼ぶ.更に,行列 A の成分に次数 0 の非零な元(すなわち, $K \setminus \{0\}$ に属する元)が現れないとき,斉次な写像 φ^A は**極小**であると言われる.

● 斉次な写像 $\varphi^A : \bigoplus_{\ell=1}^r R(q_\ell) \to \bigoplus_{k=1}^s R(p_k)$ の像と核を

$$\mathrm{Im}(\varphi^A) = \left\{\varphi^A(\xi) \, ; \, \xi \in \bigoplus_{\ell=1}^r R(q_\ell)\right\}$$

$$\mathrm{Ker}(\varphi^A) = \left\{\xi \in \bigoplus_{\ell=1}^r R(q_\ell) \, ; \, \varphi^A(\xi) = \mathbf{0}\right\}$$

と定義する.但し, $\mathbf{0}$ は $\bigoplus_{k=1}^s R(p_k)$ の零元である.

● 次数 Betti 数列 $\{\beta_{ij}^R(K, K)\}_{\substack{i=0,1,\cdots \\ j=0,1,\cdots}}$ の議論を継続する.いま,

$$F_i = \bigoplus_{j \in \mathbf{Z}} R(-j)^{\beta_{ij}^R(K,K)}, \quad i = 0, 1, \cdots$$

と置く．但し，

$$R(-j)^{\beta_{ij}^R(K,K)} = \overbrace{R(-j)\bigoplus R(-j) \bigoplus \cdots \bigoplus R(-j)}^{\beta_{ij}^R(K,K)\text{ 個}}$$

である．すると，$F_0 = R$ である．

● このとき，極小な写像

$$\varphi^{A_i} : F_i \to F_{i-1}, \quad i = 1, 2, \cdots$$

で，条件

$$\mathrm{Im}(\varphi^{A_i}) = \mathrm{Ker}(\varphi^{A_{i-1}}), \quad i = 2, 3, \cdots$$
$$\mathrm{Im}(\varphi^{A_1}) = R^+ \ (= R_1 \bigoplus R_2 \bigoplus \cdots)$$

を満たすものが構成できる．列

$$(8.1.1) \quad \cdots \xrightarrow{\varphi^{A_{i+1}}} F_i \xrightarrow{\varphi^{A_i}} F_{i-1} \xrightarrow{\varphi^{A_{i-1}}} \cdots \xrightarrow{\varphi^{A_2}} F_1 \xrightarrow{\varphi^{A_1}} F_0 \longrightarrow K \longrightarrow 0$$

は K の R 上の**極小自由分解**（minimal free resolution）と呼ばれる．但し，$F_0 \longrightarrow K$ は自然な全射，右端の $K \longrightarrow 0$ は零写像である．

極小自由分解は昨今の可換代数におけるもっとも重要なキーワードの一つである．その議論の詳細は [7, 第 6 章], [8, Part III] などに譲る．

● 体 K 上の有限生成斉次環 $R = \bigoplus_{i=0}^{\infty} R_i$ に現れる線型空間 R_i $(i = 0, 1, 2, \cdots)$ は有限次元である（問 (1.3.5)）．いま，線型空間 R_i の次元 $\dim_K R_i$ を $H(R;i)$ と表す．

$$H(R;i) = \dim_K R_i, \quad i = 0, 1, 2, \cdots$$

函数 $H(R;i)$ を R の **Hilbert 函数**と呼ぶ．他方，λ の形式的冪級数

$$F(R;\lambda) = \sum_{q=0}^{\infty} H(R;i)\lambda^q$$

を R の **Hilbert 級数**と呼ぶ．

● Hilbert 函数と Hilbert 級数の一般論は [5, Chapter 4] で展開されている．本著では深入りしないけれども，

(i) Hilbert 函数 $H(R;i)$ は，十分大きなすべての i について，i の多項式である．その多項式を R の **Hilbert 多項式**と呼ぶ．

(ii) Hilbert 級数 $F(R;\lambda)$ は λ の有理函数である．

たとえば，体 K 上の n 変数多項式環 $K[\mathbf{x}]$ の Hilbert 函数は $H(K[\mathbf{x}];i) = \binom{n+i-1}{n-1}$, Hilbert 級数は

$$F(K[\mathbf{x}];\lambda) = \sum_{i=0}^{\infty} \binom{n+i-1}{n-1} \lambda^i = (1+\lambda+\lambda^2+\cdots)^n$$

である．すると，

$$1+\lambda+\lambda^2+\cdots = \frac{1}{1-\lambda}$$

を使うと，$F(K[\mathbf{x}];\lambda)$ は有理函数 $1/(1-\lambda)^n$ である．

Hilbert 級数は可換代数の理論を組合せ論に応用する際に威力を発揮する．拙著 [12] を参照されたい．

● 体 K 上の有限生成斉次環 $R = \bigoplus_{i=0}^{\infty} R_i$ が **Koszul 代数**であるとは，任意の $i \neq j$ について $\mathrm{Tor}_{ij}^R(K,K) = 0$ であるときに言う．

換言すると，R が Koszul 代数であることと極小自由分解 (8.1.1) に現れる行列 $A_1, A_2, \cdots$ のすべての非零成分が R の次数 1 の斉次元であることは同値である．Euler-Poincaré の公式の証明 [12, p. 86] を模倣し，(8.1.1) 使って R の Hilbert 級数を計算すると，Koszul 代数の特徴付けの一つが得られる．

● 形式的冪級数 $P_K^R(\lambda) = P_K^R(\lambda,1)$ を R の **Poincaré 級数**と呼ぶ．このとき，R が Koszul 代数であるためには，その Poincaré 級数 $P_K^R(\lambda)$ が

(**8.1.2**) $$F(R;\lambda) P_K^R(-\lambda) = 1$$

を満たすことが必要十分である．

たとえば，R を n 変数多項式環 $K[\mathbf{x}]$ とすると，K の $K[\mathbf{x}]$ 上の極小自由分解はいわゆる Koszul 複体 [17, p. 186] で与えられ，$K[\mathbf{x}]$ の Poincaré 級数は $P_K^{K[\mathbf{x}]}(\lambda) = (1+\lambda)^n$ となる．すると，$K[\mathbf{x}]$ は Koszul 代数である．

● Poincaré 級数と Koszul 代数の研究の歴史を駆け足で辿ってみよう．1956 年，Serre は正則局所環を大域次元が有限なネータ局所環として特徴付けることに成功した（[17, 定理 19.2]）．その証明の過程において，Serre は Koszul 複体を使って Krull 次元 n の正則局所環の Poincaré 級数が $(1+\lambda)^n$ であることを示した．（可換環の一般論を展開する際，ネータ局所環→体 K 上の有限生成斉次環，Krull 次元 n の正則局所環→体 K 上の n 変数多項式環，大域次元が有限→ Poincaré 級数が多項式，と読み替えることが大抵許される．）Serre の仕事は正則局所環の本質を捉えたものであり，イデアル論とホモロジー代数との重要な接点でもある．たとえば，正則局所環の局所化が正則になるという定理（[17, 定理 19.3]）は Serre の特徴付けから直ちに従うが，古典的なイデアル論だけでは苦労しても特殊な場合にしか証明できなかった定理である．Serre の仕事を契機として，Poincaré 級数が有理函数となるネータ局所環の類を探す研究が活性化された．完全交叉の環（Tate, 1957 年），Golod 環（Golod, 1962 年）などがそのような類であることが示された．他方，1965 年，Serre はネータ局所環（→体 K 上の有限生成斉次環，と読み替える）の Poincaré 級数 $P_K^R(\lambda)$ が有理函数であるか？　という問を提唱した．1975 年，Fröberg はイデアル $I \subset K[\mathbf{x}]$ が次数 2 の単項式で生成されるとき $R = K[\mathbf{x}]/I$ が Koszul 代数であることを証明した．一般に，体 K 上の有限生成斉次環 $R = \bigoplus_{i=0}^{\infty} R_i$ の Hilbert 級数 $F(R; \lambda)$ は λ の有理函数であるから (8.1.2) を使うと，Koszul 代数 $R = \bigoplus_{i=0}^{\infty} R_i$ の Poincaré 級数 $P_K^R(\lambda)$ は λ の有理函数である．すると，Fröberg の定理からイデアル $I \subset K[\mathbf{x}]$ が次数 2 の単項式で生成されるならば $R = K[\mathbf{x}]/I$ の Poincaré 級数は有理函数である．Koszul 代数は Priddy が 1970 年に導入したが，Fröberg の仕事の重要性から Fröberg 代数と呼ばれることもある．その他，素敵環，形式環，Priddy 環などと呼ばれることもある．Serre の問題は当該分野の研究の道標として永年君臨したが，1982 年，Anick が $P_K^R(\lambda)$ が有理函数とはならない R を構成し，Serre の問題は否定的に解決された．けれども，$P_K^R(\lambda)$ が有理函数となるような R の良い類を探すことは興味深く，顕著な類の一つが Koszul 代数の類である．

● 体 K 上の有限生成斉次環 $R = \bigoplus_{i=0}^{\infty} R_i$ が Koszul 代数であるならば，R の定義イデアルは（(0) であるか，さもなければ）次数 2 の斉次多項式で生成される．

実際，$\mathrm{Tor}_{2j}^R(K,K) = 0$ が任意 $j \neq 2$ について成立する（換言すると，極小自

由分解 (8.1.1) に現れる行列 A_2 の非零成分が R の次数 1 の斉次元である) ためには，R の定義イデアルは $((0))$ であるか，さもなければ) 次数 2 の斉次多項式で生成されることが必要十分である．

● 体 K 上の有限生成斉次環 $R = \bigoplus_{i=0}^{\infty} R_i$ の定義イデアル $I \subset K[\mathbf{x}]$ が次数 2 の斉次多項式から成る Gröbner 基底を持つならば（すなわち，$K[\mathbf{x}]$ の単項式順序 $<$ を適当に選ぶと I の $<$ に関する Gröbner 基底で次数 2 の斉次多項式から成るものが存在するならば）R は Koszul 代数である．

概して,「イニシャルイデアル $\mathrm{in}_<(I)$ の素行は I と比較すると凄まじく悪い」から「イニシャルイデアル $\mathrm{in}_<(I)$ の代数的諸性質（の多く）は I に遺伝する」のである．いま，$R = \bigoplus_{i=0}^{\infty} R_i$ の定義イデアル $I \subset K[\mathbf{x}]$ が次数 2 の斉次多項式から成る Gröbner 基底を持つ（換言すると，$K[\mathbf{x}]$ の単項式順序 $<$ を適当に選ぶと I の $<$ に関するイニシャルイデアル $\mathrm{in}_<(I)$ が次数 2 の単項式で生成される）ならば，Fröberg の定理から $K[\mathbf{x}]/\mathrm{in}_<(I)$ は Koszul 代数である．すると，$K[\mathbf{x}]/I$（と同型な R）も Koszul 代数である．

● 従って，配置 $\mathcal{A}$ に付随するトーリックイデアル $I_\mathcal{A}$ に属する既約な次数 2 の二項式の全体を $f_1, f_2, \cdots, f_r$ とするとき，

　　性質（A）　$\{f_1, f_2, \cdots, f_r\}$ は $I_\mathcal{A}$ の生成系である

はトーリック環 $K[\mathcal{A}]$ が Koszul 代数であるための必要条件であり，

　　性質（B）　$\{f_1, f_2, \cdots, f_r\}$ は適当な単項式順序に関する $I_\mathcal{A}$ の
　　　　　　　Gröbner 基底となる

はトーリック環 $K[\mathcal{A}]$ が Koszul 代数であるための十分条件である．

けれども,「性質 (A) を満たすが Koszul 代数でないトーリック環」および「Koszul 代数であるが性質 (B) を満たさないトーリック環」を構成することは懸案の問題であった．性質 (A) を満たすが (B) を満たさないトーリック環があったとき，それが Koszul 代数でないことは計算代数のソフトを使って検証することもときとして可能であるが，それが Koszul 代数であることを証明することは偶然の幸運が重ならないと滅多に遂行できない．これらの懸案の問題は Roos-Sturmfels

と大杉英史によって独立に解決された (1997 年). 以下, 大杉英史の例を紹介する.

(8.1.3) 例 頂点集合 $\{1,2,3,4,5,6\}$ の上の有限グラフ

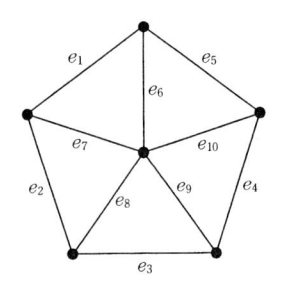

のトーリック環 $K[G]$ とトーリックイデアル I_G ($\subset K[x_1, x_2, \cdots, x_{10}]$) を考える.

（ⅰ）I_G に属する次数 2 の二項式は

$$x_1x_8 - x_2x_6,\ x_2x_9 - x_3x_7,\ x_3x_{10} - x_4x_8,\ x_4x_6 - x_5x_9,\ x_5x_7 - x_1x_{10}$$

の 5 個に限る. これら 5 個の二項式から成る集合 $\mathcal{G}$ は I_G の生成系である.

（ⅱ）I_G は次数 2 の二項式から成る Gröbner 基底を持たない. 実際, $\mathcal{G}$ が $K[x_1, x_2, \cdots, x_{10}]$ の単項式順序 $<$ に関する I_G の Gröbner 基底であるとし, I_G に属する次数 3 の 5 個の二項式

$$x_1x_8x_9 - x_3x_6x_7,\ x_2x_9x_{10} - x_4x_7x_8,\ x_2x_6x_{10} - x_5x_7x_8,$$
$$x_3x_6x_{10} - x_5x_8x_9,\ x_1x_9x_{10} - x_4x_6x_7$$

に着目する. 対称性から, $x_1x_8x_9 > x_3x_6x_7$ と仮定して良い. すると, $x_1x_8x_9 \in \mathrm{in}_<(I_G)$ であるから, $x_1x_8x_9$ を割り切る単項式をイニシャル単項式とする $g \in \mathcal{G}$ が存在する. そのような g の候補は $x_1x_8 - x_2x_6$ に限られ, $x_1x_8 > x_2x_6$ である. すると, $x_2x_6 \notin \mathrm{in}_<(I_G)$ である. 従って, $x_2x_6x_{10}$ を割り切る単項式をイニシャル単項式とする $g' \in \mathcal{G}$ は存在しない. すると, $x_2x_6x_{10} < x_5x_7x_8$ である. 従って, $x_5x_7 > x_1x_{10}$ である. 以上の操作を続けると,

$$x_1x_8x_9 > x_3x_6x_7,\ x_2x_9x_{10} > x_4x_7x_8,\ x_2x_6x_{10} < x_5x_7x_8,$$
$$x_3x_6x_{10} > x_5x_8x_9,\ x_1x_9x_{10} < x_4x_6x_7$$

並びに

$$x_1x_8 > x_2x_6, \; x_2x_9 > x_3x_7, \; x_3x_{10} > x_4x_8,$$
$$x_4x_6 > x_5x_9, \; x_5x_7 > x_1x_{10}$$

を得る．すると，

$$(x_1x_8)(x_2x_9)(x_3x_{10})(x_4x_6)(x_5x_7) > (x_2x_6)(x_3x_7)(x_4x_8)(x_5x_9)(x_1x_{10})$$

となるが，両辺の単項式はいずれも $x_1x_2\cdots x_{10}$ に一致（し，矛盾）する．従って，$\mathcal{G}$ が I_G の Gröbner 基底となるような単項式順序は存在しない．

（iii） I_G の $x_1 > x_2 > \cdots > x_{10}$ から導かれる辞書式順序に関する被約 Gröbner 基底を Buchberger アルゴリズムを使って計算すると，

$$\{x_1x_8 - x_2x_6, x_2x_9 - x_3x_7, x_3x_{10} - x_4x_8,$$
$$x_4x_6 - x_5x_9, x_1x_{10} - x_5x_7, x_2x_6x_{10} - x_5x_7x_8\}$$

となる．

（iv） 計算機を使って K の $K[G]$ 上の極小自由分解の右端の一部を構成し，次数 Betti 数列の i が小さい箇所を計算することで，$K[G]$ が Koszul 代数ではないことが判明する．

（8.1.4）例　次数 3 の 8 個の単項式

$$t_1t_2t_3, \quad t_1t_3t_4, \quad t_1t_4t_5, \quad t_1t_2t_5,$$
$$t_2t_3t_6, \quad t_4t_5t_6, \quad t_3t_4t_7, \quad t_2t_5t_7$$

で生成されるトーリック環 $K[\mathcal{A}]$ とそのトーリックイデアル $I_\mathcal{A}$（$\subset K[x_1, x_2, \cdots, x_8]$）を考える．

（i） $I_\mathcal{A}$ に属する次数 2 の二項式は

$$x_2x_8 - x_4x_7, \; x_1x_6 - x_3x_5, \; x_1x_3 - x_2x_4$$

の 3 個に限る．これら 3 個の二項式から成る集合 $\mathcal{G}$ は $I_\mathcal{A}$ の生成系である．

（ii） $I_\mathcal{A}$ は次数 2 の二項式から成る Gröbner 基底を持たない．実際，$\mathcal{G}$ が $K[x_1, x_2, \cdots, x_8]$ の単項式順序 $<$ に関する $I_\mathcal{A}$ の Gröbner 基底であるとし，$I_\mathcal{A}$

に属する次数 3 の 4 個の二項式

$$x_2x_4x_6 - x_3^2x_5,\ x_1x_8x_3 - x_4^2x_7,\ x_1^2x_6 - x_2x_4x_5,\ x_2^2x_8 - x_1x_3x_7$$

に着目する．いま，$x_2x_4x_6 > x_3^2x_5$ とすると，例 (8.1.3) の議論を模倣すると，$x_1x_3 < x_2x_4$, $x_1x_8x_3 < x_4^2x_7$, $x_2x_8 < x_4x_7$, $x_2^2x_8 < x_1x_3x_7$, $x_1x_3 > x_2x_4$ が順次従い，矛盾に至る．他方，$x_2x_4x_6 < x_3^2x_5$ とすると，$x_1x_6 < x_3x_5$, $x_1^2x_6 < x_2x_4x_5$, $x_1x_3 < x_2x_4$, $x_2^2x_8 > x_1x_3x_7$, $x_2x_8 > x_4x_7$, $x_1x_8x_3 > x_4^2x_7$, $x_1x_3 > x_2x_4$ が順次従い，矛盾に至る．

(iii) $I_\mathcal{A}$ の $x_1 > x_2 > \cdots > x_8$ から導かれる辞書式順序に関する被約 Gröbner 基底を Buchberger アルゴリズムを使って計算すると，

$$\{x_3^2x_5x_8 - x_4^2x_6x_7, x_2x_8 - x_4x_7,$$
$$x_2x_4x_6 - x_3^2x_5, x_1x_6 - x_3x_5, x_1x_3 - x_2x_4\}$$

となる．

(iv) $K[\mathcal{A}]$ は Koszul 代数である．いま，$K[\mathcal{A}']$ を

$$t_1t_2t_3,\ t_1t_3t_4,\ t_1t_4t_5,\ t_1t_2t_5,\ t_2t_3t_6,\ t_4t_5t_6,\ t_3t_4t_7$$

が生成する $K[\mathcal{A}]$ の部分環とすると，トーリックイデアル $I_{\mathcal{A}'}$ は次数 2 の二項式から成る Gröbner 基底

$$\{x_2x_4 - x_1x_3, x_1x_6 - x_3x_5\}$$

を持つから，$K[\mathcal{A}']$ は Koszul 代数である．一般に，Koszul 代数 R は整域（すなわち，$a, b \in R$, $a \neq 0$, $b \neq 0$ ならば $ab \neq 0$）であるとし，R に（次数 1 の）変数 x を添加して得られる斉次環（すなわち，R の元を係数とする一変数多項式環）を $R[x]$ とするとき，$(0 \neq) f \in R[x]$ が次数 2 の斉次元であるならば，剰余環 $R[x]/(f)$ も Koszul 代数である．従って，

$$K[\mathcal{A}] = K[\mathcal{A}'][x_8]/(x_2x_8 - x_4x_7)$$

は Koszul 代数である．

§8.2 二部グラフの Gröbner 基底

有限グラフ G から生起する配置 $\mathcal{A}_G$ のトーリック環 $K[G]$ とトーリックイデアル I_G を再論する．トーリックイデアル I_G が次数 2 の二項式から成る Gröbner 基底を持つような有限グラフ G を分類する問題は魅惑的ではあるが相当に難しいと思われる．しかし，G を二部グラフに限ると，次のような簡潔な結果が得られる．

(8.2.1) 定理 有限グラフ G は二部グラフであると仮定すると，以下の条件は同値である．
 （ i ）G に含まれる長さが 6 以上のサイクルには弦が存在する．
 （ii）I_G は（適当な単項式順序に関して）次数 2 の二項式から成る Gröbner 基底を持つ．
 （iii）$K[G]$ は Koszul 環である．
 （iv）I_G は次数 2 の二項式で生成される．

[証明] （ii）$\Rightarrow$（iii）$\Rightarrow$（iv）は Koszul 代数の一般論から従う．
 （iv）$\Rightarrow$（ i ） いま，Γ を長さが 6 以上のサイクルとする．§4.2 の記号を踏襲すると，二項式 $f_\Gamma = f_\Gamma^{(+)} - f_\Gamma^{(-)}$ は I_G に属するから，I_G に属する 2 次の二項式 $f_C = f_C^{(+)} - f_C^{(-)}$（但し，$C$ は G に含まれる長さが 4 のサイクル）を適当に選ぶと，$f_C^{(+)}$ は $f_\Gamma^{(+)}$ または $f_\Gamma^{(-)}$ を割り切る．サイクル C の頂点を i_1, i_2, i_3, i_4，辺を $e_{j_1}, e_{j_2}, e_{j_3}, e_{j_4}$ とし，$e_{j_1} = \{i_1, i_2\}, e_{j_2} = \{i_2, i_3\}, e_{j_3} = \{i_3, i_4\}, e_{j_4} = \{i_4, i_1\}$ とする．このとき，e_{j_1} と e_{j_3} の両者は Γ の辺であるとしてよい．すると，Γ の長さが 6 以上であることから，e_{j_2} または e_{j_4}（たとえば，e_{j_2}）は Γ の辺では有り得ない．従って，e_{j_2} は Γ の弦である．
 （ i ）$\Rightarrow$（ii） 有限グラフ G の頂点集合を $V(G)$ とすると，G が二部グラフであることから $V(G)$ は $V(G) = V_1 \cup V_2$ と分割され，G の任意の辺は $\{v, v'\}$，$v \in V_1, v' \in V_2$，となる．いま，$V_1 = \{v_1, v_2, \cdots, v_s\}$，$V_2 = \{v'_1, v'_2, \cdots, v'_t\}$ と置く．行列 $A = (a_i^j)_{1 \leq i \leq s;\ 1 \leq j \leq t}$ を「$\{i, j\}$ が G の辺であれば $a_i^j = 1$，さもなくば $a_i^j = 0$」と定義する．
 一般に，有理数を成分とするベクトル $\mathbf{a} = (a_1, a_2, \cdots, a_N)$ と $\mathbf{b} = (b_1, b_2, \cdots,$

b_N) について,$\mathbf{a} <_\star \mathbf{b}$ を「ベクトル $\mathbf{a} - \mathbf{b}$ の最も右にある 0 でない成分は負」と定義する.

行列 $A = (a_i^j)_{1 \leq i \leq s;\ 1 \leq j \leq t}$ に付随するベクトル $\delta_A = (\delta_1, \delta_2, \cdots, \delta_{s+t})$ を $\delta_k = \sum_{i+j=k} a_i^j$,$2 \leq k \leq s+t$,と定義する.いま,$\mathbf{a}_1, \mathbf{a}_2, \cdots, \mathbf{a}_s$ を A の行ベクトルとし,$\mathbf{a}_{i_2} <_\star \mathbf{a}_{i_1}$ なる $1 \leq i_1 < i_2 \leq s$ があったとする.このとき,A において行 $\mathbf{a}_{i_1}$ と行 $\mathbf{a}_{i_2}$ を入れ換えることで得られる行列を A' とすると,$\delta_A <_\star \delta_{A'}$ である.すると,A の行の入れ換えと列の入れ換えを繰り返すことで $\delta_{A''}$ を最大にする A'' に到達する.従って,最初から A の行と列は同時に $<_\star$ に関して小さい順に並んでいると仮定してよい.

このとき,行列 A は

$$B = \begin{array}{c} \\ \\ i_1 \\ \\ i_2 \\ \\ \end{array} \left[\begin{array}{ccccc} \overset{j_1}{\vdots} & & \overset{j_2}{\vdots} & & \\ \cdots & 1 & \cdots & 1 & \cdots \\ & \vdots & & \vdots & \\ \cdots & 1 & \cdots & 0 & \cdots \\ & \vdots & & \vdots & \end{array} \right]$$

(但し,$i_1 < i_2$,$j_1 < j_2$) なる部分行列を含まない.実際,そのような部分行列があったとすると,$\mathbf{a}_{i_1} <_\star \mathbf{a}_{i_2}$ であることから,条件「$(a_{i_1}^{j_3}, a_{i_2}^{j_3}) = (0, 1)$,且つ,$j_3 < k$ ならば $a_{i_1}^k = a_{i_2}^k$」を満たす $j_3 > j_2$ が存在する.列ベクトルについても同様であるから,条件「$(a_{i_3}^{j_1}, a_{i_3}^{j_2}) = (0, 1)$,且つ,$i_3 < \ell$ ならば $a_\ell^{j_1} = a_\ell^{j_2}$」を満たす $i_3 > i_2$ が存在する.いま,$a_{i_3}^{j_3} = 1$ とすると,行列 A は部分行列

$$\begin{array}{c} \\ \\ i_1 \\ \\ i_2 \\ \\ i_3 \\ \\ \end{array} \left[\begin{array}{ccccccc} \overset{j_1}{\vdots} & & \overset{j_2}{\vdots} & & \overset{j_3}{\vdots} & \\ \cdots & 1 & \cdots & 1 & \cdots & 0 & \cdots \\ & \vdots & & \vdots & & \vdots & \\ \cdots & 1 & \cdots & 0 & \cdots & 1 & \cdots \\ & \vdots & & \vdots & & \vdots & \\ \cdots & 0 & \cdots & 1 & \cdots & 1 & \cdots \\ & \vdots & & \vdots & & \vdots & \end{array} \right]$$

を含む.ところが,この 3 行 3 列の部分行列は弦を持たない長さが 6 のサイクル

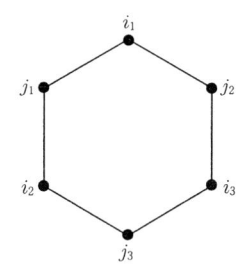

```
        i₁
   j₁        j₂
   i₂        i₃
        j₃
```

を表示する.すると,(i)に矛盾するから $a_{i_3}^{j_3} = 0$ となる.従って,

$$
\begin{array}{c}
 \quad\; j_1 \quad\;\; j_2 \quad\;\; j_3 \\
\begin{array}{c} i_1 \\ \\ i_2 \\ \\ i_3 \end{array}
\left[
\begin{array}{ccccccc}
\vdots & & \vdots & & \vdots & \\
\cdots & 1 & \cdots & 1 & \cdots & 0 & \cdots \\
\vdots & & \vdots & & \vdots & \\
\cdots & 1 & \cdots & 0 & \cdots & 1 & \cdots \\
\vdots & & \vdots & & \vdots & \\
\cdots & 0 & \cdots & 1 & \cdots & 0 & \cdots \\
\vdots & & \vdots & & \vdots & \\
\end{array}
\right]
\end{array}
$$

である.再び,$\mathbf{a}_{i_2} <_\star \mathbf{a}_{i_3}$ であることから,条件「$(a_{i_2}^{j_4}, a_{i_3}^{j_4}) = (0,1)$,且つ,$j_4 < k$ ならば $a_{i_2}^k = a_{i_3}^k$」を満たす $j_4 > j_3$ が存在する.列ベクトルについても同様であるから,条件「$(a_{i_4}^{j_2}, a_{i_4}^{j_3}) = (0,1)$,且つ,$i_3 < \ell$ ならば $a_\ell^{j_2} = a_\ell^{j_3}$」を満たす $i_4 > i_3$ が存在する.いま,$a_{i_4}^{j_4} = 1$ とすると,行列 A は部分行列

$$\begin{bmatrix}
 & j_1 & j_2 & j_3 & j_4 & \\
 & \vdots & \vdots & \vdots & \vdots & \\
i_1 & \cdots 1 \cdots & 1 \cdots & 0 \cdots & 0 \cdots & \\
 & \vdots & \vdots & \vdots & \vdots & \\
i_2 & \cdots 1 \cdots & 0 \cdots & 1 \cdots & 0 \cdots & \\
 & \vdots & \vdots & \vdots & \vdots & \\
i_3 & \cdots 0 \cdots & 1 \cdots & 0 \cdots & 1 \cdots & \\
 & \vdots & \vdots & \vdots & \vdots & \\
i_4 & \cdots 0 \cdots & 0 \cdots & 1 \cdots & 1 \cdots & \\
 & \vdots & \vdots & \vdots & \vdots & \\
\end{bmatrix}$$

を含む．ところが，この 4 行 4 列の部分行列は弦を持たない長さが 8 のサイクル

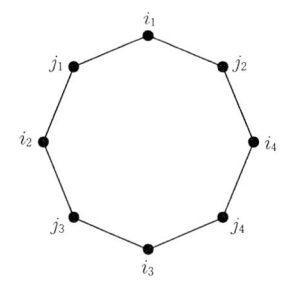

を表示する．すると，(ⅰ) に矛盾する．弦を持たない長さが 6 以上のサイクルが存在しなければこのような手続きは永遠に終了しないことになる．従って，行列 A は部分行列 B を含まない．

さて，G の辺の全体に

$$\{v_1, v'_1\} < \{v_1, v'_2\} < \cdots < \{v_1, v'_t\} < \{v_2, v'_1\} < \{v_2, v'_2\} < \cdots$$
$$< \{v_2, v'_t\} < \cdots < \{v_s, v'_1\} < \{v_s, v'_2\} < \cdots < \{v_s, v'_t\}$$

なる全順序を導入する．そのような全順序が誘導する逆辞書式順序 $<_{\mathrm{rev}}$ を考え

8.2 二部グラフの Gröbner 基底

る．すると，G に含まれる長さ 4 の任意のサイクルは行列 A に部分行列

$$\begin{bmatrix} & \vdots & & \vdots & \\ \cdots & 1 & \cdots & 1 & \cdots \\ & \vdots & & \vdots & \\ \cdots & 1 & \cdots & 1 & \cdots \\ & \vdots & & \vdots & \end{bmatrix}$$

と現れ，その'イニシャル部分'は

$$\begin{bmatrix} & \vdots & & \vdots & \\ \cdots & \vdots & \cdots & 1 & \cdots \\ & \vdots & & \vdots & \\ \cdots & 1 & \cdots & \vdots & \cdots \\ & \vdots & & \vdots & \end{bmatrix}$$

である．以下，$<_{\mathrm{rev}}$ に関する I_G の Gröbner 基底を探す．いま，$C_1, C_2, \cdots, C_m$ を G の長さが 4 のサイクルの全体とすると，次数 2 の二項式 $f_{C_1}, f_{C_2}, \cdots, f_{C_m}$ は I_G を生成する（命題 (4.2.13)）．さて，Buchberger 判定法を使って，$\{f_{C_1}, f_{C_2}, \cdots, f_{C_m}\}$ が I_G の $<_{\mathrm{rev}}$ に関する Gröbner 基底であることを示す．Buchberger 判定法を使う際には $\mathrm{in}_<(f_{C_i})$ と $\mathrm{in}_<(f_{C_j})$ が互いに素でない $i \neq j$ について S 多項式 $S(f_{C_i}, f_{C_j})$ の $f_{C_1}, f_{C_2}, \cdots, f_{C_m}$ に関する割り算の余りを 0 とすることが可能であることを確かめればよい．

イニシャル単項式 $\mathrm{in}_<(f_{C_i})$ と $\mathrm{in}_<(f_{C_j})$ が互いに素でないならば，サイクル C_1 と C_j の関係は次のいずれかである．

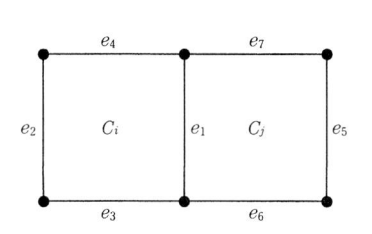

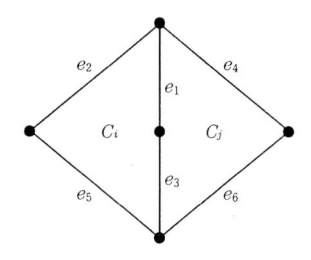

右図の場合は長さ4のサイクル $C = (e_2, e_5, e_6, e_4)$ を使って $S(f_{C_i}, f_{C_j}) = x_3 f_C$ と表すと，これが $S(f_{C_i}, f_{C_j})$ の $f_{C_1}, f_{C_2}, \cdots, f_{C_m}$ に関する標準表示となる．従って，$S(f_{C_i}, f_{C_j})$ の $f_{C_1}, f_{C_2}, \cdots, f_{C_m}$ に関する余りを0とすることが可能である．

左図の場合は $S(f_{C_i}, f_{C_j})$ は長さ6のサイクル $\Gamma = (e_2, e_3, e_6, e_5, e_7, e_4)$ に対応する二項式である．すると，Γ は行列 A に次のような部分行列のいずれかとして現れる．

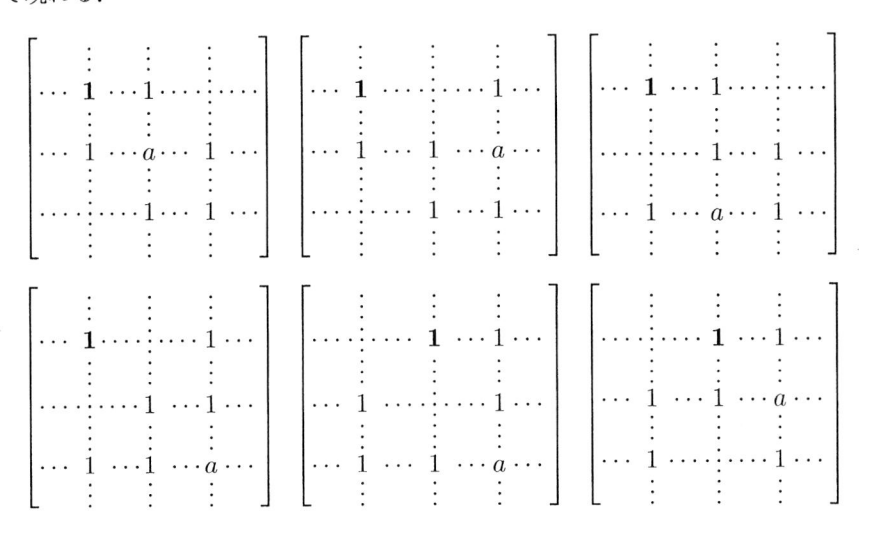

$$\begin{bmatrix} \vdots & & \vdots & & \vdots & \\ \cdots & 1 & \cdots & 1 & \cdots & \\ \vdots & & \vdots & & \vdots & \\ \cdots & 1 & \cdots & a & \cdots & 1 & \cdots \\ \vdots & & \vdots & & \vdots & \\ \cdots & & & 1 & \cdots & 1 & \cdots \\ \vdots & & & & \vdots & \end{bmatrix} \begin{bmatrix} \vdots & & \vdots & \\ \cdots & 1 & \cdots & 1 & \cdots \\ \vdots & & \vdots & \\ \cdots & 1 & \cdots & 1 & \cdots & a & \cdots \\ \vdots & & \vdots & \\ \cdots & 1 & \cdots & 1 & \cdots \\ \vdots & & \vdots & \end{bmatrix} \begin{bmatrix} \vdots & & \vdots & \\ \cdots & 1 & \cdots & 1 & \cdots \\ \vdots & & \vdots & \\ \cdots & & & 1 & \cdots & 1 & \cdots \\ \vdots & & \vdots & \\ \cdots & 1 & \cdots & a & \cdots & 1 & \cdots \\ \vdots & & \vdots & \end{bmatrix}$$

$$\begin{bmatrix} \vdots & & \vdots & \\ \cdots & 1 & \cdots & 1 & \cdots \\ \vdots & & \vdots & \\ \cdots & 1 & \cdots & 1 & \cdots \\ \vdots & & \vdots & \\ \cdots & 1 & \cdots & 1 & \cdots & a & \cdots \\ \vdots & & \vdots & \end{bmatrix} \begin{bmatrix} \vdots & & \vdots & \\ \cdots & 1 & \cdots & 1 & \cdots \\ \vdots & & \vdots & \\ \cdots & 1 & \cdots & 1 & \cdots \\ \vdots & & \vdots & \\ \cdots & 1 & \cdots & 1 & \cdots & a & \cdots \\ \vdots & & \vdots & \end{bmatrix} \begin{bmatrix} \vdots & & \vdots & \\ \cdots & 1 & \cdots & 1 & \cdots \\ \vdots & & \vdots & \\ \cdots & & 1 & \cdots & 1 & \cdots & a & \cdots \\ \vdots & & \vdots & \end{bmatrix}$$

これらの6個の3行3列の行列はすべて

$$F = \begin{bmatrix} \vdots & & \vdots & \\ \cdots & 1 & \cdots & 1 & \cdots \\ \vdots & & \vdots & \\ \cdots & 1 & \cdots & a & \cdots \\ \vdots & & \vdots & \end{bmatrix}$$

を部分行列として含む．ところが，行列 A は部分行列 B を含まない．すると，$a = 1$ でなければならない．換言すると，Γ は a に対応する位置に弦を持つ．下図のように長さ4のサイクル C', C'' と辺 e を決める．(但し，C' は F が表すサイクルである．) すると，e に対応する変数は $<_{\mathrm{rev}}$ に関してもっとも小さい変数である．

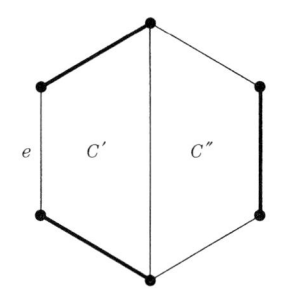

このとき，$\mathrm{in}_<(f_{C'})$ は $\mathrm{in}_<(f_\Gamma)$ を割り切る．更に，辺 e に対応する変数を x_i とすると，
$$f_\Gamma - \frac{\mathrm{in}_<(f_\Gamma)}{\mathrm{in}_<(f_{C'})} f_{C'} = x_i f_{C''}$$
である．すると，f_Γ の $f_{C_1}, f_{C_2}, \cdots, f_{C_m}$ に関する標準表示で余りが 0 となるものが得られる．従って，Buchberger 判定法から，$\{f_{C_1}, f_{C_2}, \cdots, f_{C_m}\}$ は I_G の $<_{\mathrm{rev}}$ に関する Gröbner 基底である． ■

定理 (8.2.1) の証明は Buchberger 判定法の有効性を認識できる顕著なものである．命題 (4.2.13) からトーリックイデアル I_G の生成系が既知であった——だからこそ Buchberger 判定法が使えたのである．

§8.3　B 型，C 型，D 型根系の Gröbner 基底

空間 $\mathbf{Q}^d$ の標準的な単位座標ベクトルを $\mathbf{e}_1, \mathbf{e}_2, \cdots, \mathbf{e}_d$ とし，有限集合

(**8.3.1**) $\quad\quad\quad \{\mathbf{e}_i\,;\,1\leq i\leq d\}\ \cup\ \{\mathbf{e}_i-\mathbf{e}_j\,;\,1\leq i<j\leq d\}$
$\quad\quad\quad\quad\quad\quad\quad \cup\ \{\mathbf{e}_i+\mathbf{e}_j\,;\,1\leq i<j\leq d\}$

(**8.3.2**) $\quad\quad\quad \{2\mathbf{e}_i\,;\,1\leq i\leq d\}\ \cup\ \{\mathbf{e}_i-\mathbf{e}_j\,;\,1\leq i<j\leq d\}$
$\quad\quad\quad\quad\quad\quad\quad \cup\ \{\mathbf{e}_i+\mathbf{e}_j\,;\,1\leq i<j\leq d\}$

(**8.3.3**) $\quad\ \{\mathbf{e}_i-\mathbf{e}_j\,;\,1\leq i<j\leq d\}\ \cup\ \{\mathbf{e}_i+\mathbf{e}_j\,;\,1\leq i<j\leq d\}$

を考える．但し，$d\geq 2$ とする．有限集合 (8.3.1) は階数 d の **B 型根系**の正根の全体，(8.3.2) は階数 d の **C 型根系**の正根の全体，(8.3.3) は階数 d の **D 型根系**の正根の全体である．根系については §4.3 でも触れたけれども，表現論でお馴染みの由緒ある有限集合である．

空間 $\mathbf{Q}^{d+1}$ の標準的な単位座標ベクトルを $\mathbf{e}_1, \mathbf{e}_2, \cdots, \mathbf{e}_{d+1}$ とし，有限集合 $\mathbf{B}_d, \mathbf{C}_d, \mathbf{D}_d \subset \mathbf{Q}^{d+1}$ を

$$\mathbf{B}_d = \{\mathbf{e}_i + \mathbf{e}_{d+1} \,;\, 1 \leq i \leq d\} \cup \{\mathbf{e}_i - \mathbf{e}_j + \mathbf{e}_{d+1} \,;\, 1 \leq i < j \leq d\}$$
$$\cup \{\mathbf{e}_i + \mathbf{e}_j + \mathbf{e}_{d+1} \,;\, 1 \leq i < j \leq d\}$$
$$\mathbf{C}_d = \{2\mathbf{e}_i + \mathbf{e}_{d+1} \,;\, 1 \leq i \leq d\} \cup \{\mathbf{e}_i - \mathbf{e}_j + \mathbf{e}_{d+1} \,;\, 1 \leq i < j \leq d\}$$
$$\cup \{\mathbf{e}_i + \mathbf{e}_j + \mathbf{e}_{d+1} \,;\, 1 \leq i < j \leq d\}$$
$$\mathbf{D}_d = \{\mathbf{e}_i - \mathbf{e}_j + \mathbf{e}_{d+1} \,;\, 1 \leq i < j \leq d\}$$
$$\cup \{\mathbf{e}_i + \mathbf{e}_j + \mathbf{e}_{d+1} \,;\, 1 \leq i < j \leq d\}$$

と定義し，$\tilde{\mathbf{B}}_d, \tilde{\mathbf{C}}_d, \tilde{\mathbf{D}}_d \subset \mathbf{Q}^{d+1}$ を

$$\tilde{\mathbf{B}}_d = \mathbf{B}_d \cup \{\mathbf{e}_{d+1}\}$$
$$\tilde{\mathbf{C}}_d = \mathbf{C}_d \cup \{\mathbf{e}_{d+1}\}$$
$$\tilde{\mathbf{D}}_d = \mathbf{D}_d \cup \{\mathbf{e}_{d+1}\}$$

と定義する．すると，$\mathbf{B}_d, \mathbf{C}_d, \mathbf{D}_d$ と $\tilde{\mathbf{B}}_d, \tilde{\mathbf{C}}_d, \tilde{\mathbf{D}}_d$ は $\mathbf{Q}^{d+1}$ の配置である．

(**8.3.4**) **定理** 配置 $\tilde{\mathbf{B}}_d, \tilde{\mathbf{C}}_d, \tilde{\mathbf{D}}_d$ のそれぞれのトーリックイデアルは次数 2 の平方自由な二項式から成る Gröbner 基底を持つ．

(**8.3.5**) **系** 配置 $\tilde{\mathbf{B}}_d, \tilde{\mathbf{C}}_d, \tilde{\mathbf{D}}_d$ のそれぞれには単模な三角形分割が存在する．更に，トーリック環 $K[\tilde{\mathbf{B}}_d], K[\tilde{\mathbf{C}}_d], K[\tilde{\mathbf{D}}_d]$ は Koszul 環である．

定理 (8.3.4) の証明は A 型根系についての定理 (4.3.13) の証明の筋書きを踏襲することで進むけれども，議論は煩雑になる．以下，定理 (8.3.4) の証明を B 型根系 $\tilde{\mathbf{B}}_d$ について遂行する．C 型根系 $\tilde{\mathbf{C}}_d$ と D 型根系 $\tilde{\mathbf{D}}_d$ については省略するので興味のある読者は原論文 [H. Ohsugi and T. Hibi, *Proc. Amer. Math. Soc.* **130** (2002), 1913–1922] を参照されたい．

(B 型根系) 配置 $\tilde{\mathbf{B}}_d$ に付随するトーリック環 $K[\tilde{\mathbf{B}}_d]$ は Laurent 多項式環

$$K[\mathbf{t}, \mathbf{t}^{-1}, s] = K[t_1, t_1^{-1}, t_2, t_2^{-1}, \cdots, t_d, t_d^{-1}, s]$$

の部分環であって，d^2+1 個の Laurent 単項式

$$s, \quad t_i s \ (1 \leq i \leq d), \quad t_i t_j s \ (1 \leq i < j \leq d), \quad t_i t_j^{-1} s \ (1 \leq i < j \leq d)$$

で生成される．次に，d^2+1 変数の多項式環

(**8.3.6**) $$K[\{x\} \cup \{y_i\}_{1 \leq i \leq d} \cup \{e_{i,j}\}_{1 \leq i < j \leq d} \cup \{f_{i,j}\}_{1 \leq i < j \leq d}]$$

を準備し，多項式環 (8.3.6) から $K[\tilde{\mathbf{B}}_d]$ への全射準同型写像 π を

$$\pi(x) = s, \quad \pi(y_i) = t_i s, \quad \pi(e_{i,j}) = t_i t_j s, \quad \pi(f_{i,j}) = t_i t_j^{-1} s$$

なる代入の操作と定義する．すると，π の核が $\tilde{\mathbf{B}}_d$ のトーリックイデアル $I_{\tilde{\mathbf{B}}_d}$ である．

$$I_{\tilde{\mathbf{B}}_d} = \mathrm{Ker}(\pi)$$

多項式環 (8.3.6) に属する変数の全順序

$$y_1 < y_2 < \cdots < y_d$$
$$< f_{1,d} < f_{1,d-1} < \cdots < f_{1,2} < f_{2,d} < f_{2,d-1} < \cdots < f_{2,3}$$
$$< \cdots < f_{d-2,d} < f_{d-2,d-1} < f_{d-1,d}$$
$$< e_{1,d} < e_{1,d-1} < \cdots < e_{1,2} < e_{2,d} < e_{2,d-1} < \cdots < e_{2,3}$$
$$< \cdots < e_{d-2,d} < e_{d-2,d-1} < e_{d-1,d} < x$$

から誘導される逆辞書式順序を $<_{\mathrm{rev}}$ と置く．簡単のため，以下では $i<j$ のとき $e_{j,i} = e_{i,j}$ と約束する．

(**8.3.7**) **定理** トーリックイデアル $I_{\tilde{\mathbf{B}}_d}$ の逆辞書式順序 $<_{\mathrm{rev}}$ に関する被約 Gröbner 基底 $\mathcal{G}_{<_{\mathrm{rev}}}(I_{\tilde{\mathbf{B}}_d})$ は多項式環 (8.3.6) に属する次数 2 の二項式

$$e_{i,j} e_{k,\ell} - e_{i,\ell} e_{j,k}, \ i < j < k < \ell,$$
$$e_{i,k} e_{j,\ell} - e_{i,\ell} e_{j,k}, \ i < j < k < \ell,$$
$$f_{i,k} f_{j,\ell} - f_{i,\ell} f_{j,k}, \ i < j < k < \ell,$$
$$f_{i,j} f_{j,k} - x f_{i,k}, \ i < j < k,$$
$$e_{i,j} f_{k,\ell} - f_{i,\ell} e_{j,k}, \ i < j < k < \ell,$$
$$e_{i,k} f_{j,\ell} - f_{i,\ell} e_{j,k}, \ i < j < k < \ell,$$

$$e_{i,\ell}f_{j,k} - f_{i,k}e_{j,\ell}, \ i < j < k < \ell,$$
$$f_{i,j}e_{j,k} - y_iy_k, \ i < j, \ j \neq k,$$
$$e_{i,j}y_k - y_ie_{j,k}, \ i < j < k,$$
$$e_{i,k}y_j - y_ie_{j,k}, \ i < j < k,$$
$$f_{i,k}y_j - y_if_{j,k}, \ i < j < k,$$
$$f_{i,j}y_j - y_ix, \ i < j,$$
$$xe_{i,j} - y_iy_j, \ i < j,$$

から成る.

[証明] 上記のそれぞれの二項式 $g = u - v$ は $I_{\tilde{\mathbf{B}}_d}$ に属し，u がそのイニシャル単項式 $\mathrm{in}_{<_{\mathrm{rev}}}(g)$ である．いま，上記のすべての二項式から成る集合を $\mathcal{G}$ と置き，多項式環 (8.3.6) の単項式イデアル $\mathrm{in}_{<_{\mathrm{rev}}}(\mathcal{G}) = (\mathrm{in}_{<_{\mathrm{rev}}}(g)\,;\, g \in \mathcal{G})$ を考え，補題 (4.3.4) を使う．一旦，$\mathcal{G}$ が $I_{\tilde{\mathbf{B}}_d}$ の $<_{\mathrm{rev}}$ に関する Gröbner 基底であることが判明すれば，$\mathcal{G}$ が被約な Gröbner 基底であることは簡単に確かめることができる．

すると，証明すべきことは「多項式環 (8.3.6) に属する単項式 u と v について，$u, v \notin \mathrm{in}_{<}(\mathcal{G})$，$u \neq v$ ならば $\pi(u) \neq \pi(v)$ である」ということである．いま，

$$u = x^{\alpha}y_{k_1}\cdots y_{k_r}e_{a_1,b_1}\cdots e_{a_p,b_p}f_{i_1,j_1}\cdots f_{i_q,j_q}$$
$$u' = x^{\alpha'}y_{k'_1}\cdots y_{k'_{r'}}e_{a'_1,b'_1}\cdots e_{a'_{p'},b'_{p'}}f_{i'_1,j'_1}\cdots f_{i'_{q'},j'_{q'}}$$

を $\mathrm{in}_{<}(\mathcal{G})$ に属さない単項式とする．但し，

$$y_{k_1} \leq_{\mathrm{rev}} \cdots \leq_{\mathrm{rev}} y_{k_r}, \quad e_{a_1,b_1} \leq_{\mathrm{rev}} \cdots \leq_{\mathrm{rev}} e_{a_p,b_p},$$
$$f_{i_1,j_1} \leq_{\mathrm{rev}} \cdots \leq_{\mathrm{rev}} f_{i_q,j_q},$$
$$y_{k'_1} \leq_{\mathrm{rev}} \cdots <_{\mathrm{rev}} y_{k'_{r'}}, \quad e_{a'_1,b'_1} \leq_{\mathrm{rev}} \cdots \leq_{\mathrm{rev}} e_{a'_{p'},b'_{p'}},$$
$$f_{i'_1,j'_1} \leq_{\mathrm{rev}} \cdots \leq_{\mathrm{rev}} f_{i'_{q'},j'_{q'}}.$$

である．以下，$\pi(u) = \pi(u')$ を仮定し，多項式環 (8.3.6) の少なくとも一つの変数が u と v に共通に現れることを示す．

8.3 B 型, C 型, D 型根系の Gröbner 基底   157

最初に, $\alpha = \alpha'$, $r = r'$, $p = p'$, $q = q'$ を示す. まず, $f_{i,j}f_{j,k} \in \text{in}_{<_{\text{rev}}}(\mathcal{G})$ $(i < j < k)$, $f_{i,j}e_{j,k} \in \text{in}_{<_{\text{rev}}}(\mathcal{G})$ $(i < j,\ j \neq k)$, $f_{i,j}y_j \in \text{in}_{<_{\text{rev}}}(\mathcal{G})$ $(i < j)$ であるから $q = q'$, $\alpha + r + p = \alpha' + r' + p'$, $r + 2p = r' + 2p'$ が従う. すると, $\alpha = \alpha' = 0$ であれば $p = p'$, $r = r'$ である. 次に, $\alpha \geq \alpha' > 0$ であれば ($xe_{i,j} \in \text{in}_{<_{\text{rev}}}(\mathcal{G})$ $(i < j)$ だから) $p = p' = 0$, すると, $r = r'$, $\alpha = \alpha'$ である. 他方, $\alpha = 0$, $\alpha' > 0$ とすると, $r + p = \alpha' + r'$, $r + 2p = r'$, 従って, $\alpha' + p = 0$ となり矛盾.

(第 1 段) $\alpha = \alpha' = 0$, $q = q' > 0$ とする. このとき, $f_{i_q, j_q} = f_{i'_q, j'_q}$ を示す. いま, $i'_q < i_q$ とする. すると, 適当な $1 \leq s' \leq q$ を選ぶと $i'_{s'} \leq i'_q < i_q < j_q = j'_{s'}$ である. ところが, $f_{i,k}y_j \in \text{in}_{<_{\text{rev}}}(\mathcal{G})$ $(i < j < k)$ であるから $i_q \leq k'_{\mu'} < j_q$ となる $k'_{\mu'}$ は存在しない. すると, $p = p' > 0$, $a'_1 \leq i_q$ である. 特に, $p = p' = 0$ ならば, $i'_q = i_q$ である.

(i) $a_1 < i_q$ とする. まず, $e_{i,j}f_{k,\ell} \in \text{in}_{<_{\text{rev}}}(\mathcal{G})$ $(i < j < k < \ell)$, $e_{i,k}f_{j,\ell} \in \text{in}_{<_{\text{rev}}}(\mathcal{G})$ $(i < j < k < \ell)$, $e_{i,\ell}f_{j,k} \in \text{in}_{<_{\text{rev}}}(\mathcal{G})$ $(i < j < k < \ell)$ であるから $b_1 = i_q$ である. 次に, $e_{i,j}e_{k,\ell} \in \text{in}_{<_{\text{rev}}}(\mathcal{G})$ $(i < j < k < \ell)$ であるから任意の $1 \leq \xi \leq p$ について $a_\xi \leq b_1 = i_q$ である. いま, $a_\xi < i_q$ とすると $b_\xi = i_q$ である. 従って, 任意の $1 \leq \xi \leq p$ について $a_\xi = i_q$ または $b_\xi = i_q$ である. すると, $\pi(u)$ に現れる変数 t_{i_q} の総数は少なくとも $p + 1$ である. しかし, $k'_{\mu'} = i_q$ となる $1 \leq \mu \leq r$ は存在しないから $\pi(u')$ に現れる変数 t_{i_q} の総数は高々 p である.

(ii) $i_q \leq a_1$ とする. いま, $r = r' = 0$ であるか, あるいは, $r = r' > 0$ 且つ $k'_r < i_q$ とすると, $\pi(u)$ に現れる変数 t_δ (但し, $\delta \geq i_q$) の総数は少なくとも $2p + 1$ である. 他方, $\pi(u')$ に現れる変数 t_δ (但し, $\delta \geq i_q$) の総数は高々 $2p$ である. 次に, $r = r' > 0$ 且つ $(i'_{s'} <) i_q \leq k'_r$ とすると, $(j'_{s'} =) j_q < k'_r$ である. いま, $e_{i,j}y_k \in \text{in}_{<_{\text{rev}}}(\mathcal{G})$ $(i < j < k)$, $e_{i,k}y_j \in \text{in}_{<_{\text{rev}}}(\mathcal{G})$ $(i < j < k)$ であるから, $a'_1 \leq i_q$ から $b'_1 = k'_r$ が従う. 更に, $k'_{\mu'} < k'_r$ ならば, $k'_{\mu'} \leq a'_1 < j'_{s'}$ から $k'_{\mu'} \leq i'_{s'}$ が従う. 再び, $e_{i,j}e_{k,\ell} \in \text{in}_{<_{\text{rev}}}(\mathcal{G})$ $(i < j < k < \ell)$ であることから, $(b'_1 =) k'_r < a'_{\xi'}$ となる $1 \leq \xi' \leq p$ は存在しない. 従って, 任意の $1 \leq \xi' \leq p$ について, $a'_{\xi'} = k'_r$ または $b'_{\xi'} = k'_r$ である. すると, $\pi(u')$ に現れる変数 t_δ (但し, $k'_r \neq \delta \geq i_q$) の総数は高々 p である. しかし, 任意の $1 \leq \xi \leq p$ について $i_q \leq a_\xi \neq k'_r$ または $i_q \leq b_\xi \neq k'_r$ であるから, $\pi(u)$ に現れる変数 t_δ (但し, $k'_r \neq \delta \geq i_q$) の総数は少なくとも $p + 1$ である.

以上で $i_q = i'_q$ が示せた. 次に, $j'_q < j_q$ としよう. ところが, $f_{i,k}f_{j,\ell} \in \text{in}_{<_{\text{rev}}}(\mathcal{G})$ ($i < j < k < \ell$) であるから $i_\eta < i_q = i'_q < j'_q = j_\eta < j_q$ となる $1 \leq \eta \leq q$ は存在しない. すると, 望むように $j_q = j'_q$ を得る.

（第 2 段）$\alpha = \alpha' = 0$, $r = r' > 0$, $p = p' > 0$, $q = q' = 0$ とする. まず, $k_1 \leq a_1$ 且つ $k'_1 \leq a'_1$ とすると $k_1 = k'_1$ である. 次に, $a_1 < k_1$ とすると $b_1 = k_\mu$, $1 \leq \mu \leq r$, である. すると, $a_\xi \leq b_1$, $1 \leq \xi \leq p$, であり, 更に, $a_\xi < b_1 = k_1$ ならば $b_\xi = k_1$ である. 従って, $\pi(u)$ に現れる変数 t_{k_1} の総数は $r+p$ である. すると, $k'_{\mu'} = k_1$, $1 \leq \mu' \leq r$, であり, 任意の $e_{a'_{\xi'},b'_{\xi'}}$ は $a'_{\xi'} = k_1$ または $b'_{\xi'} = k_1$ を満たす.

（第 3 段）$\alpha = \alpha' = 0$, $r = r' = 0$, $p = p' > 0$, $q = q' = 0$ とする. まず, $a'_p < a_p$ としよう. いま, $e_{i,j}e_{k,\ell} \in \text{in}_{<_{\text{rev}}}(\mathcal{G})$ ($i < j < k < \ell$) であるからそれぞれの b_ξ は $a_p \leq b_\xi$ を満たす. 他方, それぞれの $a'_{\xi'}$ は $a'_{\xi'} \leq a'_p < a_p$ を満たす. 従って, $\pi(u)$ に現れる変数 t_δ, $\delta \geq a_p$, の総数は少なくとも $p+1$ である. しかし, $\pi(u')$ に現れる変数 t_δ, $\delta \geq a_p$, の総数は高々 p であり, 矛盾. すると, $a'_p = a_p$ である. 次に, $b'_p < b_p$ としよう. いま, $e_{i,k}e_{j,\ell} \in \text{in}_{<_{\text{rev}}}(\mathcal{G})$ ($i < j < k < \ell$) であるから $b_\xi = b'_p$ となる b_ξ は存在しない. すると, 望むように $b'_p = b_p$ を得る. ∎

配置 $\mathbf{B}_d, \mathbf{C}_d, \mathbf{D}_d$ ($d \geq 6$) のそれぞれのトーリックイデアルは次数 2 の二項式では生成されないから, 次数 2 の二項式から成る Gröbner 基底は存在しない. けれども, 配置 $\mathbf{B}_d, \mathbf{C}_d, \mathbf{D}_d$ のそれぞれのトーリックイデアルはイニシャル単項式が平方自由で次数が高々 3 の二項式から成る Gröbner 基底を持つ（大杉英史, 2003 年）. 特に, 配置 $\mathbf{B}_d, \mathbf{C}_d, \mathbf{D}_d$ には単模な三角形分割が存在する. 証明は相当煩雑である. 平方自由なイニシャルイデアルの存在を証明する際には, 補題 (4.3.4) はあまり有効ではない. 繰り返すけれども, Buchberger 判定法 (3.2.3) を使う際には生成系が判明していることが前提であり, 補題 (4.3.4) を使う際には Gröbner 基底の候補が判明していることが前提である. 平方自由なイニシャルイデアルの存在は様々な技巧を駆使して首尾良く証明できたとしても, その平方自由なイニシャルイデアルを具体的に記述することは困難なことが多い.

終　　　　章

　終章においては，本著の概要と背景などを，著者と「老齢の数学者」との二人の会話体の形式で簡潔に紹介する．Gröbner 基底については全くの素人である「老齢の数学者」が本著の草稿の閲読をする破目になり，その準備を兼ねて著者と雑談をしながら Gröbner 基底の俄か勉強をしている——との想定である．

　老人： 朝倉書店の編集者の一人がこのまえ僕の家に遊びにきてね，そのとき君の著書「グレブナー基底」の草稿を持ってきたんだけど，それを閲読して貰いたいとの依頼を受けたんだよ．僕は Gröbner 基底については何も知らないから，閲読などという高尚なことはできないよ，と断わると（あなたのように退官をして第一線級の研究から隔離された年寄りにそのような無理難題を頼むことは不可能だと言うことは重々承知していますよ）と言わんばかりの顔をして，数学的な内容チェックではなく，売れる見込があある著書か否かについての率直な参考意見を聞きたいとのことだったよ．

　著者： どのくらい売れると及第と言えるのですかね？

　老人： 初刷が 1 年間で売れる，というのがボーダーラインとのことだよ．君の「可換代数と組合せ論」はどうなの？

　著者： 1995 年 4 月に出版されてからかれこれ 8 年経過しているけど，漸く初刷がなくなるところです．

　老人： じゃあ，初刷が 1 年間で売れる，という目標だと「可換代数と組合せ論」よりも頑張って宣伝しなければならんということだなあ．まあ，それは扨（さ）て置き，折角の機会だから僕も暇に任せて君の草稿をそれなりに読んだので，ちょっと君と雑談でもしようと思ってね．

　著者： 代数学の大御所であられる先生に私の邪稿を読んで頂いて誠に恐縮です．

　老人： 大御所だって，心にもないことを言うね．黴（かび）と苔（こけ）の生えた代数の研究者，と言うのが本音だろう．君が名大の助手だった頃に僕らの悪

口を散々言っていたことを僕はちゃんと知っているよ．あははは・・・．まあ，黴と苔でもいいけど，それよりも Gröbner という数学者は僕らよりもずっとずっと古い世代の数学者だと思うけど，いつごろ活躍した数学者なのかね？

著者： 数学事典（第3版，岩波書店，1985年）には Wolfgang Gröbner という名前は載っていないのですけど，1899年にオーストリアで生まれ，1930年代から50年代に仕事をした数学者だと聞いています．著書もあるそうです．1920年代から30年代はちょうど E. Noether から W. Krull と抽象可換環論の創世から熟成する頃ですから，可換環論の古き良き時代の雰囲気を肌で感じながら仕事をした数学者の一人でしょうね．

老人： 君の師匠の松村英之さんの名著「可換環論」の序文には可換環論の発展の歴史が概観されているけど，そこには Gröbner の名前は現れないし，文献にも Gröbner の論文は引用されていないけど．

著者： そうですね，その「可換環論」が出版されたのは 1980 年，序文では 1970 年代までの発展の歴史が概観されているのですが，欧米の可換環論の研究者が Gröbner 基底に着目し始めたのは 1980 年代後半以降ではないでしょうか．1980 年代は欧米の可換環論の激動の時代だと思います．Richard Stanley の独創的な仕事を契機に可換代数が凸多面体の組合せ論に有効であることが認識され始め，可換代数と組合せ論という魅惑的な境界分野が誕生し（[12], [22] など），それに拍車を駆けるように，Gröbner 基底が可換代数の基礎的な道具としての地位を確保し始めた ・・・ と思います．Stanley の仕事とは逆の潮流ですが，可換環論の問題を組合せ論の手法を駆使して解決しようと思うとき，Gröbner 基底はもっとも有効な道具の一つですから．

● Gröbner 基底

著者： 私自身が Gröbner 基底という言葉を耳にしたのは，1987 年 6 月，Berkeley 数学研究所（MSRI）で開催された研究集会「可換代数」においてであったと記憶しています．可換代数と代数幾何のための計算代数のソフト "Macaulay" を David Bayer と Michael Stillman が実演していたのですが，そのプログラムの基礎に Gröbner 基底なる概念が潜んでいると彼らが宣伝していました．彼らの宣伝は可換環論の世界に Gröbner 基底を布教するのに随分と貢献したはずです．

老人： そうだね，計算機を駆使する雰囲気が数学の世界にパッと拡散したのは

その頃だったね．TeX にしても E-mail にしてもその頃からだよね．

著者： 全くの素人は Gröbner 基底と聞いてもなあんにもわからないだろうけど，ひとまず，多項式環のイデアルの生成系のなかのとても優れたもの，とでも思っておけばいいですね．

老人： そうだ，そうだな．

著者： それから，Stanley の仕事にしても，Gröbner 基底の概念にしても，その着想の根本には Macaulay の 1927 年の論文 [16] の強い影響があったのではないでしょうか．

老人： Macaulay の論文ではどんな結果が得られているんだね？

著者： 単項式順序（§2.3）の概念と Macaulay の定理（2.3.9）が議論され，有限生成斉次環の Hilbert 函数（§8.1）の組合せ論的な特徴付け（[5, Theorem 4.2.10], [22, Theorem II.2.2]）が得られています．そもそも，Macaulay の定理が保証することは，Hilbert 函数を考えるときは単項式イデアルのみを考察すれば十分である，ということですが，単項式イデアルに限ると議論は全くの組合せ論になります．

老人： そうすると，君の草稿の Hilbert 基底定理（2.2.1）の Gordan による証明にしても，Macaulay の定理にしても，その哲学は多項式の理論を単項式で操る魔術！ とでも言えばいいのかね．

著者： さすが，高雅な雰囲気が漂う文学的表現ですね．多項式の理論を単項式で操る魔術という標語はそのまま Gröbner 基底の本質を突いたものです．そもそも，Gröbner 自身は Macaulay が導入した単項式順序の概念を応用し，多項式環の斉次イデアルによる剰余環の代表系を明示的に探索する研究をずっと遂行してきたのですが，概ね完成した段階の自分の仕事を完璧に完成させよ，という問題を 1964 年に彼の学生の Buchberger に学位論文の課題として授けたとのことです．

老人： 割り算アルゴリズム（3.1.7）だな．その斉次イデアルの Gröbner 基底を使って多項式 f の割り算をするとその余りが f が属する剰余類の自然な代表元となる，ということだね．

著者： 翌 1965 年に Buchberger の学位論文が発表されたのですが，そこでは Gröbner が期待したこと，ちょうどいま先生が仰ったことですが，それを遥かに越えるような素敵な結果が得られていた，いわゆる Buchberger 判定法（3.2.3）

と Buchberger アルゴリズムです．Eisenbud [8, pp.341–342] に Gröbner 基底の歴史が簡単に紹介されているし，数学のたのしみ（日本評論社）11 巻（1999 年）のフォーラム現代数学の風景「多項式環の視点」に掲載されている丸山正樹さんの解説記事にも Gröbner 基底という名前についてのコメントが記載されているのでそちらが参考になりますが，弟子である Buchberger が師匠の Gröbner に深い敬意を表し，Gröbner 基底という名前が世に誕生した，ということでしょうか．

老人： 弟子に恵まれた師匠は幸運だよ．昨今隆盛の計算代数という魅惑的な分野を開拓した Buchberger の貢献は偉大だが，計算機が庶民のものになりつつある時代の流れにぴったりと合致することになる幸運を背負った仕事だったと言えるな．ところで，君の草稿では第 2 章と第 3 章でものすごく簡潔に Gröbner 基底の基礎理論が集約されているけれども，[1], [4], [6] などはかなり分厚い教科書で学部学生のセミナーなどで 1 年間使っても全部は到底終わらないだろうね．

著者： でも，Gröbner 基底の基礎理論はちょっとした可換環論に馴染みを持つ学生ならば 3 時間も講義を聞けば十分に使える業を習得することが可能です．僕の草稿だって，第 2 章と第 3 章だけならば，頑張って勉強すれば独学でも 3 日間ぐらいでちゃんと理解できますよ．兎に角，Gröbner 基底が使えるようになるだけの知識を簡潔に提供する，というのが第 2 章と第 3 章の狙いです．僕自身，そのように Gröbner 基底を勉強してきましたからね．勉強した，と言うと聞こえはいいけど，要するに大学院生のセミナーなどで知識を吸収した，というのが事実です．もちろん，[1], [4], [6] などは名著としての高い評判を得ていますから，学部学生，大学院生などが周辺領域を総括的に理解することも込めて Gröbner 基底をきちんと勉強するためにはこれらのうちの一冊を読破することが望ましいとは思いますが．なお，本著で扱っているのは可換な Gröbner 基底ですが，非可換な Gröbner 基底については，本著と同じシリーズから出版されている大阿久俊則さんの著書 [25] も参考になります．それから，実際に計算機を動かして Gröbner 基底を計算する訓練も必要ですね．僕は全然できませんから偉そうなことは言えませんが．けれども，僕はそのような計算に堪能な共同研究者に恵まれていますので，何も心配していないのです．たとえば，[7] には計算機を動かして Gröbner 基底を計算する手頃な練習問題が豊富に掲載されていますから有益ですね．でも，論文を執筆しながら計算機を動かすほうが遥かに面白い，というのが僕の持論で

すけど．

老人： そりゃあ，論文を執筆しながら勉強できるならそれが望ましいだろうけど．

著者： 昔の教授は論文など齷齪（あくせく）執筆するものではない，実が熟すのをじっと待ち自然に執筆するのだよ，とよく説教をしたものではないですか．

老人： まあ，今は評価の時代だからなあ，昔のような悠長な雰囲気はないだろうな．論文も沢山執筆しなければならない，評価のための山のような書類も準備しなければならない，では大学の教官も忙しくなったね．大学の教授も研究に専念し論文を執筆する「研究教授」，基礎教育を担う「教育教授」，雑用と書類作成を担当する「雑用教授」と分割しなければならんな．

著者： 僕も論文は数が多ければ良いなどと思ったことも言ったこともありませんよ．でも，助手になって幾らも歳月が経過しない頃，28歳のときですが，永田雅宜さんと松村英之さんが日米セミナー「可換代数と組合せ論」を京都で開催 (1985 年) したとき，僕は Richard Stanley に初めて会ったのですが，レセプションのとき彼に「今迄に何本論文を書いた？」と尋ねたら「約 60 編だ」との返答でした．そのとき Stanley は 40 歳，僕との年齢差が 12，僕の論文数は僅か 5 編だったから $(60 - 5)/12$ を計算すると約 4.5，だから若い頃には年間 $4 \sim 5$ 編は論文を執筆しなければならないと思ったんですよ．

老人： ところで，基礎教育と言えば，学部学生の代数学入門の講義は 1931 年に出版された van der Waerden の "Moderne Algebra" の影響の下，群・環・体と講義されるのが慣習だったけど，昨今では Gröbner 基底の入門的な話が代数学入門のシラバスに登場することも珍しくはないだろうね．

著者： はい，そうですね．けれども，抽象論の洗礼を受けることがまず必要ですよ．具象論はそのあとにやってこそ意味を持つんだと思いますけど．

老人： 阪大では平成 14 年度から情報科学研究科が発足し，情報基礎数学専攻が誕生したそうだけど，Gröbner 基底は情報基礎数学の礎である，整数計画や符号理論などにも有益なのだろう．

著者： 僕の原稿では紹介していませんけど，[7, 第 8 章] にあるように Gröbner 基底は整数計画問題を解く際にも使えます．いわゆる Conti-Traverso のアルゴリズムと呼ばれるものです．整数計画問題があったとき，それに付随するイデアルが定義され，そのイデアルの Gröbner 基底を使ってそのイデアルに属する特別

な単項式の余りを計算すると最適解が得られる，という仕組なのだそうです．けれども，Conti-Traverso の仕事は理論的には衝撃的ではあるものの，計算量という観点からすると Buchberger アルゴリズムは計算量が多くて実践的には使うのが難しいということも耳にしますよ．

老人： ううん，素人には計算量のことはさっぱり解らんわいな．じゃあ，Buchberger アルゴリズムを改良する仕事なども沢山あるのかい？

著者： そうですね．たとえば，§3.3 で紹介した消去法などには辞書式順序の Gröbner 基底が必要です．けれども，Buchberger アルゴリズムの計算量という点では逆辞書式順序を使うほうが効率的です．そこで，逆辞書式順序に関する Gröbner 基底を計算し，それから辞書式順序に関する Gröbner 基底を導くという Gröbner 基底変換の研究も盛んとのことです．全く一般の状況だと難しくても，符号理論などに頻出する 0 次元イデアルの場合などはそのような変換が有効とのことです（[7, 第 2 章]）．

● 正則三角形分割

著者： 何と言っても，Gröbner 基底はその理論的な有効性において，可換代数と代数幾何に及ぼした影響は大きいですよ．その影響を端的に物語るのがいわゆるトーリック環とトーリックイデアルの話です．

老人： 空間 $\mathbf{Q}^d$ に整数点の有限集合 $\mathcal{A} = \{\mathbf{a}_1, \mathbf{a}_2, \cdots, \mathbf{a}_n\}$ があったとき，$\mathcal{A}$ の凸閉包 $\mathrm{CONV}(\mathcal{A})$ を考えると凸多面体の組合せ論の世界が現れるし，整数点 $\mathbf{a}_i = (a_{i1}, a_{i2}, \cdots, a_{id})$ に d 変数の負の冪も許す単項式 $\mathbf{t}^{\mathbf{a}_i} = t_1^{a_{i1}} t_2^{a_{i2}} \cdots t_d^{a_{id}}$ を対応させると単項式が生成する可換環 $K[\mathcal{A}] = K[\mathbf{t}^{\mathbf{a}_1}, \mathbf{t}^{\mathbf{a}_2}, \cdots, \mathbf{t}^{\mathbf{a}_n}]$ の話にも繋がる——という講釈だな．体 K 上の代数 $K[\mathcal{A}]$ がトーリック環（ p.49 ），その定義イデアルがトーリックイデアル（ p.50 ）だな．有限集合 $\mathcal{A}$ が $\mathbf{Q}^d$ の原点を通過しない超平面に含まれるときに配置と呼ぶとのことだが，それはトーリック環 $K[\mathcal{A}]$ に有限生成斉次環の構造を持たせる（補題（4.1.6））ための，換言すると，トーリックイデアルが斉次イデアルとなるための処置なのだな．トーリックイデアルを具体的に計算させることは学部レベルの代数学入門の演習などで扱う手頃な練習問題であるけど，組合せ論に絡んだこんなに深遠な理論が潜んでいるとはちょっと驚いたよ．

著者： 正則三角形分割の理論は Gelfand 学派がその基礎を構築したのだと思

うけど，彼らの問題意識にある超幾何方程式系の理論から全く分離し，今日では純粋に組合せ論や可換代数の枠組で誰でも使えるようになった理論だと思います．超幾何関数と正則三角形分割については，本著と同じシリーズから出版されている原岡喜重さんの著書 [26] も参考になります．トーリックイデアルの Gröbner 基底から導かれる三角形分割が Gelfand らが導入した正則三角形分割と同値であるということは Sturmfels のレクチャーノート [24] で展開されている理論の核心です．僕の原稿の第 4 章～第 7 章は [24] に沿いながらトーリックイデアルと正則三角形分割の話を進めつつ，大杉英史君との共著論文の成果を紹介したものです．

老人： Gelfand らの教科書（Birkhäuser, 1994）は私も頑張って読み始めたけれども，正則三角形分割に至る前に途中で挫折したよ．談話会や研究集会などでも正則三角形分割の定義は幾度も聞いたけれど全然ピンとこなかった．いままで正則三角形分割の話を聞いたときには Gröbner 基底との絡みなどは語られなかったよ．君の原稿では Gröbner 基底から導かれる，と言うかイニシャルイデアルに付随する三角形分割が正則三角形分割の定義（p.94）なんだね．これだと私でもうんうんと納得できるよ．

著者： そうですね．けれども，ですよ，それは僕が可換環論と組合せ論にどっぷりと浸っているからそのような定義を好むのですし，先生も代数の研究者だからそのような代数的な定義に愛着が沸くのだと思いますよ．

老人： まあ，そうかね．しかし，単項式イデアルの根基（p.90）から三角形分割が自然に構成される，ということは今や代数，幾何，組合せ論などの専門分野を問わず，常識的な事柄だと思うがね．Stanley-Reisner 環の理論だもんな，君の専門分野の，な．ところで，その正則三角形分割を導入するための定理（6.1.4）の証明の背後には Farkas の補題が潜んでいるし，第 7 章の圧搾配置を扱う箇所などにも完全単模行列が使われるなど，線型計画の役者がいろいろ登場するね．

著者： そう，実は線型計画法を岩堀長慶教授の名著 [15] を使って講義をしているときに，配置の圧搾性を保証する定理（7.3.7）に気が付いたのですよ．昔の教授の執筆した教科書には魅惑的な名著が多いですね．

老人： そりゃあ，君，昔はワープロなどなかったんだから構想を完璧に練ってから原稿を執筆したものだよ．君の師匠の松村英之さん（[17]）や永田雅宜さん（[18]）のようにちゃんとした構想を持てる専門家だけが著書を著すことができたんだ．

● 単模三角形分割

老人： ところで，君の原稿ではトーリックイデアル $I_{\mathcal{A}}$ のイニシャルイデアル $\mathrm{in}_<(I_{\mathcal{A}})$ がいわゆる平方自由な単項式（p.91）で生成されるような単項式順序 $<$ が存在するような配置に興味を持っている，と理解していいんだね．

著者： そうです．定理（6.2.1）からイニシャルイデアル $\mathrm{in}_<(I_{\mathcal{A}})$ が平方自由な単項式で生成されるならば対応する正則三角形分割は単模（p.82）です．単模な三角形分割の存在の重要性については原稿の随所で触れていますが，その代数的な帰結の一つは $\mathcal{A}$ のトーリック環が整閉整域となることです．ちゃんとした解説は可換代数の専門書 [5] に委ねますけど，配置の正規性の定義（p.73）はその配置のトーリック環がいわゆる整閉整域であることを言い換えたに過ぎず，整閉整域となるトーリック環は Cohen-Macaulay 環である（Hochster の定理）から正規な配置の理論は Cohen-Macaulay 環の理論とも深く結び付くのです．幾何的な御利益は $\mathcal{A}$ の凸閉包の正規化体積（付録 B）が計算できるということ，組合せ論的な御利益は Ehrhart 多項式（p.96）がちゃんと計算できること，などなどです．

老人： 代数，幾何や組合せ論に自然に出現する配置には概ね単模な三角形分割が存在すると思ってもいいんだな．根系の正根の全体から成る配置などその典型的な例だよな（§4.3, §6.3, §8.3）．

著者： そうですね．単模三角形分割の存在は整数計画問題においても重要な役割を果たすから，応用数学でも重宝な概念なのです．

老人： ところで，定理（6.2.5）の証明の（準備 b）の所だけど，$\mathcal{A}$ の極大な単体 F で Δ の面であるものの全体を $\Delta^{(\delta)}$ と置くと，$\mathrm{CONV}(\mathcal{A}) = \bigcup_{F \in \Delta^{(\delta)}} \mathrm{CONV}(F)$ である，というのは球体の三角形分割だからそんなことは周知だろうけど，純粋に代数的な議論だけで真正面からちゃんと証明することはできないのかねえ．

著者： 補題（6.1.2）のところですが，仰ることは（6.1.3）を満たす任意の F について（6.1.3）を満たす $\mathcal{A}$ の極大な単体 F' で $F \subset F'$ となるものが存在する，を証明すればよい，ということですね．

老人： ああ，そうだよ．

著者： そのことですが，第 6 章までで準備できている事柄だけを使って純代数的に簡潔な証明ができますかね．

老人： ところで，歴史上，単模三角形分割が着目されたのはどんなときなの

かい？

著者： トーリック多様体における特異点解消の理論だと思いますよ．トーリック多様体における特異点解消定理とは，任意の配置 $\mathcal{A} \subset \mathbf{Z}^d$ について，適当に整数 $N > 0$ を選ぶと，配置 $N\mathrm{CONV}(\mathcal{A}) \cap \mathbf{Z}^d$ には単模な三角形分割が存在するということなのです．但し，$N\mathrm{CONV}(\mathcal{A}) = \{N\mathbf{a}\,;\,\mathbf{a} \in \mathrm{CONV}(\mathcal{A})\}$ です．

老人： それから，君の草稿を読んでなるほど！と思ったのはなんと言っても補題 (4.3.4) だな．線型代数的判定法とでも呼ぶのかな．Buchberger の判定法はイデアルの生成系が既知なときに使える判定法だけど，補題 (4.3.4) は原稿で幾度も強調されているように生成系が既知でなくとも Gröbner 基底であることは判定できるのだからな．もちろん，実践の現場では生成系が既知な状況しか起こり得ない，と言うか考察しないのかもしれんけどな．しかし，一般のトーリックイデアルを扱う際にはその生成系を探すことすら難しいのだから，そのときなどには補題 (4.3.4) はものすごく有効だな．補題 (4.3.4) は結局のところ Macaulay の定理 (2.3.9) なんだから，やっぱり Macaulay の定理は偉大だよな．

著者： もちろん，生成系が既知なときには Buchberger 判定法を使うほうが理論的には簡単明瞭でしょうけど，§7.2 と §7.3 の相違でそれが十分に理解できると思いますが．

老人： まったくそうだ．ところで，他の著名な配置で補題 (4.3.4) が使えるものはないのかね？

著者： でもですよ，原稿でもちゃんと言い訳しといたけれども，補題 (4.3.4) を使うには Gröbner 基底の候補がちゃんと判っていなければいけないのですし，それに加えて単項式順序を手探りで探すのですから，余程偶然に偶然が重ならないと事は首尾良く進みませんよ．

● マトロイド

著者： しかし，しかしですよ，いま密かに狙っている問題はいわゆるマトロイドに付随するトーリックイデアルです．マトロイドの定義は簡単ですからちょっと紹介しましょう．有限集合 $[n] = \{1, 2, \cdots, n\}$ の r 元部分集合（r 個の元から成る部分集合）の全体を $\binom{[n]}{r}$ とします．いま，$\binom{[n]}{r}$ の部分集合 $\mathcal{M}$ が条件「$\sigma, \tau \in \mathcal{M},\ i \in \sigma \setminus \tau$ ならば適当な $j \in \tau \setminus \sigma$ が存在し $(\sigma \setminus \{i\}) \cup \{j\} \in \mathcal{M}$, $(\tau \setminus \{j\}) \cup \{i\} \in \mathcal{M}$ となる」を満たすときマトロイドと呼ぶことにします．この

とき，$\sigma \in \mathcal{M}$ に単項式 $t_\sigma = \prod_{i \in \sigma} t_i$ を対応させ，単項式の集合 $\{t_\sigma\,;\,\sigma \in \mathcal{M}\}$ が生成するトーリック環を $K[\mathcal{M}]$ と表すことにしましょう．そのトーリックイデアルを定義するために，多項式環 $K[\{x_\sigma\}_{\sigma \in \mathcal{M}}]$ を準備し，変数 x_σ に単項式 t_σ を代入する操作として定義される $K[\{x_\sigma\}_{\sigma \in \mathcal{M}}]$ から $K[\mathcal{M}]$ への準同型写像の核 $I_\mathcal{M}$ が $\mathcal{M}$ のトーリックイデアルとなるのです．すると，するとですよ，$i \in \sigma \setminus \tau$, $j \in \tau \setminus \sigma$, $(\sigma \setminus \{i\}) \cup \{j\} \in \mathcal{M}$, $(\tau \setminus \{j\}) \cup \{i\} \in \mathcal{M}$ のとき，二項式

$$f_{ij}(\sigma, \tau) = x_\sigma x_\tau - x_{(\sigma \setminus \{i\}) \cup \{j\}} x_{(\tau \setminus \{j\}) \cup \{i\}}$$

は $I_\mathcal{M}$ に属します．20 余年前，Neil White はそのような二項式全体の集合が $I_\mathcal{M}$ の生成系である，という予想を提出しました．昨今では，そのような二項式全体の集合が $I_\mathcal{M}$ の Gröbner 基底になるのではないか，と可換代数の研究者の間で囁かれております．特別なマトロイドの類については $f_{ij}(\sigma, \tau)$ なる二項式全体の集合が $I_\mathcal{M}$ の Gröbner 基底となるというのは納得のできる予想です．たとえば，階数 2 のマトロイドならばその予想は簡単に証明できます．その予想を一般の状況で証明するときに，いいですか，生成するか否かも判っていないのですから，Buchberger 判定法は使えないのですよ，ですから補題（4.3.4）が有効なのでは？という希望を持つのも尤もでしょう．

老人：それじゃあ，だよ，もし $f_{ij}(\sigma, \tau)$ なる二項式全体の集合が $I_\mathcal{M}$ の生成系であると仮定すると，それらが Gröbner 基底となる単項式順序は存在するのかね？

著者：ううん，そりゃあどうですか．．．．

老人：生成系が既知だから Buchberger 判定法を使やあいいじゃろが．

著者：しかし，単項式順序を決めなくてはならないのですよ．

老人：そうか，そりゃあそうだな．

著者：そうですよ．

老人：ところで，ちょっと疑問に思ったんだけど，単項式イデアルがあったとき，それが適当なトーリックイデアルのイニシャルイデアルと成り得るか否かを判定する方法はあるのかい？トーリックイデアルのイニシャルイデアルの特徴付けだよ．

著者：それはとても困難な問題だと思いますよ．些か観点が異なりますが，たとえば，トーリックイデアル I が代数的性質（P）を持ったとすると，そのイニ

シャルイデアル $\text{in}_<(I)$ で性質（P）を持つものが存在するか？ という問題も考えられます．性質（P）として Cohen-Macaulay 環とか Gorenstein 環とかを考えるのが常套です．イニシャルイデアル $\text{in}_<(I)$ の素行は I と比較すると凄まじく悪い，というのが現実ですから，そのような問題が意味を持つのです．

老人： はあはあ，なるほどな．イニシャルイデアル $\text{in}_<(I)$ の素行は I と比較すると凄まじく悪い，というのだな．

● Koszul 代数

著者： すると，I が何らかの良い性質を持つことを $\text{in}_<(I)$ が良い性質を持つことから帰結することができる，という訳です．その典型的な例が Koszul 代数（§8.1）の世界です．イニシャルイデアル $\text{in}_<(I)$ が次数 2 の単項式で生成されるならば $\text{in}_<(I)$ による剰余環は Koszul 代数，すると I による剰余環はそれよりも遥かに優秀なのだから当然 Koszul 代数である，という訳です．

老人： その Koszul 代数だけど，Poincaré 級数（p.141）が有理函数となる顕著な類の一つが Koszul 代数の類である，と素人は理解すればいいんだな．

著者： そうですね．談話会などで講演するときも Koszul 代数の概念をどのように誤摩化すかに神経を使いますけど，Hilbert 函数と Poincaré 級数の関係式（8.1.2）を使うのが簡単です．だとしても，$\text{Tor}^R_{ij}(K,K)$ を導入することは避けられないから仕方なく，なんだかわからないけどとにかくそんなような有限次元線型空間が定義されていて … と聴衆があまり疑問を抱かないように配慮しながらさっと逃げることが肝心です．ちゃんとホモロジー代数を習得している聴衆は Koszul 代数の重要性を納得できるだろうし，そうでなくともそんなものかとまあまあ妥協できれば幸いです．

僕は嘗て組合せ論の解説記事（"q-analogue" の世界，数学 41 (1989), 269–274）を執筆する際，根系をどのように導入するかで随分と思慮しました．定義を朧げに掲げてもしっくりとした気分に浸れない，… そこで定義を止めてしまえ！ と思って筆を進めると，これがなかなか自分なりに納得できる文章ができたのです．根系などの概念は既知な読者には解説は蛇足に過ぎず，未知な読者にはどれだけ丁寧に解説しても一読では理解困難でしょう．だから止めちゃうとしっくりいくのですよ．Koszul 代数の概念も然り，ですね．

老人： 配置 $\mathcal{A}$ に付随するトーリックイデアル $I_\mathcal{A}$ に属する既約な次数 2 の二

項式の全体を $f_1, f_2, \ldots, f_r$ とするとき，性質（A）「$\{f_1, f_2, \cdots, f_r\}$ は $I_\mathcal{A}$ の生成系である」はトーリック環 $K[\mathcal{A}]$ が Koszul 代数であるための必要条件であり，性質（B）$\{f_1, f_2, \cdots, f_r\}$ は適当な単項式順序に関する $I_\mathcal{A}$ の Gröbner 基底となる」はトーリック環 $K[\mathcal{A}]$ が Koszul 代数であるための十分条件である，という件（くだり）は Gröbner 基底の理論的応用を議論するときのハイライトだと思うけど，原稿の §8.2 と §8.3 で扱ったトーリックイデアル以外にも次数 2 の二項式から成る Gröbner 基底を持つ顕著な例は沢山あるのかい？

著者： たとえば，例 (4.1.3) の Veronese 集合のトーリックイデアルはそのような例の典型です．そのような例が一つ発見できる毎に一本論文が執筆できることも事実です．まあ，そのくらいそのような例を探すことは骨の折れる仕事だと言えますかね．

老人： それから，性質（A）を満たすが Koszul 代数でないトーリック環，及び Koszul 代数であるが性質（B）を満たさないトーリック環を構成することは懸案の問題であった，と草稿にあるが，いつごろからそのような問題が懸案であったのかい？

著者： Koszul なトーリック環が盛んに研究されるようになった頃からだから，1990 年以降だと思いますが．1996 年に Jürgen Herzog が阪大で講演をしたとき，彼に「どうして Koszul 代数が面白いの？」と尋ねると「Koszul 代数であることを示すのは非常に難しいから Koszul 代数であることが判ったら嬉しいのだ！」という返答でした．僕自身 Koszul 代数に興味を持ったのはあくまでも Gröbner 基底の理論的な応用としてです．そもそも，次数 2 の二項式から成る Gröbner 基底が存在しないトーリック環が Koszul 代数であることを示すのは至難の業です．例 (8.1.4) はそのような貴重な例ですけど，けれども，例 (8.1.4) はいわゆる Koszul 代数の非零因子による剰余環は Koszul 代数であるという簡単な事実が使えるから Koszul 代数であることが判ったのです．たとえば，変数 x, y, z の次数 3 の単項式は 10 個ありますが，そこから xyz を除外した残り 9 個の単項式が生成するトーリック環 $K[x^3, y^3, z^3, x^2y, x^2z, xy^2, y^2z, xz^2, yz^2]$ が Koszul 代数であるか？ という問はそれこそ懸案の難題でした．次数 2 の二項式から成る Gröbner 基底が存在しないことは判っているし，非零因子の手段も有効でない．だけど，噂だとそれが Koszul 代数であることが最近証明できたとのことですよ．次数 2 の二項式から成る Gröbner 基底が存在しないような Koszul 代数も徐々

にではありますけど研究が進展しているような雰囲気です.

老人：例 (8.1.4) も今教えて貰った次数 3 の 9 個の単項式が生成するトーリック環もその配置は正規ではないよな．正規な配置に付随するトーリック環で次数 2 の二項式から成る Gröbner 基底が存在しないような Koszul 代数はあるのかい？

著者：いや，それは僕らも疑問に思っていることの一つです．けれども，正規な Koszul 環は次数 2 の二項式から成る Gröbner 基底を持つ，というのは全く嘘だと思うから先生が仰ったような例は構成できると思いますよ．

老人：トーリック環があったとき，それが Koszul 代数でないことを計算代数のソフトを使ってどうやって検証するのかい？

著者：極小自由分解 (8.1.1) の右端の幾つかを計算するのですよ．すると，次数 Betti 数列 $\{\beta_{ij}^{K[\mathcal{A}]}(K,K)\}_{\substack{i=0,1,\ldots \\ j=0,1,\ldots}}$ の i が小さいところは計算できるのです．だから，$\beta_{ij}^{K[\mathcal{A}]}(K,K) \neq 0$ となる $i \neq j$ が探せれば $K[\mathcal{A}]$ は Koszul 代数でないことが判明するのです．例 (8.1.3) もそのように Koszul 代数でないことを証明するのです．例 (8.1.3) にしても例 (8.1.4) にしてもそのトーリックイデアルが次数 2 の二項式で生成されることは計算機ですぐに確認できます.

老人：だけど，極小自由分解は一般には無限に続くから計算機では Koszul 代数であることは証明できないのだな．だとすると，有限生成斉次環 R が Koszul 代数でないならば $\beta_{ij}^{R}(K,K) \neq 0$, $i \neq j$, となる最小の i がたとえば R の次元の函数などを使って上から評価できると面白いね．

著者：そうですね，$\{j-i\,;\,\beta_{ij}^{R}(K,K) \neq 0\}$ が有限集合ならば R は Koszul 代数である，という予想もあるそうです．

老人：ところで，§8.1 はもっと内容を豊富にして沢山書きたかったのじゃあないかね．

著者：そうですね，私も §8.1 については随分と悩みました．本著の予備知識は線型代数と多項式環のイデアル論に馴染んでいる程度で十分としているから，ホモロジー代数の道具を使うことなど許させず，加群の概念を導入し極小自由分解の理論の紹介などを含め詳し過ぎるぐらい詳しく書くことにすると，相当のページ数を割く羽目になります．実際，Koszul 代数には相当のページ数を割くつもりで草稿の執筆を進めていたのです．本著でもっとも力点を置きたかったところが第 8 章ですから．けれども，全体を眺めると Koszul 代数の箇所があまりに多くなり過ぎてしまったのです．体 K 上の有限生成斉次環 $R = \bigoplus_{i=0}^{\infty} R_i$ の定義イ

デアル $I \subset K[\mathbf{x}]$ が次数 2 の斉次多項式から成る Gröbner 基底を持てば(すなわち,$K[\mathbf{x}]$ の単項式順序 $<$ を適当に選ぶと I の $<$ に関する Gröbner 基底で次数 2 の斉次多項式から成るものが存在するならば)R は Koszul 代数である,という定理の証明が厄介な兵(つわもの)で,その証明をちゃんと紹介しようとすると,いろんな概念を導入することになりどんどん可換環論の専門書のような雰囲気になってしまい,困った! さりとて,§8.1 をすべて削除してしまうと §8.2 と §8.3 がどうしても貧弱になってしまう.結果的に本文 200 ページという紙面の制限と予備知識の制約条件からこのような原稿に落ち着いたのですが,まあ,今回執筆した草稿で本著には採用しなかった箇所はいずれ別の著書を著すときに使う計画ですので,無駄にはなりませんが.

老人: そうだな,§8.1 の狙いは可換代数の研究者が次数 2 の二項式から成る Gröbner 基底に執着する背景を紹介することにあるのだし,しかも,証明抜きの全くのお話であるから,抽象代数に馴染みの薄い読者はパラパラと眺めるに留め,理論の展開は無視して貰っても構わないな.よしんばそのような可換代数の背景を完全に忘却したとしても,§8.2 と §8.3 は具体的なトーリックイデアルの Gröbner 基底を理論的に探す顕著なお手本としての意義は些かなりとも損なわれないだろうからね.

著者: §8.1 の紙面は破って貰っても構わないですよ.けれども,§8.2 と §8.3 が重要であるということはちゃんと認めて下さいよ.

老人: じゃあ,出版社にお願いして §8.1 の部分にはミシン目の切り取り線でもいれて貰うのはどうかな? ミシン目の入った数学書など私は遭遇した経験はないよ.斬新なアイデアじゃあないか(笑)絶対に売れるぞ!

● 旗状三角形分割

老人: ところで,トーリックイデアル I_A のイニシャルイデアル $\mathrm{in}_<(I_A)$ が平方自由な次数 2 の単項式で生成されるとき,正則三角形分割 $\Delta(\mathrm{in}_<(I_A))$ についてはどんなことが言えるんだい? 単模であることはもちろんだけど.

著者: それは旗状三角形分割というものですよ.すなわち,その三角形分割に属さない単体で包含関係で極小なものは辺に限るというものです.もちろん,辺とは 2 個の点からなる単体のことですよ.たとえばですよ,三角形分割

は旗状だけど △ は旗状ではありません．

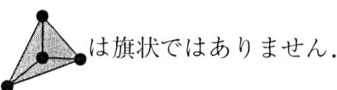

老人： 旗状三角形分割だとどんな御利益がある？

著者： 三角形分割を有限グラフで操ることができます．配置 $\mathcal{A}$ の旗状三角形分割があるとき，$V = \mathcal{A}$ を頂点集合とする有限グラフで a ●——● b がその有限グラフの辺であることを $\{a, b\}$ はその三角形分割の面ではない，と定義します．すると，その三角形分割の面とその有限グラフの独立集合（どの 2 点も辺で結ばれないような部分集合 $\subset V$）が 1 対 1 に対応します．

老人： だから，イニシャルイデアル $\mathrm{in}_<(I_\mathcal{A})$ が平方自由な次数 2 の単項式で生成されるとき，正則三角形分割 $\Delta(\mathrm{in}_<(I_\mathcal{A}))$ は単模でもあるのだから，その三角形分割の有限グラフの極大な独立集合を数え上げると正規化体積が計算できるのだな．じゃあ，A 型根系の定理（6.3.9）のときだと，そのような極大な独立集合の個数が Catalan 数になるんだな．

著者： そうです．けれども，A 型根系のときですと，そのように数え上げるよりも標準木（p.106）を使った Gelfand らの方法のほうが簡明ですけど．

老人： そうだな，使う有限グラフの頂点の個数を考えると，Gelfand らの方法に軍配が挙がるな．おっと，もうこんな時間だ．久しぶりに数学の話ができて嬉しいよ．朝倉書店の編集者にはほどほどの返事をしておくよ．仮に売れそうにもない，と言ったところで，朝倉書店のような超一流の出版社は原稿がここまで完成した段階で出版キャンセルとはしないだろうし，売れるような原稿に書き改めよ，などという著者を激怒させるような申し出もしないだろうからね．我が国の学問の発展に多大なる貢献をしてきた出版社，という強い誇りがあるからね．よしんば売れそうにもないと思ってもユニークな著書ならば是が非でも出版するよ．じゃあ，失敬．

付　　　録

A. マトロイド

　終章においてマトロイドに付随するトーリックイデアルを紹介した．繰り返すことになるけれども，マトロイドの定義を復習しよう．整数 $1 < r < d$ を固定し，有限集合 $[d] = \{1, 2, \cdots, d\}$ の r 元部分集合（r 個の元から成る部分集合）の全体を $\binom{[d]}{r}$ と置く．集合 $\mathcal{M} \subset \binom{[d]}{r}$ が条件「$\sigma, \tau \in \mathcal{M}$，$i \in \sigma \setminus \tau$ ならば適当な $j \in \tau \setminus \sigma$ が存在し $(\sigma \setminus \{i\}) \cup \{j\} \in \mathcal{M}$，$(\tau \setminus \{j\}) \cup \{i\} \in \mathcal{M}$ となる」を満たすとき $\mathcal{M}$ は**階数** r の**マトロイド**と呼ばれる．（便宜上，任意の $i \in [d]$ は適当な $\sigma \in \mathcal{M}$ に属すると仮定し，そのとき $[d]$ を $\mathcal{M}$ の**土台集合**と呼ぶ．）いま，$\sigma \in \mathcal{M}$ と $\mathbf{Q}^d$ の $(0,1)$ ベクトル $\sum_{i \in \sigma} \mathbf{e}_i$ を同一視すると $\mathcal{M} \subset \mathbf{Z}^d$ は配置となる．但し，$\mathbf{e}_1, \mathbf{e}_2, \cdots, \mathbf{e}_d$ は $\mathbf{Q}^d$ の標準的な単位座標ベクトルである．そのような配置を階数 r のマトロイド配置と呼ぶ．他方，$\sigma \in \mathcal{M}$ に単項式 $t_\sigma = \prod_{i \in \sigma} t_i$ を対応させると，単項式の集合 $\{t_\sigma ; \sigma \in \mathcal{M}\}$ が生成する $K[t_1, t_2, \cdots, t_d]$ の部分環 $K[\mathcal{M}]$ が $\mathcal{M}$ のトーリック環である．更に，多項式環 $K[\{x_\sigma\}_{\sigma \in \mathcal{M}}]$ を準備し，「変数 x_σ に単項式 t_σ を代入する操作」として定義される $K[\{x_\sigma\}_{\sigma \in \mathcal{M}}]$ から $K[\mathcal{M}]$ への準同型写像の核 $I_\mathcal{M}$ が $\mathcal{M}$ のトーリックイデアルである．

　(**A.0.1**) **補題** 　頂点集合 $[d]$ の上の連結有限グラフ G から生起する配置 $\mathcal{A}_G \subset \mathbf{Z}^d$ が $[d]$ を土台集合とする階数 2 のマトロイド配置となるためには，G が完全多重グラフ（問 (7.3.17)）となることが必要十分である．

[証明] 　（必要性）土台集合 $[d]$ 上の階数 2 のマトロイド配置 $\mathcal{M}$ を有限グラフ G から生起する配置 $\mathcal{A}_G$ とする．いま，$\{i, i'\}$ が G の辺ではなく，$e = \{i, j\}$ が G の辺であるとする．このとき，$\{i', j\}$ が G の辺であることを言う．それが言えると，互いに辺では結ばれない頂点を集めると，G はそれらを頂点の分割と

する完全多重グラフとなる．いま，$e' = \{i', j'\}$ が G の辺となる頂点 j' を選び（土台集合は $[d]$ であるから，どの辺にも属さない頂点は存在しない）$j \neq j'$ とする．すると，$i \not\in e'$ であるから，マトロイドの定義（と $\{i, i'\}$ が G の辺ではないこと）から $\{i', j\}$ と $\{i, j'\}$ は両者とも G の辺である．

（十分性）完全多重グラフ G の頂点集合の分割を $V_1 \cup V_2 \cup \cdots \cup V_q$ とする．いま，$e = \{i, j\}$ と $e' = \{i', j'\}$ を G の辺とし，たとえば，$i \not\in e'$ とする．このとき，i と i' が同じ V_k に属するならば $\{i', j\}$ と $\{i, j'\}$ は G の辺である．他方，i と i' は異なる V_k に属し，i と j' も異なる V_k に属する（たとえば，$i \in V_1, i' \in V_2, j' \in V_3$）とすると，$j \not\in V_2$ あるいは $j \not\in V_3$ であるから，たとえば，$j \not\in V_2$ とすると $\{i', j\}$ と $\{i, j'\}$ は G の辺である． ∎

すると，補題（A.0.1）と問（7.3.17）を使うと

（**A.0.2**）**系** 階数 2 のマトロイド配置は圧搾的である．

任意のマトロイド配置は正規である（Neil White, 1977 年）けれども，それが単模被覆を持つか？（もっと強く，単模三角形分割を持つか？）ということは未解決である．

マトロイド配置 $\mathcal{M}$ のトーリックイデアル $I_{\mathcal{M}}$ の生成系を議論する．いま，$i \in \sigma \setminus \tau, j \in \tau \setminus \sigma, (\sigma \setminus \{i\}) \cup \{j\} \in \mathcal{M}, (\tau \setminus \{j\}) \cup \{i\} \in \mathcal{M}$ のとき，二項式

$$f_{ij}(\sigma, \tau) = x_\sigma x_\tau - x_{(\sigma \setminus \{i\}) \cup \{j\}} x_{(\tau \setminus \{j\}) \cup \{i\}}$$

はトーリックイデアル $I_{\mathcal{M}}$ に属する．そのような二項式 $f_{ij}(\sigma, \tau)$ の全体を $\mathcal{G}_{\mathcal{M}}$ と置く．

階数 2 のマトロイド配置 $\mathcal{M}$ のトーリックイデアル $I_{\mathcal{M}} \subset K[\{x_\sigma\}_{\sigma \in \mathcal{M}}]$ を議論する．多項式環 $K[\{x_\sigma\}_{\sigma \in \mathcal{M}}]$ における変数の順序 $<$ を，$\sigma = \{i, j\}$（但し，$i < j$），$\tau = \{i', j'\}$（但し，$i' < j'$）が $\mathcal{M}$ に属するとき，$x_\sigma < x_\tau$ となるのは，（ i ）$i < i'$ であるか，あるいは（ii）$i = i'$ 且つ $j > j'$ であるとき，と定義する．そのような変数の全順序 $<$ から導かれる $K[\{x_\sigma\}_{\sigma \in \mathcal{M}}]$ 上の辞書式順序を $<_{\text{lex}}$ と，逆辞書式順序を $<_{\text{rev}}$ と，それぞれ，表す．

（**A.0.3**）**定理** （a）階数 2 のマトロイド配置 $\mathcal{M}$ のトーリックイデアル $I_{\mathcal{M}}$

は $\mathcal{G}_\mathcal{M}$ をその生成系に持つ．

(b) 更に，Buchberger 判定法（3.2.3）から，$\mathcal{G}_\mathcal{M}$ は $I_\mathcal{M}$ の $<_{\text{lex}}$ と $<_{\text{rev}}$ の両者に関する Gröbner 基底である．

[略証]　(a) 補題（A.0.1）から完全多重グラフ G の配置 $\mathcal{A}_G$ のトーリックイデアル I_G を考えればよい．二項式 $f_{ij}(\sigma,\tau)$ は長さ 4 のサイクルに付随する二項式である．長さが偶数の原始的な閉路 Γ に対応する二項式 f_Γ の全体は I_G を生成する（命題（4.2.11））から，そのような二項式 f_Γ がイデアル $(\mathcal{G}_\mathcal{M})$ に属することを言えばよい．長さが偶数の原始的な閉路 Γ の候補は既知（命題（4.2.14））であるから個々に確認すると (a) が示せる．

たとえば，偶サイクルのときを考えよう．完全多重グラフ G の頂点集合の分割を $V_1 \cup V_2 \cup \cdots$ とする．偶サイクル C をその頂点を使って $C = (i_1, i_2, \cdots, i_{2q})$ と表す．いま，C に弦 e があって，その e を使って $C \cup \{e\}$ が e を共有辺とする 2 個の偶サイクルに分割されるならば命題（4.2.13）の証明と類似の議論が使える．そのような辺が存在しないとすると，G が完全多重グラフであることから，$i_1, i_4 \in V_1$, $i_2, i_5 \in V_2$, $i_3, i_6 \in V_3$ としてよい．すると，$C_1 = (i_1, i_3, i_4, i_2, i_1)$, $C_2 = (i_2, i_4, i_5, i_3, i_2)$, $C_3 = (i_1, i_3, i_5, i_6, i_7, \cdots, i_{2q}, i_1)$ はいずれも G の偶サイクルであるが，f_C は $f_{C_1}, f_{C_2}, f_{C_3}$ が生成するイデアルに属する．帰納法を使うと，$f_{C_3} \in (\mathcal{G}_\mathcal{M})$ であるから，$f_C \in (\mathcal{G}_\mathcal{M})$ が従う．

(b) すると，生成系が既知だから Buchberger 判定法（3.2.3）が使える．二項式 $f_{ij}(\sigma,\tau)$ と $f_{i'j'}(\sigma',\tau')$ が $\mathcal{G}_\mathcal{M}$ に属するとき，それらの S 多項式を計算し，Buchberger 判定法の条件が満たされていることを確認すればよい．いずれにしても，$<_{\text{lex}}$ と $<_{\text{rev}}$ の両者とも場合分けが相当煩雑になるから，根気と腕力が必要である．　∎

任意のマトロイド配置 $\mathcal{M}$ のトーリックイデアル $I_\mathcal{M}$ が $\mathcal{G}_\mathcal{M}$ を生成系とする，という予想（Neil White, 1980 年）がある．もっと強く，$\mathcal{G}_\mathcal{M}$ が $I_\mathcal{M}$ の Gröbner 基底となるような単項式順序が存在するか？ というのは魅惑的な問題である．本著を読破したならばこの魅惑的な難問に挑戦する準備ができたことになる．

B. 正規化体積

研究論文や解説記事などでは補題 (5.2.6) の条件 $\mathbf{Z}\mathcal{A} = \mathbf{Z}^d$ を仮定することが寧ろ普通である．有限生成アーベル群の基本定理（[3, 第4章§2] など）を習得した読者のためにちょっと補足しよう．

● いま，$\mathbf{Z}\mathcal{A}$ は有限生成自由アーベル群 $\mathbf{Z}^d$ の部分群であるから，$\mathbf{Z}\mathcal{A}$ も有限生成自由アーベル群である．その階数は $r = \delta + 1$ となる．但し，δ は $\mathcal{A}$ の次元である．有限生成自由アーベル群 $\mathbf{Z}\mathcal{A}$ の $\mathbf{Z}$ 基底 $\{\alpha_1, \alpha_2, \cdots, \alpha_r\}$ ($\subset \mathcal{A}$) を固定する．すると，$\mathbf{Z}\mathcal{A}$ と $\mathbf{Z}^r$ の群の同型が得られる．すなわち，$\mathbf{Z}\mathcal{A}$ に属する元 $\sum_{i=1}^r q_i \alpha_i$, $q_i \in \mathbf{Z}$, と $(q_1, q_2, \cdots, q_r) \in \mathbf{Z}^r$ を同一視するのである．すると，$\mathcal{A} \subset \mathbf{Z}^r$ と思うことができる．そのように思うと $\mathcal{A}$ は $\mathbf{Q}^r$ の原点を通過しない超平面 $\{(z_1, z_2, \cdots, z_r) \in \mathbf{Q}^r ; \sum_{k=1}^r z_k = 1\}$ に含まれる．すると，$\mathbf{Z}\mathcal{A} = \mathbf{Z}^r$ を満たす $\mathbf{Q}^r$ の配置となる．

(**B.0.1**) **例** 空間 $\mathbf{Q}^{d+1}$ の配置 $\tilde{\mathbf{A}}_{d-1}$ (p.63) を考えよう．その次元は $d-1$ である．有限生成自由アーベル群 $\mathbf{Z}\mathcal{A}$ の $\mathbf{Z}$ 基底の一つとして $\{(\mathbf{e}_i - \mathbf{e}_{i+1}) + \mathbf{e}_{d+1}\}_{1 \leq i \leq d-1} \cup \{\mathbf{e}_{d+1}\}$ を選ぶ．すると，$1 \leq i < j < d$ のとき，$(\mathbf{e}_i - \mathbf{e}_j) + \mathbf{e}_{d+1} = \sum_{k=i}^{j-1}((\mathbf{e}_k - \mathbf{e}_{k+1}) + \mathbf{e}_{d+1}) - (j-i-1)\mathbf{e}_{d+1}$ となるから，$(\mathbf{e}_i - \mathbf{e}_j) + \mathbf{e}_{d+1} \in \tilde{\mathbf{A}}_{d-1}$ と $\sum_{k=i}^{j-1} \mathbf{e}_k - (j-i-1)\mathbf{e}_d \in \mathbf{Z}^d$ を同一視するのである．

● 更に，$\mathcal{A} \subset \mathbf{Z}^d$ の極大な単体 $F \subset \mathcal{A}$ があったとき，$\mathcal{A} \subset \mathbf{Z}^r$ と思うと $F \subset \mathbf{Z}^r$ と思うことができるが，そのように思ったとき，F に属するベクトルを行ベクトルとする r 次正方行列の行列式の絶対値を $F \in \mathcal{A}$ の**正規化体積**（normalized volume）と定義する．すると，$F \in \mathcal{A}$ の正規化体積とは，$F \subset \mathbf{Z}^r$ と思ったときの $\mathrm{CONV}(F) \subset \mathbf{Q}^r$ の積分で計算する通常の体積に $r!$ を掛けたものに他ならない．極大な単体 F の正規化体積は $\mathbf{Z}\mathcal{A}$ の $\mathbf{Z}$ 基底 $\{\alpha_1, \alpha_2, \cdots, \alpha_r\}$ の選び方には依存しない．換言すると，F を $\mathbf{Z}$ 基底とする部分群 $\mathbf{Z}F (\subset \mathbf{Z}\mathcal{A})$ の $\mathbf{Z}\mathcal{A}$ における指数が F の正規化体積である．すると，基本単体とは極大な単体でその正規化体積が 1 なるものである．

● 配置 $\mathcal{A}$ の正規化体積を $\mathcal{A}$ の三角形分割 Δ に属する極大な単体の正規化体積の

和と定義する．配置 $\mathcal{A}$ の正規化体積は三角形分割の選び方には依存しない．すると，$\mathcal{A}$ に単模な三角形分割 Δ が存在すれば，$\mathcal{A}$ の正規化体積は Δ に属する極大な単体の個数に一致する．だから，単模な三角形分割の存在は配置の正規化体積を計算するためにも有効である．定理（6.3.9）を参照せよ．

● 正規化 Ehrhart 函数（ p.96 ）は拙著 [11], [12] における Ehrhart 函数とは異なっている．けれども，条件 $\mathbf{Z}\mathcal{A} = \mathbf{Z}^d$ を仮定すると両者は一致する．配置 $\mathcal{A}$ の正規化 Ehrhart 函数 $i(\mathcal{A}; N)$ は $\mathcal{A} \subset \mathbf{Z}^r$ と思ったときの凸多面体 $\mathrm{CONV}(\mathcal{A})$ の Ehrhart 函数 [12, p.100] と一致する．すると，$i(\mathcal{A}; N)$ は N に関する次数 δ の多項式である．その定数項は 1, 最高次 N^δ の係数は ($\mathcal{A}$ の正規化体積)$/\delta!$ である．

問 の 略 解

(**1.2.6**) 前者の線型不等式系をその係数行列 A を使って $Az > 0$ と表す．但し，z は $z_1, z_2, \cdots, z_d$ を成分とする d 項列ベクトル，不等号 $>$ は成分毎の不等号である．いま，I を N 次の単位行列，w を N 項列ベクトル，1 をすべての成分が 1 である N 項列ベクトルとする．すると，$Az > 0$ が非負解を持たなければ $-Az + Iw = -1$ は非負解を持たない．すると，Farkas の補題から，$yA \leq 0$, $y \geq 0$（但し，$y = (y_1, y_2, \cdots, y_N)$ は N 項行ベクトル）を満たすけれども，$-y_1 - y_2 - \cdots - y_N \geq 0$ とはならない y が存在する．すると，y は望む線型不等式系 $yA \leq 0$ を満たし，$y \geq 0$ から y は非負である．更に，$-y_1 - y_2 - \cdots - y_N \geq 0$ とはならないから，y の成分の和は正である．

(**1.3.5**)

(a) 等式 $a_1 + a_2 + \cdots + a_n = i$ を満たす非負整数の組 $(a_1, a_2, \cdots, a_n)$ は有限個である．

(b) 生成系 $\{y_1, y_2, \cdots, y_n\}$ は R_1 を張る．すると，これが R_1 の基底でなければ，線型従属である．いま，$y_1 = c_2 y_2 + \cdots + c_n y_n$ $(c_2, \cdots, c_n \in K)$ とすると，$\{y_1^{a_1} y_2^{a_2} \cdots y_n^{a_n} \,;\, 0 \leq a_i \in \mathbf{Z}, a_1 + a_2 + \cdots + a_n = i\}$ が張る線型空間と $\{y_2^{a_2} \cdots y_n^{a_n}\,;\,0 \leq a_i \in \mathbf{Z}, a_2 + \cdots + a_n = i\}$ が張る線型空間は一致する．すると，$\{y_2, \cdots, y_n\}$ は生成系である．

(**1.3.7**) いま，$I \neq T_\lambda \in R'_i$ とすると，T_λ には次数 i の斉次多項式 $0 \neq f \in K[\mathbf{x}]$ が存在する．準同型定理の証明における π' の構成から，$\pi'(T_\lambda) = \pi(f)$ である．すると，$\pi(f) \in R_i$ から $\pi'(R'_i) \subset R_i$ が従う．ところが，π' は全単射であるから $\pi'(R'_i) = R_i$ でなければならない．

(**2.2.3**) 有限生成斉次環 $R = \bigoplus_{i=0}^\infty R_i$ の埋め込み次元を n とし，次数を保つ全射準同型写像 $\pi : K[\mathbf{x}] \to R$ を固定する．(但し，$K[\mathbf{x}] = K[x_1, x_2, \cdots, x_n]$ である．) いま，I を R のイデアルとするとき，π による I の逆像 $\{f \in K[\mathbf{x}]\,;\,\pi(f) \in I\}$ は $K[\mathbf{x}]$ のイデアルである．その生成系を $\{g_1, g_2, \cdots, g_s\}$ とすると，$\{\pi(g_1), \pi(g_2), \cdots, \pi(g_s)\}$ は I の生成系である．

(**2.3.3**) 逆辞書式順序と辞書式順序の定義から $x^\alpha y^\beta z^\gamma <_{\text{rev}} x^{\alpha'} y^{\beta'} z^{\gamma'}$ と $x^{\gamma'} y^{\beta'} z^{\alpha'} <_{\text{lex}} x^\gamma y^\beta z^\alpha$ は同値であることに着目せよ．

(**2.3.5**) 単項式 u が $\text{in}_<(I)$ に属するならば，有限個の多項式 $f_1, f_2, \cdots \in I$ と $h_1, h_2, \cdots \in K[\mathbf{x}]$ を選んで $u = \sum_i h_i \text{in}_<(f_i)$ と表せる．ところが，u は単項式であるから，u は $\sum_i h_i \text{in}_<(f_i)$ に現れるいずれかの単項式に一致する．すると，$u = v \text{in}_<(f_i)$ となる $f_i \in I$ と単項式 v が選べる．単項式順序の性質（ii）から $v f_i$ のイニシャル単項式 $\text{in}_{<_{\text{rev}}}(v f_i)$ は $v \text{in}_<(f_i) = u$ に一致する．従って，$f = v f_i \in I$ とすれば $u = \text{in}_<(f)$ である．

(**2.3.10**)
(a) 包含関係 $\text{in}_<(I) \subset \text{in}_<(J)$ は明らか．いま，$\text{in}_<(I) = \text{in}_<(J)$ を仮定し，$I = J$ を導く．任意の $0 \neq f \in J$ について $\text{in}_<(f) \in \text{in}_<(I)$ である．すると，$\text{in}_<(f) = \text{in}_<(f')$ となる $f' \in I$ が存在する．いま，$\text{in}_<(f - f') < \text{in}_<(f)$ であるから，$\text{in}_<(f)$ についての帰納法を使うと，$f - f' \in I$ である．すると，$f = (f - f') + f' \in I$ が従う．
(b) Macaulay の定理（2.3.9）から直ちに従う．

(**2.3.11**) 任意の多項式 $0 \neq f \in K[\mathbf{x}]$ は $\text{in}_<(\text{in}_\omega(f)) = \text{in}_{<_\omega}(f)$ を満たす．擬イニシャルイデアル $\text{in}_\omega(I)$ に属する任意の多項式は $h = \sum_i g_i \text{in}_\omega(f_i)$（$g_i \in K[\mathbf{x}]$, $0 \neq f_i \in I$）と表せ，$\text{in}_<(h)$ はいずれかの $\text{in}_<(\text{in}_\omega(f_i))$ で割り切れる．すると，$\text{in}_<(\text{in}_\omega(I))$ は $(\{\text{in}_<(\text{in}_\omega(f))\,;\, 0 \neq f \in I\})$ に一致する．

(**3.1.2**) 多項式 $f \in K[x]$（$\neq 0$ としてよい）の次数を m，最高次の係数を a とする．他方，g の次数を n，最高次の係数を b とする．すると，$m < n$ ならば $q = 0, r = f$ と置けばよい．他方，$m \geq n$ ならば $f' = f - (a/b) x^{m-n} g$ と置くと，帰納法の仮定から $f' = q' g + r$ となる商 q' と余り r が存在する．すると，$q = q' + (a/b) x^{m-n}$ とすると $f = q g + r$ となる．次に，商 q と余り r の一意的を言うために，$f = q_0 g + r_0$ なる商 q_0 と余り r_0 があったとすると，$(q - q_0) g = r_0 - r$ である．いま，$q - q_0 \neq 0$ とすると，$(q - q_0) g$ の次数は n 以上であるけれども，$r_0 - r \neq 0$ の次数は高々 $n - 1$ となり矛盾が生じる．

(**3.1.3**) 多項式 f を g で割って商 q と余り r を得たとすると，$r = f - qg$ であるから $f \in I$ と $r \in I$ は同値である．ところが，$r \neq 0$ ならば $\deg(r) < \deg(g)$ から $r \not\in I = (g)$ である．すると，$r \in I = (g)$ となるためには $r = 0$ となることが必要十分である．

(**3.1.4**) 十分性は明らか．必要性を示す．いま，$(g) = (h)$ とすると，$g \in (h)$, $h \in (g)$ であるから $g = fh$, $h = f' g$ となる多項式 f と f' が存在する．すると，$g = f f' g$ であるから $f f' = 1$ である．すると，$f, f' \in K$ であるけれども，g と h の両者はモニックであるから $g = fh$, $f \in K$ ならば $f = 1$ である．

(**3.1.6**) 任意の多項式 $f \in I = (g)$ は g で割り切れるから $f = qg$ と置くと，$\text{in}_<(f) = \text{in}_<(q)\text{in}_<(g)$ である．すると，$\text{in}_<(f)$ は $\text{in}_<(g)$ で割り切れる．従って，イニシャルイデアル $\text{in}_<(I) = (\text{in}_<(f) \,;\, f \in I)$ は $(\text{in}_<(g))$ に一致する．

(**3.2.12**) イニシャルイデアルは $(x_3^4, x_2x_3^2, x_2^2, x_1)$，標準単項式は $1, x_2, x_3, x_3^2, x_3^3, x_2x_3$ となる．

(**3.3.5**) イデアル $tI + (1-t)J \in K[t,x]$ の $<_{\text{purelex}}$ に関する Gröbner 基底は $\{tx - x^3, x^4 - x^3\}$ である．すると，$I \cap J = (x^3(x-1))$ となる．

(**4.1.15**)
(a) $\{x_1x_2x_3 - x_4^3\}$
(b) $\{x_2x_3x_4 - x_1x_5^2\}$

(**4.2.16**)
(a) $x_1x_7 - x_2x_6, x_3x_5 - x_4x_7$
(b) $x_1x_3 - x_7x_8, x_2x_4 - x_8x_9, x_5x_7 - x_6x_9$

(**4.3.11**) $(t_it_k^{-1}t_{d+1})(t_jt_\ell^{-1}t_{d+1}) = (t_it_\ell^{-1}t_{d+1})(t_jt_k^{-1}t_{d+1})$,
$(t_it_j^{-1}t_{d+1})(t_jt_k^{-1}t_{d+1}) = t_{d+1}(t_it_k^{-1}t_{d+1})$ に注意する．

(**4.3.14**) 単項式 $x_{i,j}x_{j,k}$ は二項式 $x_{i,k}x_{j,\ell} - x_{i,\ell}x_{j,k}$ には現れない．単項式 $x_{i,k}x_{j,\ell}$ は二項式 $x_{i,j}x_{j,k} - xx_{i,k}$ には現れない．他方，$(i,j,k,\ell) \neq (i',j',k',\ell')$ のとき，$x_{i,k}x_{j,\ell}$ は $x_{i',k'}x_{j',\ell'} - x_{i',\ell'}x_{j',k'}$ には現れない．更に，$(i,j,k) \neq (i',j',k')$ のとき，$x_{i,j}x_{j,k}$ は $x_{i',j'}x_{j',k'} - xx_{i',k'}$ には現れない．

(**4.3.23**) $(t_it_\ell^{-1}t_{d+1})(t_jt_k^{-1}t_{d+1}) = (t_it_k^{-1}t_{d+1})(t_jt_\ell^{-1}t_{d+1})$,
$(t_it_j^{-1}t_{d+1})(t_jt_k^{-1}t_{d+1}) = (t_it_{i+1}^{-1}t_{d+1})(t_{i+1}t_k^{-1}t_{d+1})$,
$(t_it_j^{-1}t_{d+1})(t_kt_{k+1}^{-1}t_{d+1})(t_{k+1}t_\ell^{-1}t_{d+1}) = (t_it_{i+1}^{-1}t_{d+1})(t_{i+1}t_j^{-1}t_{d+1})(t_kt_\ell^{-1}t_{d+1})$ に注意する．

(**4.3.28**) 二項式 (4.3.21) のイニシャル単項式 $x_{i,j}x_{j,k}$ は ($j - i \geq 2$ であるから) 二項式 (4.3.22) に現れる単項式を割り切らない．

(**4.3.29**)
(a) $\text{in}_{<_{\text{lex}}}(x_{i,k}x_{j,\ell} - x_{i,\ell}x_{j,k}) = x_{i,k}x_{j,\ell}$, $\text{in}_{<_{\text{lex}}}(x_{i,j}x_{j,k} - xx_{i,k}) = x_{i,j}x_{j,k}$ に着目する．
(b) $\text{in}_{<_{\text{rev}}}(x_{i,\ell}x_{j,k} - x_{i,k}x_{j,\ell}) = x_{i,\ell}x_{j,k}$, $\text{in}_{<_{\text{rev}}}(x_{i,j}x_{j,k} - x_{i,i+1}x_{i+1,k}) = x_{i,j}x_{j,k}$, $\text{in}_{<_{\text{rev}}}(x_{i,j}x_{k,k+1}x_{k+1,\ell} - x_{i,i+1}x_{i+1,j}x_{k,\ell}) = x_{i,j}x_{k,k+1}x_{k+1,\ell}$ に着目する．

(**5.1.3**) 有限グラフ G が頂点を共有しない奇サイクル C と C' を含むためには G の

頂点は少なくとも 6 個必要である．頂点の個数が 6 個の有限グラフ G が頂点を共有しない奇サイクル C と C' を含むならば，C と C' の両者の長さは 3 である．すると，G は C, C' およびそれらの橋から成る．従って，G は奇サイクル条件を満たす．すると，奇サイクル条件を満たさない有限グラフの頂点の個数は少なくとも 7 個必要である．たとえば，

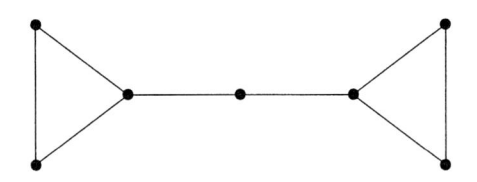

(**5.1.5**)

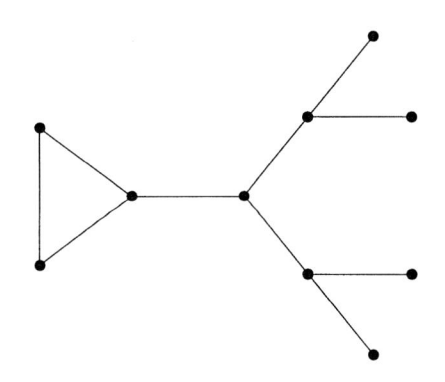

(**5.2.4**) 配置 $\mathcal{A}$ に属する極大な単体は全部で 12 個（列挙は略），それらはすべて基本単体である．

(**5.2.5**) 原点及び $\mathbf{a}_{i_1}, \mathbf{a}_{i_2}, \mathbf{a}_{i_3}$ を頂点とする四面体の体積が $1/6 \,(= 1/3!)$ となるためには，$\mathbf{a}_{i_1}, \mathbf{a}_{i_2}, \mathbf{a}_{i_3}$ を行とする 3 次正方行列 P の行列式の絶対値が 1 となることに他ならない．すると，P の逆行列は整数行列である．従って，$(1,0,0,), (0,1,0), (0,0,1)$ のそれぞれは $\mathbf{a}_{i_1}, \mathbf{a}_{i_2}, \mathbf{a}_{i_3}$ の整数係数の線型結合として表示される．従って，$\mathbf{Z}F$ は $\mathbf{Z}^3$ に一致する．

(**5.2.13**)

(a) たとえば，$\mathbf{Z}(\bigoplus_{i=1}^q \mathcal{A}_i)$ に属する点は $(\alpha_1, \alpha_2, \cdots, \alpha_q), \alpha_i \in \mathbf{Z}\mathcal{A}_i$，と表示されることに注意する．

(b) 配置 $\mathcal{A}_i$ を自然に $\mathbf{Z}^d$ の部分集合と看做す．それぞれの $\mathcal{A}_i$ が単模三角形分割 Δ_i を持てば $\{\cup_{i=1}^q F_i \,;\, F_i \in \Delta_i, 1 \leq i \leq q\}$ は直和 $\bigoplus_{i=1}^q \mathcal{A}_i$ の単模三角形分割である．逆に，

問 の 略 解　183

直和 $\bigoplus_{i=1}^{q} \mathcal{A}_i$ が単模三角形分割 Δ を持つならば $\{F \cap \mathcal{A}_i \, ; \, F \in \Delta\}$ は $\mathcal{A}_i$ の単模三角形分割である.

(c) 単模被覆についても単模三角形分割と同様である.

(**5.3.2**) 行と列を適当に入れ替えると,行列 B_C は

$$\begin{bmatrix} 1 & 1 & & & & \\ & 1 & 1 & & & \\ & & \ddots & \ddots & & \\ & & & & 1 & 1 \\ 1 & & & & & 1 \end{bmatrix}$$

と表示される.サイクル C の長さを ℓ とし,行列式の定義から直接 B_C の行列式を計算すると $1+(-1)^\ell$ となる.

(**6.1.6**) 配置 $\mathcal{A}$ のトーリックイデアルは $I_{\mathcal{A}} = (x_1 x_4 - x_2 x_3)$ であるから,そのイニシャルイデアルは $(x_1 x_4)$ と $(x_2 x_3)$ である.前者から導かれる三角形分割は下図(左)であり,後者から導かれる三角形分割は下図(右)である.

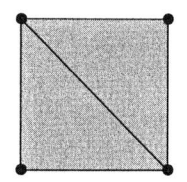

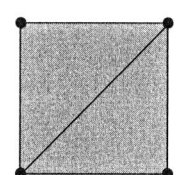

(**6.2.14**) $(n^3 + 3N^2 + 4N + 2)/2$

(**6.3.1**) 配置 $\tilde{\mathbf{A}}_{d-1}$ の次元は $\{(\mathbf{e}_i - \mathbf{e}_j) \, ; \, 1 \leq i < j \leq d\}$ に属する線型独立なベクトルの最大個数と一致する.

(**6.3.3**) 木 H の辺の個数についての帰納法を使う.木 H の頂点 i が H の端点であるとは i が H の唯一つの辺に属するときに言う.木 H は少なくとも 2 個の端点を持つ.いま,$e = \{i, j\}$ を H の辺,i は H の端点であるとする.このとき,H から e を除去した部分グラフ H' は連結であるから木である.すると,帰納法の仮定から $F(H')$ はアフィン独立である.ところが,$F(H')$ に属するすべての点の第 i 成分は 0 であるから,$F(H')$ に第 i 成分が $\neq 0$ である点 $(\mathbf{e}_i - \mathbf{e}_j) + \mathbf{e}_{d+1}$ を添加することで得られる集合 $F(H)$ もアフィン独立である.

(**7.1.3**) 因数分解の公式 $a^p - b^p = (a-b)(a^{p-1} + a^{p-2}b + \cdots + b^{p-1})$ を使うと,$u = u'^p$, $v = v'^p$ となる整数 $p > 1$ と単項式 u' と v' が存在するならば f は可約である.

（**7.1.7**）　二項式 $f = u - v \in I_{\mathcal{A}}$ が原始的であるならば単項式 u と v は互いに素である．いま，f が可約とすると，問（7.1.3）を使うと，$u = u'^p$, $v = v'^p$ となる整数 $p > 1$ と単項式 u' と v' が存在する．二項式 $g = u' - v'$ は $I_{\mathcal{A}}$ に属し $u'|u$, $v'|v$ となるから f は原始的ではない．

（**7.1.10**）　命題（7.1.9;b）の証明から，$K[\mathbf{x}]$ の辞書式順序 $<_{\text{lex}}$ と $<'_{\text{lex}}$ を条件（ⅰ）$x_i \in \text{supp}(f)$, $x_j \notin \text{supp}(f)$ ならば $x_i <_{\text{lex}} x_j$, $x_i <'_{\text{lex}} x_j$, （ⅱ）$v <_{\text{lex}} u$, $u <'_{\text{lex}} v$ を満たすように選べばよい．

（**7.1.14**）　トーリックイデアル $I_{\mathcal{A}}$ が唯一つの二項式 f で生成されるならば f は $I_{\mathcal{A}}$ に属する唯一つの既約な二項式である．

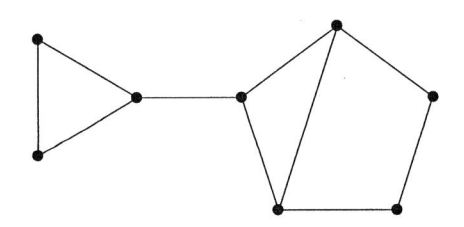

（**7.1.17**）
（a）

（b）たとえば，例（4.2.10）の有限グラフがそのような例になっている．

（**7.2.2**）
（a）Laurent 多項式環 $K[\mathbf{t}, \mathbf{t}^{-1}, \mathbf{z}]$ において $\prod_{k=1}^{N} \mathbf{t}^{\mathbf{a}_{i_k}} = \prod_{k=1}^{N} \mathbf{t}^{\mathbf{a}_{j_k}}$ ならば $\prod_{k=1}^{N} \mathbf{t}^{\mathbf{a}_{i_k}} z_{i_k} \prod_{k=1}^{N} z_{j_k} = \prod_{k=1}^{N} \mathbf{t}^{\mathbf{a}_{j_k}} z_{j_k} \prod_{k=1}^{N} z_{i_k}$ である．すると，二項式 $f = \prod_{k=1}^{N} x_{i_k} - \prod_{k=1}^{N} x_{j_k} \in K[\mathbf{x}]$ が $I_{\mathcal{A}}$ に属するならば二項式 $f^{\sharp} \in K[\mathbf{x}, \mathbf{y}]$ は $I_{\Lambda(\mathcal{A})}$ に属する．
（b）いま，$f^{\sharp} = \mathbf{x}^{\mathbf{a}} \mathbf{y}^{\mathbf{b}} - \mathbf{x}^{\mathbf{b}} \mathbf{y}^{\mathbf{a}}$ が可約とすると，問（7.1.3）から $\mathbf{a} = p\mathbf{a}_0$, $\mathbf{b} = p\mathbf{b}_0$ を満たす整数 $p > 1$ と非負整数を成分とするベクトル $\mathbf{a}_0, \mathbf{b}_0 \in \mathbf{Q}^n$ が存在する．すると，$f = \mathbf{x}^{\mathbf{a}} - \mathbf{x}^{\mathbf{b}}$ は $\mathbf{x}^{\mathbf{a}_0} - \mathbf{x}^{\mathbf{b}_0}$ で割り切れるから f も可約である．

（**7.2.8**）
（a）トーリックイデアル $I_{\mathcal{A}}$ に属する既約な二項式 f の台を $\text{supp}(f) = \{x_{i_1}, x_{i_2}, \cdots, x_{i_k}\}$ とすると，$f^{\sharp} \in I_{\Lambda(\mathcal{A})}$ の台は $\text{supp}(f^{\sharp}) = \{x_{i_1}, x_{i_2}, \cdots, x_{i_k}\} \cup \{y_{i_1}, y_{i_2}, \cdots, y_{i_k}\}$ である．すると，f がサーキットでないならば $f^{\sharp}$ はサーキットでない．逆に，$f^{\sharp}$ はサーキットでないとすると，補題（7.2.3）を使って，$I_{\mathcal{A}}$ に属する既約な二項式 g で $\text{supp}(g^{\sharp}) \subset \text{supp}(f^{\sharp})$, $\text{supp}(g^{\sharp}) \neq \text{supp}(f^{\sharp})$ となるものが存在する．すると，$\text{supp}(g) \subset \text{supp}(f)$, $\text{supp}(g) \neq \text{supp}(f)$ であるから f はサーキットでない．

(b) いま，$I_{\mathcal{A}}$ に属する二項式 $f = \mathbf{x^a} - \mathbf{x^b}$ が原始的でないとし，f と異なる二項式 $g = \mathbf{x^{a'}} - \mathbf{x^{b'}} \in I_{\mathcal{A}}$ が $\mathbf{x^{a'}}|\mathbf{x^a}$, $\mathbf{x^{b'}}|\mathbf{x^b}$ を満たすとすると，$\mathbf{x^{a'}y^{b'}}|\mathbf{x^a y^b}$, $\mathbf{x^{b'}y^{a'}}|\mathbf{x^b y^a}$ であるから $f^{\sharp} \in I_{\Lambda(\mathcal{A})}$ は原始的でない．逆に，$f^{\sharp} \in I_{\Lambda(\mathcal{A})}$ が原始的でないとすると，補題（7.2.3）を使って，$I_{\mathcal{A}}$ に属する既約な二項式 $g = \mathbf{x^{a'}} - \mathbf{x^{b'}}$（但し，$g \neq f$）で $\mathbf{x^{a'}y^{b'}}|\mathbf{x^a y^b}$, $\mathbf{x^{b'}y^{a'}}|\mathbf{x^b y^a}$ となるものが存在する．すると，$\mathbf{x^{a'}}|\mathbf{x^a}$, $\mathbf{x^{b'}}|\mathbf{x^b}$ であるから f は原始的でない．

(**7.2.12**) 計算結果は [H. Ohsugi and T. Hibi, *Discrete and Comput. Geom.* **21** (1999), 201–204] に掲載されている．

(**7.3.2**) 一般に，配置 $\mathcal{A}$ のトーリックイデアル $I_{\mathcal{A}}$ が唯一つの二項式 $u-v$ で生成され，単項式 u は平方自由，単項式 v は平方自由ではないとすると，配置 $\mathcal{A}$ は正規配置であるが圧搾配置ではない．例（6.2.13）を参照せよ．

(**7.3.6**) 凸多面体 $\mathcal{P} \subset \mathbf{Q}^d$ が $(0,1)$ ベクトルから成る集合 $\{\alpha_1, \alpha_2, \cdots, \alpha_s\}$ の凸閉包とすると，$\mathcal{P}$ に属する点 $(z_1, z_2, \cdots, z_d)$ は $(z_1, z_2, \cdots, z_d) = \sum_{i=1}^{s} r_i \alpha_i$, $0 \leq r_i \in \mathbf{Q}$, $\sum_{i=1}^{s} r_i = 1$, と表されるから，$0 \leq z_i \leq 1$, $1 \leq i \leq d$, を満たす．すると，$\mathcal{P}$ に属する任意の整数点は $(0,1)$ ベクトルである．いま，$\gamma \in \mathcal{P} \cap \mathbf{Z}^d$ について $\gamma = (\gamma_1 + \gamma_2)/2$ なる $\mathcal{P}$ の点 γ_1 と γ_2 があったとすると，γ の第 k 成分が 0 ならば（γ_1 と γ_2 のすべての成分は非負であることから）γ_1 と γ_2 の第 k 成分は両者とも 0 である．他方，γ の第 k 成分が 1 ならば（γ_1 と γ_2 のすべての成分は高々 1 であることから）γ_1 と γ_2 の第 k 成分は両者とも 1 である．すると，$\gamma_1 = \gamma_2 = \gamma$ である．他方，$\gamma \in \mathcal{P}$ が $\gamma \notin \mathbf{Z}^d$ とすると，$\gamma = \sum_{i=1}^{s} r_i \alpha_i$ と表示したとき，$0 < r_i < 1$ となる r_i が現れる．すると，$0 < r_j < 1$ となる $j \neq i$ が存在する．簡単のため，$i=1$, $j=2$ とする．いま，$r > 0$ を $r_1, 1-r_1, r_2, 1-r_2$ のどれよりも小さく選んで，$\gamma_1 = (r_1-r)\alpha_1 + (r_2+r)\alpha_2 + \sum_{i=3}^{s} r_i \alpha_i$, $\gamma_2 = (r_1+r)\alpha_1 + (r_2-r)\alpha_2 + \sum_{i=3}^{s} r_i \alpha_i$ とすると，$\gamma_1, \gamma_2 \in \mathcal{P}$, $\gamma_1 \neq \gamma, \gamma_2 \neq \gamma$ であるけれども，$\gamma = (\gamma_1 + \gamma_2)/2$ である．従って，γ は $\mathcal{P}$ の頂点では有り得ない．

(**7.3.12**) 順序凸多面体 $\mathcal{O}_P$ は $(0,1)$ 凸多面体であるから $\mathcal{O}_P$ の頂点集合は $\mathcal{O}_P \cap \mathbf{R}^d$ に一致する（問（7.3.6））．空間 $\mathbf{R}^d$ の $(0,1)$ ベクトル $(z_1, z_2, \cdots, z_d)$ が $\mathcal{O}_P$ に属するためには「P において $p_i \leq p_j$ ならば $z_j \leq z_i$」となること，換言すると，条件「P において $p_i \leq p_j$ である任意の i と j について，$z_j = 1$ ならば $z_i = 1$ である」が満たされることが必要十分である．

(**7.3.14**) アフィン写像 Φ を線型写像 $\Phi' : \mathbf{Q}^d \to \mathbf{Q}^{d'}$ と $\mathbf{Q}^{d'}$ のベクトル $\mathbf{b}$ を使って，$\Phi(\alpha) = \Phi'(\alpha) + \mathbf{b}$, $\alpha \in \mathbf{Q}^d$, と表す．
（ⅰ）すると，$\Phi(\sum_{k=1}^{\ell} r_k \xi_k) = \Phi'(\sum_{k=1}^{\ell} r_k \xi_k) + \mathbf{b} = \sum_{k=1}^{\ell} r_k \Phi'(\xi_k) + (\sum_{k=1}^{\ell} r_k)\mathbf{b} = \sum_{k=1}^{\ell} r_k \Phi(\xi_k)$ である．

(ii) いま，$X = \{\xi_1, \xi_2, \cdots, \xi_\ell\}$ とすると，CONV(X) は $\sum_{k=1}^{\ell} r_k = 1$ を満たす非負実数 $r_1, r_2, \cdots, r_\ell$ を使って $\sum_{k=1}^{\ell} r_k \xi_k$ と表される点の全体の集合である．すると，$\Phi(\text{CONV}(X))$ は $\sum_{k=1}^{\ell} r_k = 1$ を満たす非負実数 $r_1, r_2, \cdots, r_\ell$ を使って $\sum_{k=1}^{\ell} r_k \Phi(\xi_k)$ と表される点の全体の集合である．従って，$\Phi(\text{CONV}(X))$ は $\Phi(X)$ の凸閉包である．

(**7.3.17**) 定理 (7.3.7) を使う．たとえば，下図の完全多重グラフ $G_{(2,2,3)}$ を考えると，$G_{(2,2,3)}$ から生起する配置の凸閉包は線型不等式系 $x_1 + x_2 \leq 1$, $x_3 + x_4 \leq 1$, $x_5 + x_6 + x_7 \leq 1$, $\sum_{i=1}^{7} x_i = 2$, $0 \leq x_i \leq 1$ の解集合である．

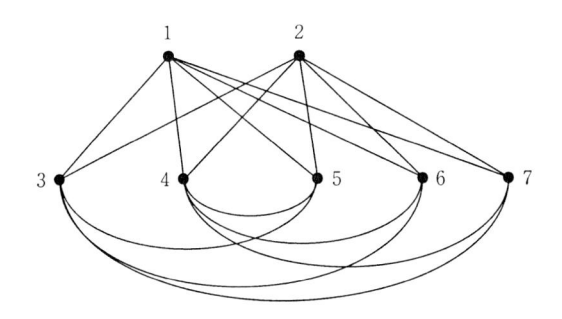

参 考 文 献

[1] W. Adams and P. Loustaunau, "An Introduction to Gröbner Bases," Amer. Math. Soc., Providence, RI, 1994.

[2] A. Aramova, J. Herzog and T. Hibi, Gotzmann theorems for exterior algebras and combinatorics, *J. Algebra* **191** (1997), 174 – 211.

[3] 浅野啓三，永尾汎「群論」(岩波全書) 岩波書店, 1965.

[4] T. Becker and V. Weispfenning, "Gröbner Bases," Springer-Verlag, Berlin, Heidelberg, New York, 1993.

[5] W. Bruns and J. Herzog, "Cohen-Macaulay Rings," Revosed Edition, Cambridge University Press, Cambridge, Cambridge, New York, Sydney, 1998.

[6] D. Cox, J. Little and D. O'Shea, "Ideals, Varieties and Algorithms," Springer-Verlag, Berlin, Heidelberg, New York, 1992. (邦訳『グレブナ基底と代数多様体入門』落合啓之・示野信一・西山亨・室政和・山本敦子訳, シュプリンガー・フェアラーク東京)

[7] D. Cox, J. Little and D. O'Shea, "Using Algebraic Geometry," Springer–Verlag, Berlin, Heidelberg, New York, 1998. (邦訳『グレブナー基底 1, 2 ——可換代数と代数幾何におけるグレブナー基底の有効性——』大杉英史・北村知徳・日比孝之訳, シュプリンガー・フェアラーク東京)

[8] D. Eisenbud, "Commutative Algebra with a View Toward Algebraic Geometry," Springer-Verlag, Berlin, Heidelberg, New York, 1995.

[9] D. R. Fulkerson, A. J. Hoffman and M. H. McAndrew, Some properties of graphs with multiple edges, *Canad. J. Math.* **17** (1965), 167 – 177.

[10] I. M. Gelfand, M. I. Graev and A. Postnikov, Combinatorics of hypergeometric functions associated with positive roots, *in* "Arnold-Gelfand Mathematics Seminars, Geometry and Singularity Theory" (V. I. Arnold, I. M. Gelfand, M. Smirnov and V. S. Retakh, Eds.), Birkhäuser, Boston, 1997, pp. 205 – 221.

[11] T. Hibi, "Algebraic Combinatorics on Convex Polytopes," Carslaw Publications, Glebe, N.S.W., Australia, 1992.

[12] 日比孝之「可換代数と組合せ論」(現代数学シリーズ) シュプリンガー・フェアラーク東京, 1995.

[13] 日比孝之「数え上げ数学」(すうがくぶっくす 14) 朝倉書店, 1997.

[14] J. E. Humphreys, "Introduction to Lie Algebras and Representation Theory," Second Printing, Revised, Springer-Verlag, Berlin, Heidelberg, New York, 1972.

[15] 岩堀長慶「線型不等式とその応用」(岩波講座 基礎数学 8) 岩波書店, 1977.

[16] F. S. Macaulay, Some properties of enumeration in the theory of modular systems, *Proc. London Math. Soc.* **26** (1927), 531 – 555.

[17] 松村英之「可換環論」(共立講座 現代の数学) 共立出版, 1980.

[18] 永田雅宜「可換環論」(紀伊國屋数学叢書) 紀伊國屋書店, 1974.

[19] 成田正雄「イデアル論入門」(共立全書) 共立出版, 1970.

[20] M. Saito, B. Sturmfels and N. Takayama, "Gröbner deformations of hypergeometric differential equations," Springer-Verlag, Berlin, Heidelberg, New York, 2000.

[21] A. Schrijver, "Theory of Linear and Integer Programming," Wiley, Chichester, 1986.

[22] R. P. Stanley, "Combinatorics and Commutative Algebra," Second Edition, Birkhäuser, Boston, 1996.

[23] R. P. Stanley, "Enumerative Combinatorics, Volume II," Cambridge University Press, Cambridge, New York, Sydney, 1999.

[24] B. Sturmfels, "Gröbner Bases and Convex Polytopes," Amer. Math. Soc., Providence, RI, 1995.

[25] 大阿久俊則「D 加群と計算数学」(すうがくの風景 5) 朝倉書店, 2002.

[26] 原岡喜重「超幾何関数」(すうがくの風景 7) 朝倉書店, 2002.

索引

数字・欧文

(0, 1) 凸多面体　128
(0, 1) ベクトル　128
1 対 1　1

A 型根系　62

Buchberger アルゴリズム　44
Buchberger 判定法　40
B 型根系　153

Catalan 数　107
C 型根系　153

Dickson の補題　20
D 型根系　153

Euclid 互除法　32

Farkas の補題　10
f 列　96

Graver 基底　114
Gröbner 基底　27

Hilbert 函数　97, 140
Hilbert 基底定理　22
Hilbert 級数　140
Hilbert 多項式　141

Koszul 代数　141

Laurent 多項式　49
Laurent 多項式環　49

Laurent 単項式　49
Lawrence 持ち上げ　119

Macaulay の定理　28

Poincaré 級数　141

S 多項式　39

Veronese 集合　49
Veronese 部分環　50

ア 行

圧搾　125, 128
アフィン写像　133
アフィン独立　78
余り　34, 39

イデアル　12
イニシャルイデアル　22, 25
イニシャル単項式　22, 25

上への 1 対 1　2
上への写像　2
埋め込み次元　17

演算　2

重みベクトル　28

カ 行

解　9
階数　174
可換環　2

核　　6, 14, 139
可約　　16
完全グラフ　　56
完全多重グラフ　　135
完全単模　　126
完全二部グラフ　　56
完全マッチング　　76

木　　54
奇サイクル　　53
奇サイクル条件　　73
基底　　5
基本単体　　79
既約　　16
逆元　　3
逆辞書式順序　　22
極小　　37, 139
極小サイクル　　60
極小自由分解　　140
局所的　　104
極大な単体　　79

偶サイクル　　53

係数行列　　9
弦　　59
原始的　　58, 114

根基　　90

サ行

サイクル　　53
サーキット　　112
三角形分割　　82

次元　　5, 79
辞書式順序　　24
次数　　15
次数 Betti 数列　　138
自然な全射　　14
写像　　1
純　　124
純辞書式順序　　25
順序　　19

順序集合　　19
順序凸多面体　　130
準同型写像　　14
準同型定理　　14
消去定理　　45
剰余環　　13
剰余類　　12
剰余類分割　　13

スカラー倍　　2

正規　　73
正規化 Ehrhart 函数　　96
正規化体積　　177
正根　　62
斉次イデアル　　16
斉次元　　17
斉次多項式　　15
斉次な写像　　139
整除関係による順序　　20
整数点　　48
生成系　　12, 17
生成するイデアル　　12
生成する部分環　　16
正則　　94
正則グラフ　　76
整分割性　　130
全域木　　104
全域部分グラフ　　53
線型空間　　3
線型結合　　4
線型写像　　6
線型従属　　4
線型順序　　19
線型独立　　4
全射　　2
全順序　　19
全順序集合　　19
全単射　　2

像　　6, 14, 139

タ行

体　　3

索　引

台　112
多項式　15
単項式イデアル　16
多項式環　16
単位元　3
単項イデアル　32
単項式　15
単項式順序　23
単射　1
単体　79
単模　79, 82, 83, 110

置換行列　129
超単体　129
頂点　8, 53
頂点集合　53
超平面　49
直積　1
直和　6, 84
直和分解　5
定義イデアル　18
同型　14
トーリックイデアル　50
トーリック環　49
土台集合　174
凸多面錐　7
凸多面体　7
凸多面峰　9
凸閉包　7

ナ 行

内部　98
長さ　54

二項式　51
二項式イデアル　51
二部グラフ　54

ハ 行

配置　49
張る　5
半順序集合　19

被覆　83
被約　37
標準木　106
標準単項式　28
標準表示　34

負元　2
部分環　3
部分空間　4
部分グラフ　53
普遍 Gröbner 基底　115

平方自由　92, 112
平方自由な単項式　91
閉路　54
辺　53
辺集合　53
変数に元を代入する操作　16

マ・ヤ 行

マトロイド　174

面　82

モニック　32

有界　9
有限グラフ　53
有限生成　12
有限生成斉次環　17
'誘導' する　24
誘導部分グラフ　53

ラ・ワ 行

隣接行列　85

零元　2
連結　54
連結成分　54

路　54

割り算アルゴリズム　34

編集者との対話

野海：ところで，終章の「老齢の数学者」は☆○さんなのですか．

日比：そうですね．そう思って貰ってもいいですけど，●☆さんでもいいんじゃないですかね．

野海：えっ，じゃあ，実際にはやっていないの？ 日比君の作り話なの？

日比：そうです．全くの作り話ですよ．でも Gröbner 基底については全くの素人である「老齢の数学者」が本著の草稿の閲読をする破目になり，その準備を兼ねて著者と雑談をしながら Gröbner 基底の俄か勉強をしている，という想定はちょっと面白いと思いませんか？

野海：そうだね．でも，この会話は随分と重いね．素人がざっと読んで本著の概要をさっと理解できるという訳にはいかないですよ．だからこそ，序章ではなく終章にしてあるのでしょうが．

日比：Gröbner 基底の基礎理論は，線型代数の初歩にちょっと馴染んでいる人ならば，ちゃんと知っている人からコーヒーを飲みながら 3 時間も教えて貰うとすぐに理解できてしまう．だから，Gröbner 基底の玄人と素人の喫茶店での会話と題し，Gröbner の基底の基礎理論をざっと読んでさっと理解できるような話を創作するのも面白いでしょうね．野海さんは僕なんかよりもずっと以前に Gröbner 基底を使っていたのでしょう？ だから，3 時間で十分ということには納得できるでしょう．

野海：僕は非可換の Gröbner 基底でしたけど．ところで，本著における Gröbner 基底のセールスポイントは何なのですか？

日比：一言で言うと，組合せ論と可換環論における Gröbner 基底の理論的有効性でしょうか．振る舞いの良い Gröbner 基底には重宝な三角形分割や魅惑的な可換環が寄り添っている，とでも言うと雰囲気が伝わりますかね．でも，それは一般論です．実際は，振る舞いの良い Gröbner 基底を如何にして探すか，というこ

とが重要な問題です．イデアルの（被約な）Gröbner 基底のなかには良いものもあれば悪いものもある．そのなかから，キラリと光り輝く宝石のような Gröbner 基底をどうやって探すか，ということです．だから，具体的な宝石を披露する §8.2 と §8.3 は本著のハイライトなのです．

野海：本著には「単模」とか「圧搾」などいかにも日比君の造語という難読な専門用語が登場しますが．

日比：おっと，「単模」は僕の造語ではなく，線型計画の分野における認知された立派な訳語です．もっとも，「圧搾」は compressed を苦し紛れに訳した僕の造語ですけれど．

野海：嘗て，unimodal を「単峠」と訳しましたよね．それを真似て unimodular を「単模」と訳したのだと思ったんです．いずれにしても，やっぱり難読漢字にはふりがなを添付する必要があるのでは？　それとも，記号表ならぬ難読漢字表を付けますか？

日比：じゃあ，校正のときに考えることに致しましょうか．

野海：本著を読破した後にどんな話題が待っているのですか？

日比：そうですね，その質問は僕らが今後どのような研究をするのか？　という質問と同一です．第 1 に付録 A のマトロイドが挙げられます．付録 A の最後でも触れましたが，マトロイドに付随するイデアルの Gröbner 基底のなかからさっき言ったような宝石を探すことが重要な課題です．第 2 に 0 次元イデアルの普遍 Gröbner 基底の研究でしょうか．多項式環 $K[x]$ の 0 次元イデアルとは，剰余環 $K[x]/I$ が有限次元の線型空間になるイデアルのことです．そのようなイデアルは整数計画，符号理論などに頻繁に登場し，それらの普遍 Gröbner 基底をちゃんと記述することはとても魅惑的な問題のように思えます．第 3 にいわゆるジェネリックイニシャルイデアルの研究を挙げたいと思います．詳しいことは何も言えませんが，ジェネリックイニシャルイデアルは，元来，第 9 章として執筆する計画で，草稿も 70% は完成していました．けれども，原稿枚数の制限もあり，今回は断念した話題です．ジェネリックイニシャルイデアルを勉強しようと思うと [8] などが参考になります．

著者略歴

日比 孝之(ひび たかゆき)

1956年　愛知県に生まれる
1981年　名古屋大学理学部数学科卒業
1985年　名古屋大学理学部助手
1991年　北海道大学理学部助教授
現　在　大阪大学大学院情報科学研究科
　　　　教授・理学博士

すうがくの風景 8
グレブナー基底　　　　　　定価はカバーに表示

2003年6月15日　初版第1刷
2018年6月25日　　　第7刷

著　者　日　比　孝　之
発行者　朝　倉　誠　造
発行所　株式会社　朝　倉　書　店
　　　　東京都新宿区新小川町6-29
　　　　郵便番号　162-8707
　　　　電　話　03(3260)0141
　　　　FAX　03(3260)0180
　　　　http://www.asakura.co.jp

〈検印省略〉

ⓒ 2003〈無断複写・転載を禁ず〉　　　　中央印刷・渡辺製本

ISBN 978-4-254-11558-1　C 3341　　Printed in Japan

JCOPY ＜(社)出版者著作権管理機構 委託出版物＞

本書の無断複写は著作権法上での例外を除き禁じられています。複写される場合は、そのつど事前に、(社)出版者著作権管理機構（電話 03-3513-6969、FAX 03-3513-6979、e-mail: info@jcopy.or.jp）の許諾を得てください。

好評の事典・辞典・ハンドブック

数学オリンピック事典	野口 廣 監修	B5判 864頁
コンピュータ代数ハンドブック	山本 慎ほか 訳	A5判 1040頁
和算の事典	山司勝則ほか 編	A5判 544頁
朝倉 数学ハンドブック［基礎編］	飯高 茂ほか 編	A5判 816頁
数学定数事典	一松 信 監訳	A5判 608頁
素数全書	和田秀男 監訳	A5判 640頁
数論＜未解決問題＞の事典	金光 滋 訳	A5判 448頁
数理統計学ハンドブック	豊田秀樹 監訳	A5判 784頁
統計データ科学事典	杉山高一ほか 編	B5判 788頁
統計分布ハンドブック（増補版）	蓑谷千凰彦 著	A5判 864頁
複雑系の事典	複雑系の事典編集委員会 編	A5判 448頁
医学統計学ハンドブック	宮原英夫ほか 編	A5判 720頁
応用数理計画ハンドブック	久保幹雄ほか 編	A5判 1376頁
医学統計学の事典	丹後俊郎ほか 編	A5判 472頁
現代物理数学ハンドブック	新井朝雄 著	A5判 736頁
図説ウェーブレット変換ハンドブック	新 誠一ほか 監訳	A5判 408頁
生産管理の事典	圓川隆夫ほか 編	B5判 752頁
サプライ・チェイン最適化ハンドブック	久保幹雄 著	B5判 520頁
計量経済学ハンドブック	蓑谷千凰彦ほか 編	A5判 1048頁
金融工学事典	木島正明ほか 編	A5判 1028頁
応用計量経済学ハンドブック	蓑谷千凰彦ほか 編	A5判 672頁

価格・概要等は小社ホームページをご覧ください．